BIM建筑工程
计量与计价

谷洪雁 刘 玉 主编

BIM
JIANZHU GONGCHENG
JILIANG YU JIJIA

化学工业出版社
·北京·

内容简介

本书基于工程造价数字化转型背景，依托广联达BIM土建计量平台 GTJ2021和广联达云计价平台GCCP6.0，依据国家及河北省最新规范、图集、定额、费用标准等相关文件，针对职业岗位需求，基于“教、学、做一体化，任务驱动导向，学生实践为中心”的理念，结合“1+X”工程造价数字化应用职业技能等级证书标准，以实际工程为载体，多维度融入课程思政元素，培养学生专业技能的同时培养学生的精益求精的工匠精神和科学严谨的工作作风。

本书开发了微课视频、案例图纸、计算等数字资源，可通过扫描书中二维码获取。

本书可作为高等职业院校和应用型本科土建施工类和建设工程管理类专业的教学用书，也可作为工程造价从业人员参考用书，还可作为“1+X”工程造价数字化应用职业技能等级证书培训用书。

图书在版编目（CIP）数据

BIM建筑工程计量与计价 /谷洪雁，刘玉主编. —北京：化学工业出版社，2022.2
ISBN 978-7-122-40465-7

Ⅰ.①B… Ⅱ.①谷… ②刘… Ⅲ.①建筑工程－计量－教材②建筑造价－教材 Ⅳ.①TU723.32

中国版本图书馆CIP数据核字（2021）第253629号

责任编辑：李仙华　　装帧设计：史利平
责任校对：刘曦阳

出版发行：化学工业出版社（北京市东城区青年湖南街 13 号　邮政编码 100011）
印　　刷：三河市航远印刷有限公司
装　　订：三河市宇新装订厂
787mm×1092mm　1/16　印张 14　字数 333 千字　　2022 年 5 月北京第 1 版第 1 次印刷

购书咨询：010-64518888　　售后服务：010-64518899
网　　址：http://www.cip.com.cn
凡购买本书，如有缺损质量问题，本社销售中心负责调换。

定　　价：**48.00元**

编审人员名单

主　　编　谷洪雁（河北工业职业技术大学）

刘　玉（河北工业职业技术大学）

副 主 编　刘玉美（河北劳动关系职业学院）

贾瑞红（河北工程技术学院）

孙晓波（河北工业职业技术大学）

陈照平（石家庄兆佳企业管理咨询有限公司）

王文涛（河北工业职业技术大学）

参　　编　刘立荣（石家庄铁路职业技术学院）

刘敬严（防灾科技学院）

杜思聪（河北工业职业技术大学）

张瑶瑶（河北工业职业技术大学）

栗晓云（河北工业职业技术大学）

王文涛（河北工业职业技术大学）

韩　磊（张家口职业技术学院）

主　　审　袁影辉（河北工业职业技术大学）

序

国务院印发的《国家职业教育改革实施方案》中指出："建设一大批校企'双元'合作开发的国家规划教材，倡导使用新型活页式、工作手册式教材并配套开发信息化资源。每3年修订1次教材，其中专业教材随信息技术发展和产业升级情况及时动态更新。适应'互联网+职业教育'发展需求，运用现代信息技术改进教学方式方法，推进虚拟工厂等网络学习空间建设和普遍应用。"河北工业职业技术大学为落实方案精神，并推动"中国特色高水平高职学校和专业建设计划""双高"项目建设，联合河北建工集团、广联达科技股份有限公司等业内知名企业共同开发了基于"工学结合"，服务于建筑业产业升级的系列产教融合创新教材。

该丛书的编者多年从事建筑类专业的教学研究和实践工作，重视培养学生的实践技能。他们在总结现有文献的基础上，坚持"立德树人、德技并修、理论够用、应用为主"的原则，基于"岗课赛证"综合育人机制，对接"1+X"职业技能等级证书内容和国家注册建造师、注册监理工程师、注册造价工程师、建筑室内设计师等职业资格考试内容，按照生产实际和岗位需求设计开发教材，并将建筑业向数字化设计、工厂化制造、智能化管理转型升级过程中的新技术、新工艺、新理念等纳入教材内容。书中二维码嵌入了大量的数字资源，融入了教育信息化和建筑信息化技术，包含了最新的建筑业规范、规程、图集、标准等文件，丰富的施工现场图片，虚拟仿真模型，教师微课知识讲解、软件操作、施工现场施工工艺模拟等视频音频文件，以大量的实际案例启发学生举一反三、触类旁通，同时随着国家政策调整和新规范的出台实时进行调整与更新。不仅为初学人员的业务实践提供了参考依据，也为建筑业从业人员学习建筑业新技术、新工艺提供了良好的平台。因此，本丛书既可作为职业院校和应用型本科院校建筑类专业学生用书，也可作为工程技术人员的参考资料或一线技术工人上岗培训的教材。

"十四五"时期，面对高质量发展新形势、新使命、新要求，建筑业从要素驱动、投资驱动转向创新驱动，以质量、安全、环保、效率为核心，向绿色化、工业化、智能化的新型建造方式转变，实现全过程、全要素、全参与方的升级，这就需要我们建筑专业人员更好地去探索和研究。

衷心希望各位专家和同行在阅读此丛书时提出宝贵的意见和建议，在全面建设社会主义现代化国家新征程中，共同将建筑行业发展推向新高，为实现建筑业产业转型升级做出贡献。

全国工程勘察设计大师 梁金国

2021年12月

前 言

建筑业作为我国国民经济支柱产业之一，近年来一直保持着高速且稳定的发展势头，规模不断扩大，作为我国未来发展的支点，新型城镇化倡导走集约、绿色、低碳的建筑之路，这些对绿色、新型的智慧型环保建筑的要求也对工程造价行业发展提出了新的需求，工程造价行业也全面步入数字化管理时代，即以 BIM 模型为基础，利用“云 + 大数据”技术积累工程造价基础数据，通过历史数据与价格信息形成自有市场定价方法，集成造价组成的各要素，通过造价大数据及人工智能技术，实现智能算量、智能组价、智能选材定价，有效提升计价工作效率及成果质量。

本教材基于工程造价数字化转型背景，依托广联达 BIM 土建计量平台 GTJ2021 和广联达云计价平台 GCCP6.0，以《建筑工程工程量清单计价规范》（GB 50500—2013）、《河北省建设工程工程量清单编制与计价规程》（2013）、《全国统一建筑工程基础定额 河北省消耗量定额》（2012）和《全国统一建筑装饰装修工程消耗量定额 河北省消耗量定额》（2012）等文件、规范为依据，针对职业岗位需求，基于“教、学、做一体化，任务驱动导向，学生实践为中心”的理念进行编写，分为两大部分内容：建筑模型构建及工程量计算（工程算量部分），工程量清单编制及工程计价（工程计价部分）。工程算量部分以地下一层、地上四层的框架结构酒店项目为载体，系统讲解了各建筑构件建模操作和工程做法的套用以及 CAD 智能识别建模操作，详细讲解了常用功能的操作方法和常见问题的处理方法；工程计价部分系统讲解了工程量清单的编制、清单综合单价组价和预算报表的编辑与输出。

本教材由校企合作共同编写，紧紧围绕产业发展，严密对接职业岗位，形成如下特色：

（1）紧密对接“1+X”职业技能等级证书标准

本教材根据国务院印发的《国家职业教育改革实施方案的通知》中提出的“启动‘学历证书 + 若干职业技能等级证书’制度试点工作”的精神，紧密对接“1+X”工程造价数字化应用职业技能等级证书要求，根据“X”证书标准中规定的职业素养、基础知识要求，以及职业技能知识、技能能力要求，合理设计对接关键点和融合面，统筹教材内容，深化教学改革，为“1+X”工程造价数字化应用职业技能培训提供高质量的教材。

（2）多维度融入课程思政元素

教材以“立德树人”为根本任务，对课程思政进行了顶层设计，将思政教育融入育人全过程，分层次、讲方法、求实效地开展课程思政。通过课程思政元素的融入，培养学生科学严谨的工作作风和精益求精的工匠精神，并有效促进学生对专业知识的理解、掌握、拓展和深化，提高学生的学习积极性、创新精神、专业自信和个人自信，从专业角度引导学生可持续发展意识。

（3）基于省级精品在线开放课程的新形态一体化教材

“BIM 建筑工程计量与计价”课程是河北省精品在线开放课程，建有教师微课、教学课件、企业案例、作业实训等丰富的数字资源，教材建设遵循“一体化设计、项目化教材、颗粒化资源”的建构逻辑，规范资源建设，以二维码形式将视频资源等和教材紧密捆绑，最大限度地方便读者使用。同时，本教材还提供有多媒体课件、能力训练题答案，可登录 www.cipedu.com.cn 免费获取。

本教材由河北工业职业技术大学谷洪雁、刘玉担任主编；河北劳动关系职业学院刘玉美、河北工程技术学院贾瑞红、河北工业职业技术大学孙晓波、石家庄兆佳企业管理咨询有限公司陈照平、河北工业职业技术大学王文涛担任副主编；石家庄铁路职业技术学院刘立荣，防灾科技学院刘敬严，河北工业职业技术大学杜思聪、张瑶瑶、栗晓云、王文涛，张家口职业技术学院韩磊共同参与编写。河北工业职业技术大学袁影辉对本书进行了审定。经过各位编者老师的共同努力，教材得以成书出版，在此，感谢老师们的辛苦付出，也对广联达科技股份有限公司给予的大力支持和帮助表示感谢！

由于编者水平有限，书中不足之处在所难免，敬请读者和同行专家不吝指正。

编者
2022 年 01 月

目 录

上篇　建筑模型构建及算量

任务1　工程概况及软件介绍　2

1.1　工程概况　2
1.2　图纸分析　3
1.3　软件建模及计量流程　3

任务2　新建工程　5

任务说明　5
操作步骤　5
任务实施　5
2.1　打开软件　5
2.2　新建工程　6
2.3　工程设置　6
能力训练题　13

任务3　轴网的创建　14

任务说明　14

操作步骤 14
任务实施 14
3.1 新建轴网 15
3.2 辅助轴线的绘制 17
3.3 删除轴网 19
3.4 轴网创建技能拓展 20
能力训练题 27

任务4 基础建模及算量 29

任务说明 29
操作步骤 29
任务实施 30
4.1 独立基础建模及算量 30
4.2 筏板基础建模及算量 33
4.3 筏板基础钢筋布置 35
4.4 基础梁建模及算量 37
4.5 基础梁的钢筋输入 39
4.6 基础垫层建模及算量 41
4.7 基础建模及算量技能拓展 43
能力训练题 44

任务5 土方工程建模及算量 45

任务说明 45
操作步骤 45
任务实施 45
5.1 基坑土方绘制 45
5.2 大开挖土方绘制 46
5.3 基坑灰土回填 47
5.4 大开挖灰土回填 48
5.5 土方工程建模及算量技能拓展 48
能力训练题 50

任务6 柱建模及算量 51
任务说明 51
操作步骤 51
任务实施 51
6.1 定义柱 51
6.2 绘制柱 53
6.3 柱建模及算量技能拓展 56
能力训练题 60

任务7 梁建模及算量 61
任务说明 61
操作步骤 61
任务实施 61
7.1 定义梁 61
7.2 绘制梁 63
7.3 梁的钢筋输入 65
7.4 梁建模及算量技能拓展 67
能力训练题 69

任务8 板建模及算量 71
任务说明 71
操作步骤 71
任务实施 71
8.1 现浇板的定义和绘制 71
8.2 板受力筋的定义和绘制 74
8.3 跨板受力筋的定义和绘制 76
8.4 负筋的定义和绘制 77
8.5 板建模及算量技能拓展 78
能力训练题 79

任务9　剪力墙建模及算量　80

任务说明　80
操作步骤　80
任务实施　80
9.1　定义剪力墙　80
9.2　绘制剪力墙　82
9.3　剪力墙建模及算量技能拓展　83
能力训练题　85

任务10　砌体墙建模及算量　86

任务说明　86
操作步骤　86
任务实施　86
10.1　砌体墙建模及算量　87
10.2　构造柱建模及算量　93
10.3　圈梁建模及算量　95
10.4　砌体墙建模及算量技能拓展　97
能力训练题　99

任务11　门窗洞口和过梁建模及算量　101

任务说明　101
操作步骤　101
任务实施　101
11.1　门建模及算量　102
11.2　窗建模及算量　104
11.3　过梁建模及算量　104
11.4　门窗洞口和过梁建模及算量技能拓展　108
能力训练题　111

任务12 装饰装修工程建模及算量 112
任务说明 112
操作步骤 112
任务实施 112
12.1 分析图纸 112
12.2 装修构件属性定义 113
12.3 房间属性定义及绘制 116
12.4 外墙保温层计算 118
能力训练题 120

任务13 其他构件建模及算量 121
任务说明 121
操作步骤 121
任务实施 122
13.1 建筑面积的定义与绘制 122
13.2 平整场地的定义与绘制 123
13.3 雨篷、栏板和屋面的定义与绘制 124
13.4 台阶的定义与绘制 129
13.5 散水的定义与绘制 130
13.6 栏杆的定义与绘制 132
13.7 其他构件建模及算量技能拓展 133
能力训练题 135

任务14 表格输入 136
任务说明 136
操作步骤 136
任务实施 136
14.1 参数输入法计算楼梯钢筋工程量 136
14.2 直接输入法计算钢筋工程量 139
能力训练题 141

任务15 做法套用及工程量汇总 142
15.1 做法套用 142
任务说明 142
任务实施 142
15.2 汇总计算 147
任务说明 147
任务实施 147
15.3 查看构件钢筋计算结果 148
任务说明 148
任务实施 148
15.4 查看构件土建计算结果 152
任务说明 152
任务实施 152
能力训练题 153

任务16 CAD识别做工程 154
任务说明 154
操作步骤 154
任务实施 155
16.1 图纸管理 155
16.2 识别楼层 156
16.3 识别轴网 158
16.4 识别柱 158
16.5 识别梁 161
16.6 识别板 165
16.7 识别砌体墙 171
16.8 识别门窗 174
16.9 识别基础 176
能力训练题 177

下篇　工程量清单编制及工程计价

任务17　工程量清单编制及工程计价　180

17.1　工程概况及工程量清单计价流程　180
17.2　新建投标项目流程　181
17.3　分部分项工程项目清单编制　185
17.4　清单综合单价组价　193
17.5　措施项目清单编制　199
17.6　其他项目清单编制　201
17.7　人材机汇总　202
17.8　费用汇总及报表编辑　204
能力训练题　207

参考文献　208

二维码资源目录

二维码编号	资源名称	资源类型	页码
1.1	案例工程图纸	PDF	2
1.2	软件操作流程	视频	4
2.1	新建工程	视频	6
2.2	楼层设置——建楼层	视频	8
2.3	楼层设置——修改信息	视频	8
2.4	土建设置与钢筋设置	视频	10
3.1	轴网的创建	视频	15
3.2	辅助轴线绘制	视频	18
4.1	独立基础的定义和绘制	视频	30
4.2	筏板基础的定义和绘制	视频	34
4.3	基础梁的定义和绘制	视频	39
4.4	垫层的绘制和算量	视频	42
5.1	挖基坑土方定义和绘制	视频	45
5.2	回填土定义和绘制	视频	47
6.1	柱定义	视频	52
6.2	柱子的绘制	视频	53
6.3	修改柱标高	视频	56
6.4	异形柱的绘制	视频	58
7.1	梁定义	视频	62
7.2	梁绘制和原位标注	视频	63
7.3	梁平法表格输入	视频	66
7.4	次梁绘制和吊筋布置	视频	67
7.5	加腋梁绘制	视频	69
8.1	楼板的定义和绘制	视频	72
8.2	板受力筋布置	视频	74
8.3	跨板受力筋布置	视频	76
8.4	板负筋布置	视频	77
9.1	剪力墙的定义和绘制	视频	81
10.1	砌体墙建模	视频	87
10.2	构造柱建模	视频	93
10.3	圈梁建模	视频	95
10.4	绘制砌体加筋	视频	98

续表

二维码编号	资源名称	资源类型	页码
10.5	尖顶山墙建模	视频	99
11.1	门窗洞口绘制	视频	102
11.2	过梁绘制	视频	106
11.3	参数化飘窗绘制	视频	109
12.1	楼地面装修绘制	视频	114
12.2	内墙面装修绘制	视频	115
12.3	房间布置装修	视频	117
12.4	外墙保温绘制	视频	119
13.1	建筑面积与平整场地工程量计算	视频	123
13.2	挑檐工程量计算	视频	125
13.3	屋面工程量计算	视频	129
13.4	台阶工程量计算	视频	130
13.5	散水工程量计算	视频	131
14.1	楼梯钢筋表格输入	视频	137
14.2	放射筋表格输入	视频	139
15.1	柱工程量计算及做法套用	视频	143
15.2	查看柱工程量	视频	148
16.1	CAD识别添加图纸	视频	156
16.2	CAD识别楼层	视频	157
16.3	CAD识别创建轴网	视频	158
16.4	CAD识别柱大样创建柱	视频	158
16.5	CAD识别柱表创建柱	视频	161
16.6	CAD识别梁	视频	161
16.7	CAD识别板	视频	165
16.8	CAD识别板负筋	视频	168
16.9	CAD识别砌体墙	视频	171
16.10	CAD识别门窗	视频	174
17.1	工程量清单计价案例工程示例	Excel	181
17.2	新建工程基本设置	视频	182
17.3	工程量清单编制	视频	185
17.4	分部分项工程项目输入	视频	185
17.5	补充清单项编辑	视频	187
17.6	分部分项工程项目编辑	视频	188
17.7	清单名称及特征描述	视频	190
17.8	软件“选项”设置	视频	194
17.9	工程量清单综合单价计算	视频	194
17.10	单价措施项目输入	视频	200
17.11	其他总价措施项目输入	视频	200
17.12	其他项目费编辑	视频	201
17.13	人材机汇总中调价	视频	203
17.14	费用汇总	视频	204
17.15	报表查看与编辑	视频	205

上篇　建筑模型构建及算量

本篇主要讲解如何运用广联达 BIM 土建计量平台 GTJ2021 软件进行工程量的计算。通过本篇学习，要学会运用软件建模和算量的流程，能够根据工程的实际情况进行项目的设置和原始参数的修改，能够熟练使用本软件准确快速地构建项目模型并正确地套用构件做法，从而汇总出工程的全部工程量。作为新时期的造价人员一定要会利用造价软件，熟练掌握这些造价工具，大大提高造价工作的效率。

在学习本篇之前对大家提出几点要求。

（1）精通图纸　工程建设的依据就是图纸，工程造成什么形状、需要多少材料、需要什么样的材料，依据都是来自于图纸。所以，一名合格的造价人员一定要能看懂图纸并且精通图纸中的细节。

（2）科学严谨　作为一名优秀的造价人员，最关键的就是科学严谨。工程项目的价格往往动辄几千万，甚至几个亿，如果造价人员不够严谨，计算结果有一点点的误差，可能就给企业乃至国家造成巨大的损失。

（3）规则意识　各省份工程量计算规则均有不同，要熟悉工程所在地区的各项规范标准，按照当地规则进行算量和套价，避免因错用规则出现大的偏差。

（4）团队协作　实际工作中，一个工程项目的工程造价工作是分专业进行的，不同专业由不同的人员负责，通过分工协作共同完成，因此要学会交流、有效沟通，才能按时保质保量完成工作任务。

任务 1

工程概况及软件介绍

知识目标

- 掌握提炼工程概况需要梳理的各项内容
- 掌握结构设计总说明需要梳理的基本信息
- 掌握各平面布置图及详图的分析要点
- 掌握 BIM 算量软件的工作原理与计量流程

技能目标

- 能够根据图纸梳理出工程概况
- 会根据结构设计总说明梳理出工程设置需要的基本信息
- 能够将各平面布置图及详图的分析要点梳理清楚，归纳出重点信息
- 能够将 BIM 算量软件的工作原理与计量流程综合理解，形成整体框架

素质目标

- 培养分析归纳能力，将要点逐条提取，综合归纳
- 培养严谨的工作态度，认真读图的能力
- 培养宏观思维，对软件进行宏观认识和把控

1.1 工程概况

在新建工程之前，首先要对工程的整体状况做基本了解，这也是进行下一步图纸详细分析的前提条件。对工程进行整体状况分析需要阅读建筑施工图和结构施工图，梳理出工程的基本信息后再做综合性概括。本书所采用的案例工程，图纸可扫描二维码 1.1 获取。

1.1 案例工程图纸

从案例工程中的建筑施工图和结构施工图得出，本工程为酒店，主要功能为商店、会议、客房、办公，地下 1 层，地上 4 层，基底面积为 532.31m^2，建筑面积为 2545.36m^2，建筑高度 18.80m，框架结构，结构主体高度为 14.3m，抗震设防烈度为 7 度，结构使用年限为 50 年。

1.2 图纸分析

除了对工程进行整体概括之外，在进行软件算量之前，还要学会分析图纸内容，提取新建工程和后续建模需要的关键信息。

1.2.1 结构设计总说明分析

结构设计总说明分析主要为下一步新建工程后的工程设置做准备。对结构设计总说明的主要内容进行分析，有利于从宏观角度把握结构设计总说明，梳理和软件算量相关的重要信息。如本案例工程当中有工程概况、设计依据、材料、地基构造、结构措施及构造、限制温度措施等分别列项的内容。相关信息梳理如下：

① 工程概况中，工程的结构类型、层数、工程的抗震等级、抗震设防烈度、基本地震加速度都会影响钢筋的长度，所以必须一一梳理，提取出来。

② 在材料这一点当中，可以看到混凝土和砌块的等级，这些亦需要在新建工程设置中进行信息修改。

③ 在结构构造与措施中，可以梳理出各结构的构造措施、混凝土保护层的信息与钢筋设置的具体信息。

④ 在最后一点标准图集汇总当中，可以梳理出主要依据的图集为“16G101”。

以上内容均需在接下来的工程设置中进行设置。

1.2.2 各平面布置图及详图分析

在本案例工程当中，平面布置图和详图有独立基础、基础梁配筋图、基础筏板配筋图、各标高的梁平法施工图、各标高的框架柱平法施工图、各标高的楼板平法施工图、楼梯结构图、地下室外墙配筋图。对以上内容进行分析，一方面可以帮助理解结构设计总说明的部分内容，另一方面对各平面布置图及详图进行分析，系统读图，梳理关键信息，主要是为以后的建模工作做准备。以下总结需要分析了解的主要方面：

① 了解各平面布置图与详图中各构件的详细位置信息、构造情况和标注信息。

② 结合图纸说明，理解各构件的配筋详细信息，防止漏项。

③ 注意文字性描述，有些内容没有画在平面图上，而是以文字的形式表现出来。

1.3 软件建模及计量流程

1.3.1 BIM算量软件的工作原理

根据图纸，进行工程设置，新建各构件名称并定义其属性，套清单及定额做法，建立三维模型，由软件根据清单和定额的工程量计算规则提取模型的工程量数据，进行汇总计算，统计出构件的工程量。

1.3.2 BIM算量软件计量流程

BIM 算量软件的具体计量流程见图 1.1。

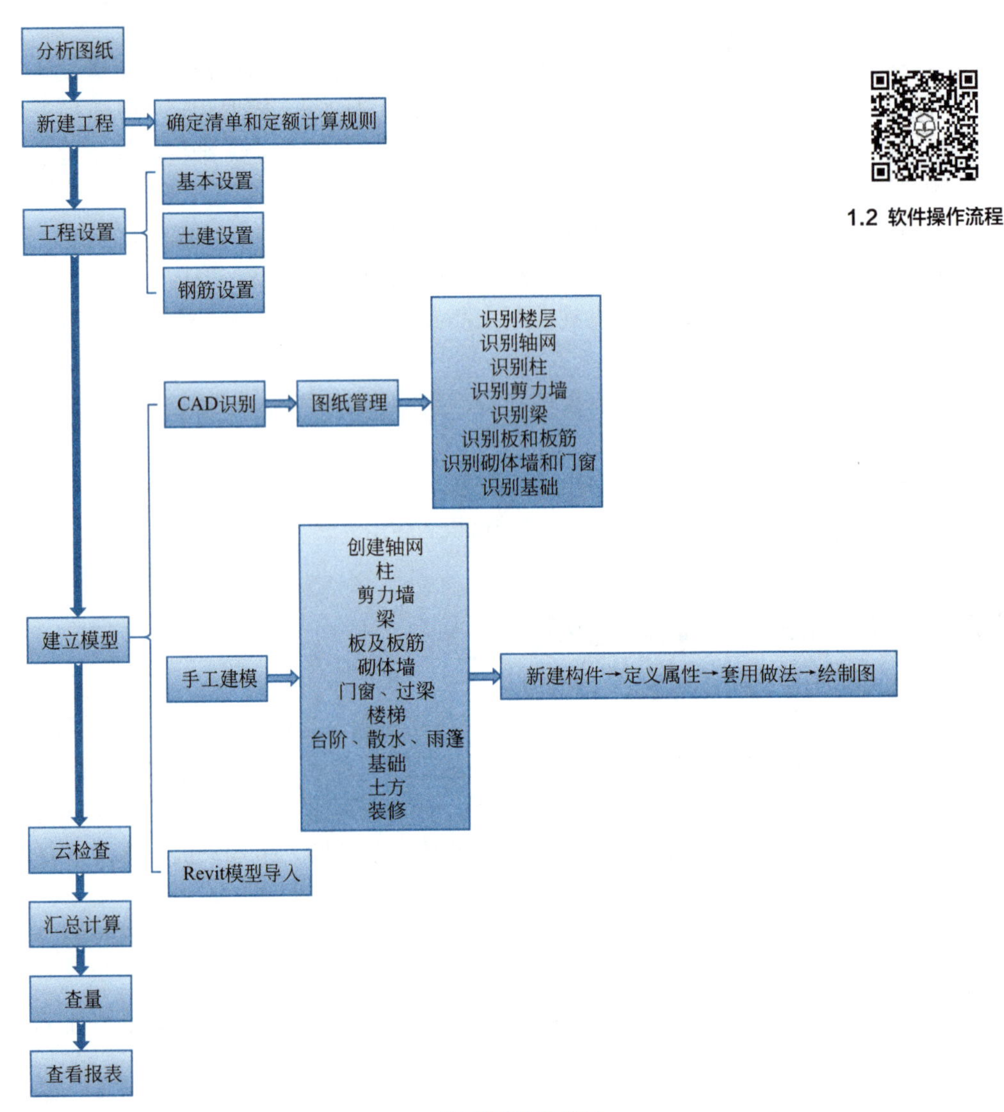

图1.1 BIM算量软件计量流程

任务 2

新建工程

知识目标

- 掌握新建工程和确定新建工程清单规则、定额规则、钢筋规则的方法
- 掌握工程信息的输入方法
- 掌握楼层设置的方法
- 掌握钢筋设置的方法

技能目标

- 能够新建工程并根据图纸准确输入新建工程的清单规则、定额规则、钢筋规则
- 会根据图纸正确进行工程信息的设置
- 能够根据图纸设置出楼层并可以准确进行各楼层的混凝土强度和锚固搭接设置
- 能够根据图纸准确进行钢筋设置

素质目标

- 培养细致入微的工作态度，能够细致地查看图纸
- 培养综合分析的能力，能从图纸中高效地梳理出新建工程后各项设置需要的关键信息
- 培养严谨的能力，严格按照图纸要求进行各项信息的设置

任务说明

根据本案例工程的建筑施工图和结构施工图内容，新建工程文件，确定工程的清单规则、定额规则、钢筋规则，分析图纸，梳理出重要信息，进行工程设置，完成工程信息的填写和楼层信息的设置，并完成土建设置与钢筋设置。

操作步骤

打开软件→新建工程→确定清单规则、定额规则、钢筋规则→根据图纸进行工程设置→填写工程信息→进行楼层设置→进行钢筋设置。

任务实施

2.1 打开软件

（1）方法1　双击桌面上的广联达BIM土建计量平台图标，打开广联达土建计量平台。

（2）方法 2　选择【开始】→【程序】→【广联达建设工程造价管理整体解决方案】→【 T BIM 土建计量平台 GTJ2021】。

2.2　新建工程

① 点击左上角的【新建】命令，打开“新建工程”对话框，如图 2.1 所示。

② 在弹出的“新建工程”对话框中，输入各项信息。在工程名称中输入本项目“酒店”，分别选择计算规则当中的清单规则与定额规则。根据本项目要求，清单规则选择“房屋建筑与装饰工程计量规范计算规则（2013- 河北）（R1.0.27.2）”，定额规则选用“全国统一建筑工程基础定额河北省消耗量定额计算规则（2012）-13 清单（R1.0.27.2）”。在计算规则设置完成后，清单定额库会自动生成，无需再进行选择。根据图纸要求，在钢筋规则一栏，平法规则选用“16 系平法规则”，汇总方式选择“按照钢筋图示尺寸 - 即外皮汇总”。以上内容见图 2.2。

③ 点击【创建工程】按钮，创建工程，如图 2.2 所示。

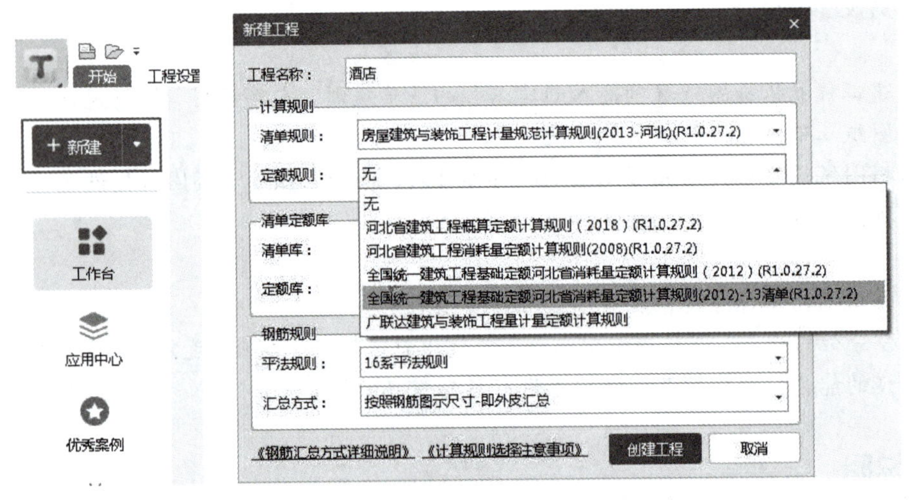

图2.1　“新建”按钮　　　图2.2　“新建工程”对话框

2.1 新建工程

2.3　工程设置

2.3.1　填写工程信息

① 点击菜单栏中的【工程设置】，此时，在菜单栏下方的功能区，展示出基本设置、土建设置、钢筋设置三栏，点击基本设置栏的【工程信息】，进入“工程信息”对话框，见图 2.3。

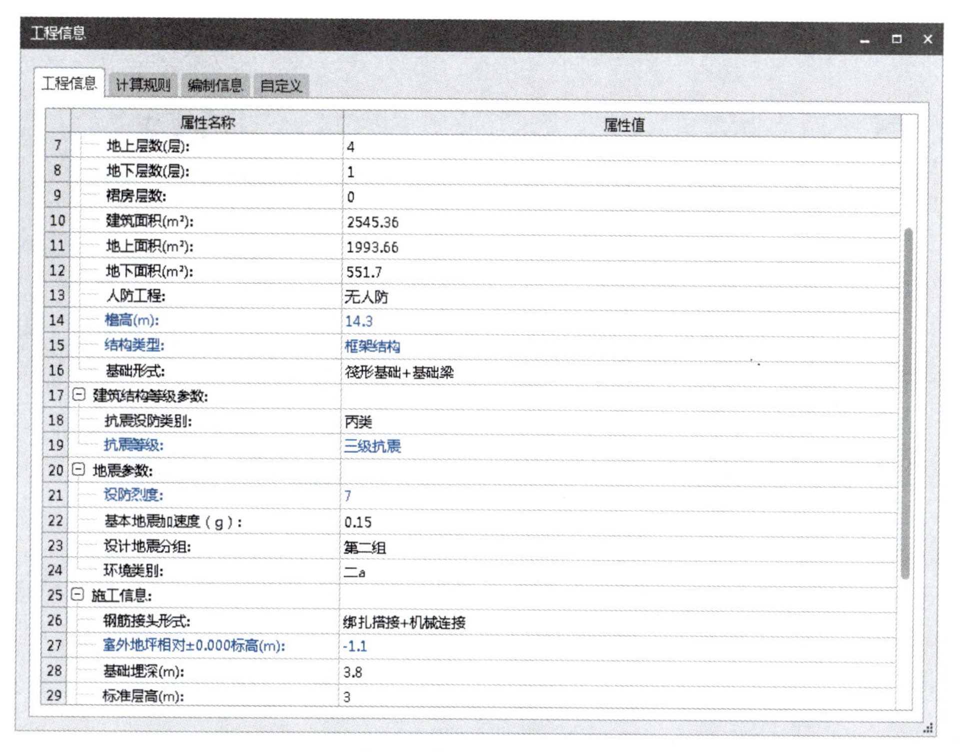

图2.3 “工程信息”对话框

② 在弹出的“工程信息”对话框进行工程信息的输入，其中蓝色字体的设置参数会直接影响工程量的计算，黑色字体的设置参数不会影响到工程量的计算。由于蓝色字体部分影响工程量的计算，此处先对蓝色字体部分进行设置。根据酒店图纸，室外地坪标高为 -1.100m，顶板标高为 13.200m，所以檐高为 14.3m，在檐高处输入“14.3”，根据图纸，结构类型选择框架结构，抗震等级选择“三级抗震”（在输入檐高、结构类型、设防烈度后也可自动生成抗震等级），设防烈度选择“7”，室外地坪相对 ±0.000 处的标高输入“-1.1”，动土厚度输入“600”，湿土厚度输入“0”。蓝色字体部分设置完成后，如图 2.3 所示。

③ 再根据图纸信息，输入黑色字体部分的工程信息，完成后主要信息如图 2.3 所示。

2.3.2 进行楼层设置

（1）楼层信息的输入

点击【楼层设置】，打开“楼层设置”对话框，根据图纸内容设置楼层信息。在此可以参照结构图纸当中的楼层信息表，见图 2.4，进行楼层设置。软件默认存在基础层和首层。通过单击【插入楼层】可插入新的楼层，【删除楼层】可以删除多余的楼层，【上移】和【下移】可移动上下位置。将鼠标左键点击基础层后插入，此时插入 -1 层，将鼠标点击首层后插入，插入的为第 2 层，以此类推。在插入楼层的同时，将编码为 5、6 的楼层名称分别改为“主屋面”和“电梯机房”，再进行楼层层高和底标高的设置，只有首层的底标高可以更改，其他层的底标高不能更改，依照楼层信息表，输入首层底标高和相应的层高可自动生成各层的底标高，最后根据结构图纸中的楼板平法施工图信息，输入各层的主要板厚。设置好的楼层见图 2.5。注意，首层最前面的“√”为首层标记。

2.2 楼层设置——建楼层

层号	层底标高/m	层高/m	混凝土强度等级
电梯机房	17.200		
主屋面	13.200	4.000	C30
4	10.100	3.100	C30
3	7.100	3.000	C30
2	4.100	3.000	C30
1	-0.100	4.200	C35
-1	基础顶	3.900	C35

图2.4　楼层信息表

插入楼层　删除楼层　上移　下移

首层	编码	楼层名称	层高(m)	底标高(m)	相同层数	板厚(mm)	建筑面积(m²)
☐	6	电梯机房	3	17.2	1	100	(0)
☐	5	主屋面	4	13.2	1	100	(0)
☐	4	第4层	3.1	10.1	1	100	(0)
☐	3	第3层	3	7.1	1	100	(0)
☐	2	第2层	3	4.1	1	100	(0)
☑	1	首层	4.2	-0.1	1	100	(0)
☐	-1	第-1层	3.9	-4	1	120	(0)
☐	0	基础层	0.9	-4.9	1	500	(0)

图2.5　创建楼层界面

（2）楼层混凝土强度和锚固搭接设置

由于抗震等级已经在工程设置中设置为三级抗震，在此可以看到抗震等级已经显示，不需要重新设置，如图 2.6 所示。根据结构设计说明第三点材料当中的 5、6 两点，见图 2.7，可知案例工程中材料的使用情况，据此，可设置各层的混凝土强度等级。

楼层混凝土强度和锚固搭接设置（酒店　基础层，-4.90 ~ -4.00 m）

	抗震等级	混凝土强度等级	混凝土类型	砂浆标号	砂浆类型	HPB235(A) ...
垫层	(非抗震)	C15	预拌混凝土	M5.0	水泥砂浆...	(39)
基础	(三级抗震)	C35	预拌混凝土	M5.0	水泥砂浆...	(29)
基础梁 / 承台梁	(三级抗震)	C35	预拌混凝土			(29)
柱	(三级抗震)	C35	预拌混凝土	M5.0	水泥砂浆...	(29)
剪力墙	(三级抗震)	C35	预拌混凝土			(29)
人防门框墙	(三级抗震)	C20	预拌混凝土			(41)
暗柱	(三级抗震)	C20	预拌混凝土			(41)
端柱	(三级抗震)	C20	预拌混凝土			(41)
墙梁	(三级抗震)	C20	预拌混凝土			(41)
框架梁	(三级抗震)	C20	预拌混凝土			(41)
非框架梁	(非抗震)	C20	预拌混凝土			(39)
现浇板	(非抗震)	C20	预拌混凝土			(39)
楼梯	(非抗震)	C20	预拌混凝土			(39)

2.3 楼层设置——修改信息

图2.6　“楼层混凝土强度和锚固搭接设置”基础层界面

5. 混凝土：1)基础详基础平面图;基础、挡土墙:C35。　3)楼板施工应严格控制水胶比,并加强养护,防止出现干缩裂缝。

2)基础顶~4.100m框架柱、框架梁、现浇楼板C35;标高4.100m以上:框架柱、框架梁、现浇楼板C30。

构造柱,过梁,圈梁C25。除垫层外的混凝土均采用预拌引气混凝土。

6. 砌体：1)填充墙采用加气混凝土砌块,干密度B07、强度等级 A5.0,预拌砌筑砂浆DM5。

±0.000~地下室地面采用混凝土空心砌块MU7.5、预拌水泥砂浆DM7.5,孔洞用Cb20的混凝土预先灌实;

填充墙顶部与梁或板应顶紧砌筑。

2)严格控制墙体砌筑时加气混凝土砌块的出釜时间,出釜时间少于28天的砌块不得上墙.砌块堆放及砌块砌筑上墙后均应采取有效措施,防止淋湿或受水浸泡,砌筑时严禁大量浸水,只宜向砌筑面适量浇水.墙面砌筑两周后方可进行基面处理和进行抹灰,在同一墙身的两面,不得同时满做不透气饰面。砂浆均采用预拌砂浆。

图2.7　各标高材料使用情况

① 首先，设置基础层，将基础、基础梁、柱、剪力墙的混凝土等级改为 C35，如图 2.7 所示。

② 接着设置 -1 层，将柱、剪力墙、暗柱、端柱、框架梁、非框架梁、现浇板等的混凝土等级改为 C35，将构造柱、圈梁、过梁等的混凝土等级改为 C25，将砌体墙柱的砂浆标号改为 M7.5，砂浆类型改为预拌砂浆，设置完成后如图 2.8 所示。

③ 再设置首层，由于首层和 -1 层的材料信息相同，可以将 -1 层的信息复制到首层。点击楼层设置最下端【复制到其他楼层】，弹出如图 2.9 所示“复制到其他楼层”对话框，勾选首层，点击【确定】，将 -1 层设置好的信息复制到首层。

④ 根据结构设计说明，2 层以上材料信息相同，可以将 2 层设置好之后，再复制到其他各层，操作方法和上述相同。

楼层混凝土强度和锚固搭接设置 (酒店 第-1层, -4.00 ~ -0.10 m)

	抗震等级	混凝土强度等级	混凝土类型	砂浆标号	砂浆类型	HPB235(A) ...
垫层	(非抗震)	C15	预拌混凝土	M5.0	水泥砂浆...	(39)
基础	(三级抗震)	C20	预拌混凝土	M5.0	水泥砂浆...	(41)
基础梁 / 承台梁	(三级抗震)	C20	预拌混凝土			(41)
柱	(三级抗震)	C35	预拌混凝土	M5.0	水泥砂浆...	(29)
剪力墙	(三级抗震)	C35	预拌混凝土			(29)
人防门框墙	(三级抗震)	C20	预拌混凝土			(41)
暗柱	(三级抗震)	C35	预拌混凝土			(29)
端柱	(三级抗震)	C35	预拌混凝土			(29)
墙梁	(三级抗震)	C20	预拌混凝土			(41)
框架梁	(三级抗震)	C35	预拌混凝土			(29)
非框架梁	(非抗震)	C35	预拌混凝土			(28)
现浇板	(非抗震)	C35	预拌混凝土			(28)
楼梯	(非抗震)	C35	预拌混凝土			(28)
构造柱	(三级抗震)	C25	预拌混凝土			(36)
圈梁 / 过梁	(三级抗震)	C25	预拌混凝土			(36)
砌体墙柱	(非抗震)	C15	现浇混凝土中砂...	M7.5	预拌砂浆	(39)
其它	(非抗震)	C20	预拌混凝土	M5.0	水泥砂浆...	(39)
叠合板(预制底板)	(非抗震)	C30	预拌混凝土			(30)

图2.8 “楼层混凝土强度和锚固搭接设置”-1层界面

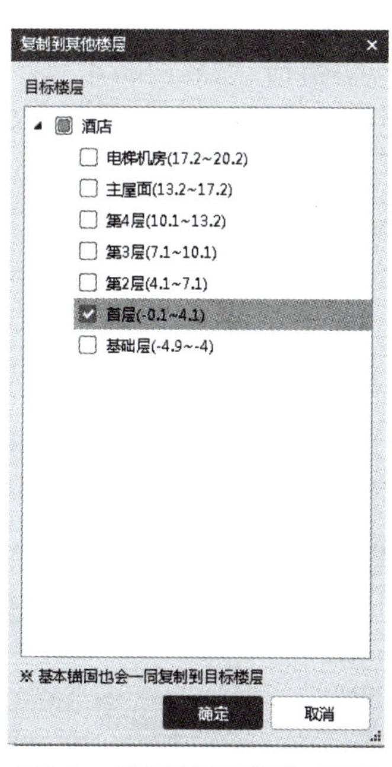

图2.9 “复制到其他楼层”对话框

2.3.3 土建设置

土建设置包含计算设置与计算规则，主要针对的是工程量计算设置，软件按照规范进行设置，在新建工程时，已经选择了相应的规则，所以，计算设置与计算规则已生成，不需要改动。

2.3.4 钢筋设置

钢筋设置分为计算设置、比重设置、弯钩设置、弯曲调整值设置、损耗设置。由于新建工程时选择了 16G101 图集，钢筋设置中的各项内容和 16G101 图集的内容相符。但是，对于

16G101 图集中未严格规定的内容，图纸中有部分内容和软件当中的内容不完全一致时，需要在此更改。

2.3.4.1 本案例工程的计算设置更改

根据图纸要求，本案例工程需做下列部分更改。

（1）计算规则的更改

① 板的分布筋设置更改。

结构设计说明中关于现浇板未注明的分布筋有如下的设置，见图 2.10，因此，需要在【钢筋设置】—【计算设置】中进行修改。具体操作为：点击【计算设置】→【计算规则】→【板】→“分布钢筋配置”后的表格，如图 2.11 所示，激活表格，点击表格末尾的图标，进入如图 2.12 所示“分布钢筋配置”对话框，选择“同一板厚的分布筋相同”。根据图纸中的要求，输入板厚的范围和分布钢筋配置，如图 2.12 所示，输入完成后点击【确定】。

9）现浇板中未注明的分布筋见下表　　　　表4

板厚 h/mm	h<75	75<h<90	90<h<130	130<h<160	160<h<220	220<h<250
分布筋	Φ6@250	Φ6@200	Φ8@250	Φ8@200	Φ8@150	Φ8@130

图2.10　现浇板未注明的分布筋

2.4 土建设置与钢筋设置

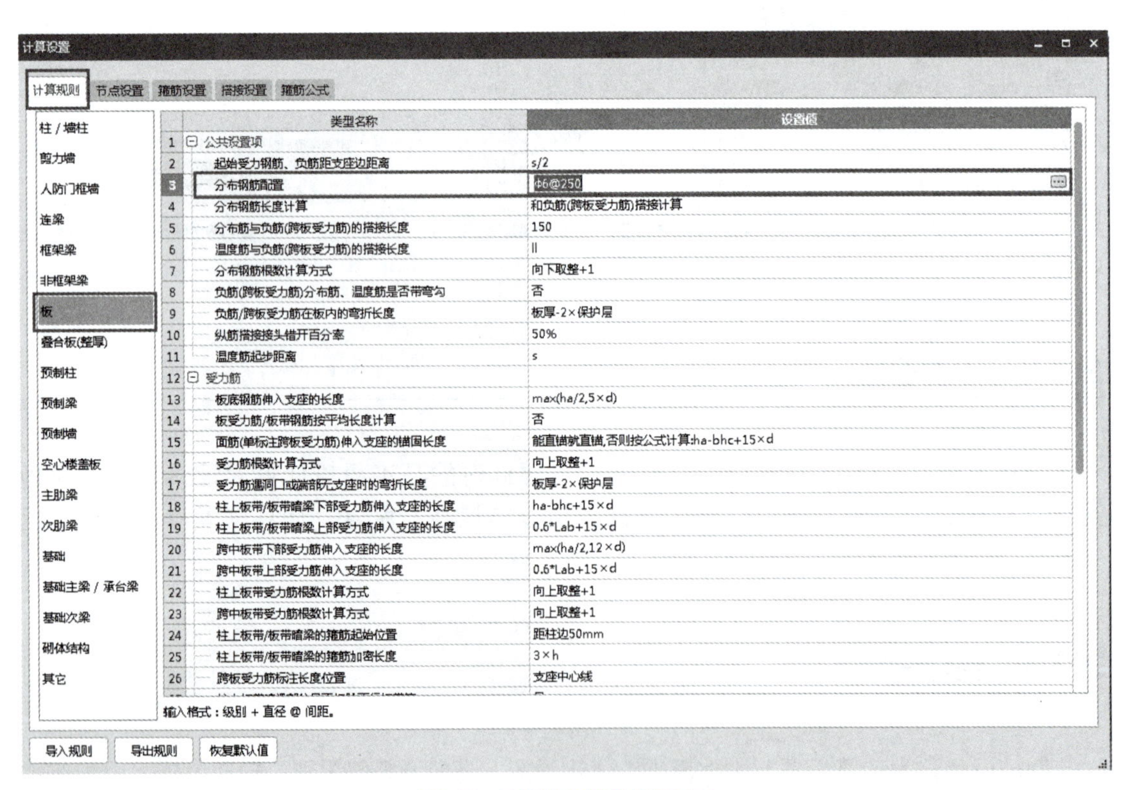

图2.11　计算规则“板”设置界面

② 主梁内次梁作用处的附加箍筋。

结构设计说明中有如下说明：主梁内在次梁作用处，箍筋应贯通布置，除图中另加注明者外，均在主梁上的次梁两侧各附加 3 根箍筋，肢数、直径同主梁箍筋，间距 50mm，见图 2.13。具体操作为：点击【计算设置】→【计算规则】→【框架梁】→“次梁两侧共增加箍筋数量”后的表格，激活表格，将“0”改为“6”，如图 2.14 所示。

分布钢筋配置
所有的分布筋相同
同一板厚的分布筋相同
板厚(mm)
分布钢筋配置
0~75
Φ6@250
76~90
Φ6@200
91~130
Φ8@250
131~160
Φ8@200
板厚输入格式：整数或整数 ~ 整数，如 150 或 150~200。
板厚范围不允许重叠，板厚 (0,5000] 整数
添加
删除
确定
取消

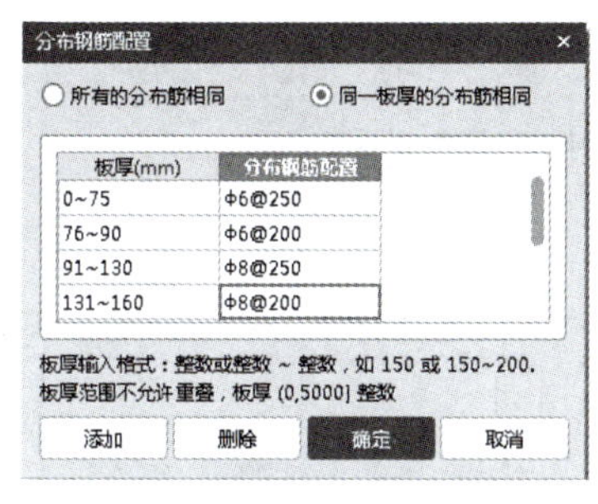

图2.12 “分布钢筋配置”对话框

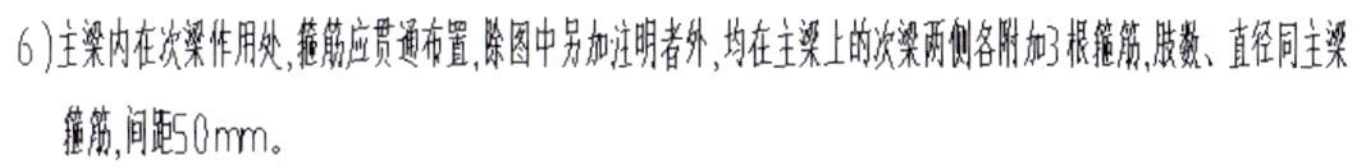

6)主梁内在次梁作用处,箍筋应贯通布置,除图中另加注明者外,均在主梁上的次梁两侧各附加3根箍筋,肢数、直径同主梁箍筋,间距50mm。

图2.13 主梁内次梁作用处的附加箍筋

计算设置
计算规则
节点设置
箍筋设置
搭接设置
箍筋公式
柱 / 墙柱
剪力墙
人防门框墙
连梁
框架梁
非框架梁
板
叠合板(整厚)
预制柱
预制梁
预制墙
空心楼盖板
主肋梁
次肋梁
基础
基础主梁 / 承台梁
基础次梁
砌体结构
其它
类型名称
设置值
4 梁以平行相交的墙为支座 否
5 梁垫铁计算设置 按规范计算
6 梁中间支座处左右均有加腋时，梁柱垂直加腋加腋钢筋做法 按图集贯通计算
7 梁中间支座处左右均有加腋时，梁水平侧腋加腋钢筋做法 按图集贯通计算
8 上部钢筋
9 上部非通长筋与架立钢筋的搭接长度 150
10 上部第一排非通长筋伸入跨内的长度 Ln/3
11 上部第二排非通长筋伸入跨内的长度 Ln/4
12 上部第三排非通长筋伸入跨内的长度 Ln/5
13 当左右跨不等时，伸入小跨内负筋的L取值 取左右最大跨计算
14 下部钢筋
15 不伸入支座的下部钢筋距支座边的距离 0.1×L
16 下部原位标注钢筋做法 遇支座断开
17 下部通长筋遇支座做法 遇支座连续通过
18 下部纵筋遇加腋做法 锚入加腋
19 侧面钢筋/吊筋
20 侧面构造筋的锚固长度 15×d
21 侧面构造筋的搭接长度 15×d
22 梁侧面原位标注筋做法 遇支座断开
23 侧面通长筋遇支座做法 遇支座连续通过
24 吊筋锚固长度 20×d
25 吊筋弯折角度 按规范计算
26 箍筋/拉筋
27 次梁两侧共增加箍筋数量 6
28 起始箍筋距支座边的距离 50
29 抗震KL、WKL端支座为梁时，则在该支座一侧箍筋加密 否
输入格式：具体整数或数量 + 级别 + 直径（肢数），肢数为空默认与箍筋肢数相同。

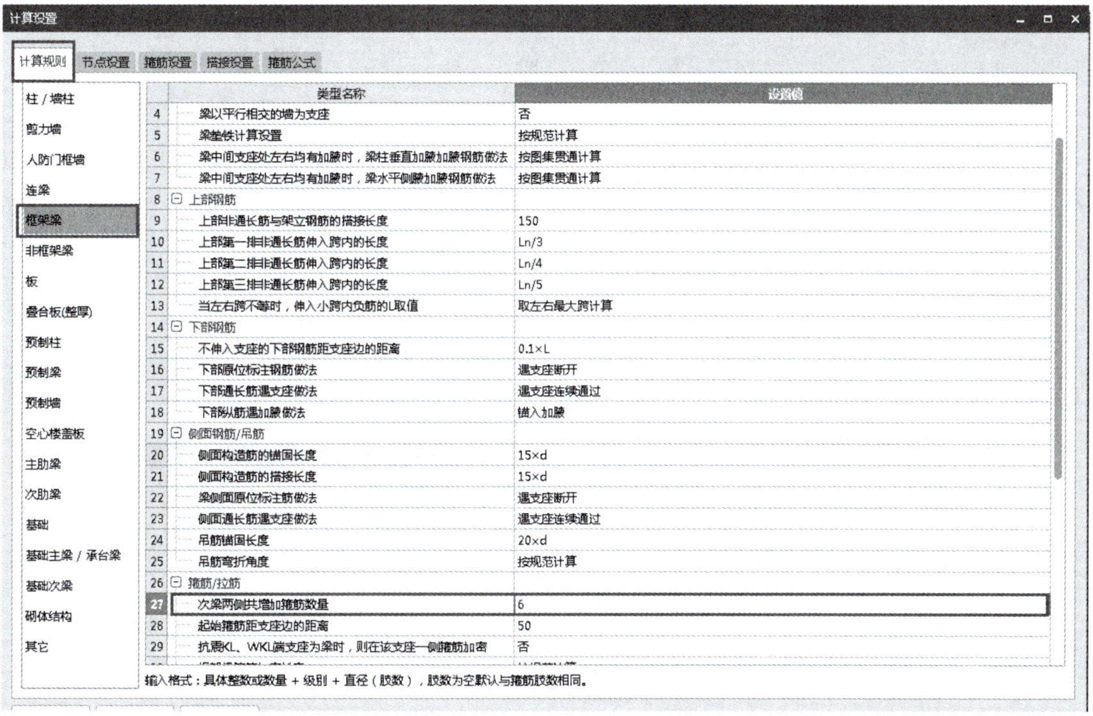

图2.14 计算规则“框架梁”设置界面

（2）搭接设置更改

左键单击【计算设置】→【搭接设置】出现如图 2.15 所示的表格，依据《全国统一建筑工程基础定额　河北省消耗量定额》计算规则（2012）中 A.4 混凝土及钢筋混凝土工程的说明部分第二条钢筋条目下的第 2 子条：“设计图纸已规定的按设计图纸计算；设计图纸未作规定，焊接或绑扎的混凝土水平通常钢筋搭接，直径 10mm 以内按每 12m 一个接头；直径 10mm 以上至 25mm 以内按每 10m 一个接头；直径 25mm 以上按每 9m 一个接头计算，搭接长度按规范及设计规定计算。焊接或绑扎的混凝土竖向通长钢筋（指墙、柱的竖向

钢筋）亦按以上规定计算，但层高小于规定接头间距的竖向钢筋接头，按每自然层一个计算。”，将“其余钢筋定尺”和“墙柱垂直筋定尺”做如图 2.15 所示的更改。

算设置

计算规则 | 节点设置 | 箍筋设置 | 搭接设置 | 箍筋公式

	钢筋直径范围	连接形式								墙柱垂直筋定尺	其余钢筋定尺
		基础	框架梁	非框架梁	柱	板	墙水平筋	墙垂直筋	其它		
1	⊟ HPB235,HPB300										
2	3~10	绑扎	绑扎	绑扎	绑扎	绑扎	绑扎	绑扎	绑扎	12000	12000
3	12~14	绑扎	绑扎	绑扎	绑扎	绑扎	绑扎	绑扎	绑扎	10000	10000
4	16~22	直螺纹连接	直螺纹连接	直螺纹连接	电渣压力焊	直螺纹连接	直螺纹连接	电渣压力焊	电渣压力焊	10000	10000
5	25~32	套管挤压	套管挤压	套管挤压	套管挤压	套管挤压	套管挤压	套管挤压	套管挤压	9000	9000
6	⊟ HRB335,HRB335E,HRBF335,HRBF335E										
7	3~10	绑扎	绑扎	绑扎	绑扎	绑扎	绑扎	绑扎	绑扎	12000	12000
8	12~14	绑扎	绑扎	绑扎	绑扎	绑扎	绑扎	绑扎	绑扎	10000	10000
9	16~22	直螺纹连接	直螺纹连接	直螺纹连接	电渣压力焊	直螺纹连接	直螺纹连接	电渣压力焊	电渣压力焊	10000	10000
10	25~50	套管挤压	套管挤压	套管挤压	套管挤压	套管挤压	套管挤压	套管挤压	套管挤压	9000	9000
11	⊟ HRB400,HRB400E,HRBF400,HRBF400E,RR...										
12	3~10	绑扎	绑扎	绑扎	绑扎	绑扎	绑扎	绑扎	绑扎	12000	12000
13	12~14	绑扎	绑扎	绑扎	绑扎	绑扎	绑扎	绑扎	绑扎	10000	10000
14	16~22	直螺纹连接	直螺纹连接	直螺纹连接	电渣压力焊	直螺纹连接	直螺纹连接	电渣压力焊	电渣压力焊	10000	10000
15	25~50	套管挤压	套管挤压	套管挤压	套管挤压	套管挤压	套管挤压	套管挤压	套管挤压	9000	9000
16	⊟ 冷轧带肋钢筋										
17	4~12	绑扎	绑扎	绑扎	绑扎	绑扎	绑扎	绑扎	绑扎	8000	6000
18	⊟ 冷轧扭钢筋										
19	6.5~14	绑扎	绑扎	绑扎	绑扎	绑扎	绑扎	绑扎	绑扎	8000	8000

图2.15 搭接设置界面

2.3.4.2 本案例工程的比重设置更改

广联达土建计量平台 GTJ2021 是以根据标准图集计算出的工程量作为钢筋的长度，但实际在市场购买钢筋时则按重量计算，因此，需要通过针对不同型号的钢筋比重确定重量。直径 6mm 的钢筋需要改为“0.26”，同 6.5mm 的钢筋一致，如图 2.16 所示，这是因为设计直径为 6mm 的一级钢筋，实际生产直径为 6.5mm，所以需要修改。

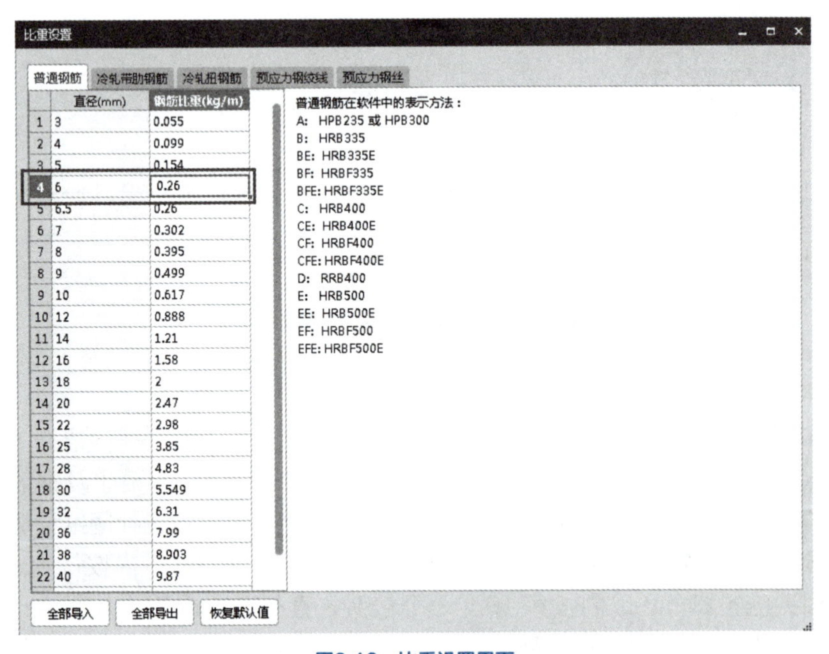

比重设置

普通钢筋 | 冷轧带肋钢筋 | 冷轧扭钢筋 | 预应力钢绞线 | 预应力钢丝

	直径(mm)	钢筋比重(kg/m)
1	3	0.055
2	4	0.099
3	5	0.154
4	6	0.26
5	6.5	0.26
6	7	0.302
7	8	0.395
8	9	0.499
9	10	0.617
10	12	0.888
11	14	1.21
12	16	1.58
13	18	2
14	20	2.47
15	22	2.98
16	25	3.85
17	28	4.83
18	30	5.549
19	32	6.31
20	36	7.99
21	38	8.903
22	40	9.87

普通钢筋在软件中的表示方法：
A: HPB235 或 HPB300
B: HRB335
BE: HRB335E
BF: HRBF335
BFE: HRBF335E
C: HRB400
CE: HRB400E
CF: HRBF400
CFE: HRBF400E
D: RRB400
E: HRB500
EE: HRB500E
EF: HRBF500
EFE: HRBF500E

全部导入 | 全部导出 | 恢复默认值

图2.16 比重设置界面

能力训练题

一、选择题

1. 工程信息当中的哪项设置不会影响工程量的计算？（　　）

   A. 檐高　　B. 结构类型

   C. 抗震等级　　D. 设计地震分组

2. 以下哪种不影响抗震等级？（　　）

   A. 设防烈度　　B. 混凝土标号

   C. 檐高　　D. 结构类型

3. 楼层构件的混凝土强度等级在哪里修改？（　　）

   A. 计算设置　　B. 节点设置

   C. 楼层设置　　D. 比重设置

4. 钢筋搭接设置在“钢筋设置”功能区的哪部分修改？（　　）

   A. 计算设置　　B. 比重设置

   C. 弯钩设置　　D. 损耗设置

二、技能操作题

新建图纸工程并进行工程设置。

任务3 轴网的创建

知识目标

- 掌握正交轴网与辅助轴线的绘制方法
- 掌握斜交轴网和圆弧轴网的绘制方法
- 掌握轴网和辅助轴线的二次编辑和修改方法
- 掌握轴网的合并方法
- 掌握视图旋转、利用鼠标滚轮缩放与平移等方便查看轴网视图的快捷方法

技能目标

- 能够根据图纸准确绘制正交轴网
- 会绘制斜交轴网与圆弧轴网
- 能够根据图纸中轴网的实际情况进行轴网与辅助轴线的二次编辑与修改
- 能够进行轴网的合并
- 能够方便快捷地查看轴网视图

素质目标

- 培养踏实的工作态度，不积跬步，无以至千里，建模的任务从轴网开始
- 培养灵活的发散思维，多角度性解决问题的能力，命令和工具能灵活性组合应用
- 培养责任心，每一步操作均需按照图纸进行，不能出现失误，否则后续建模也将错误

任务说明

建筑物基础、柱、梁、板、墙等主要构件的相对位置是依靠轴线来确定的，画图时应首先确定轴线位置，然后才能绘制柱、梁等承重构件。根据案例工程结构施工图纸（扫二维码1.1获取），完成案例工程正交轴网的新建与绘制，完成辅助轴线的绘制，并完成案例工程轴网和辅助轴线的二次编辑，练习删除命令和利用视图旋转灵活查看轴网。同时，在技能拓展部分，进行斜交轴网、圆弧轴网的创建，练习合并轴网和轴网二次编辑与修改的其他命令。

操作步骤

新建轴网→新建正交轴网→按照下开间插入竖向轴网→输入下开间轴距→按照右进深插入横向轴网并更改轴号→输入右进深轴距→输入角度值0°→绘制辅助轴线→编辑轴线。

任务实施

3.1 新建轴网

3.1.1 新建正交轴网

① 在导航栏选择【轴线】→【轴网】，如图 3.1 所示，单击构件列表工具栏的按钮【新建】→【新建正交轴网】，打开轴网定义界面。

3.1 轴网的创建

② 在属性列表名称处输入轴网的名称，默认为“轴网 -1”，如图 3.2 所示。如果工程由多个轴网拼接而成，则建议填入的名称可以区分不同轴网，清晰了然。

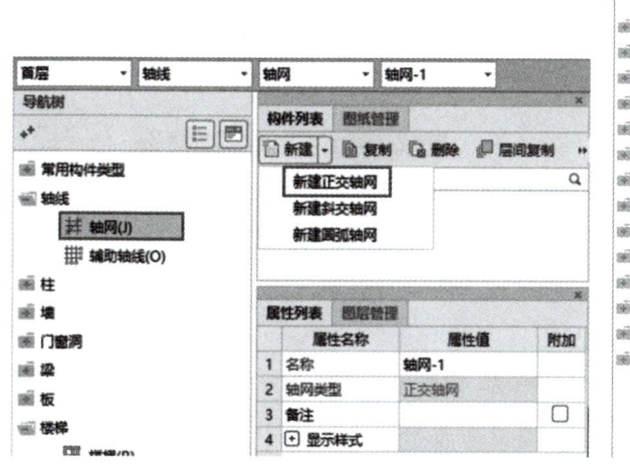

图3.1 新建正交轴网界面

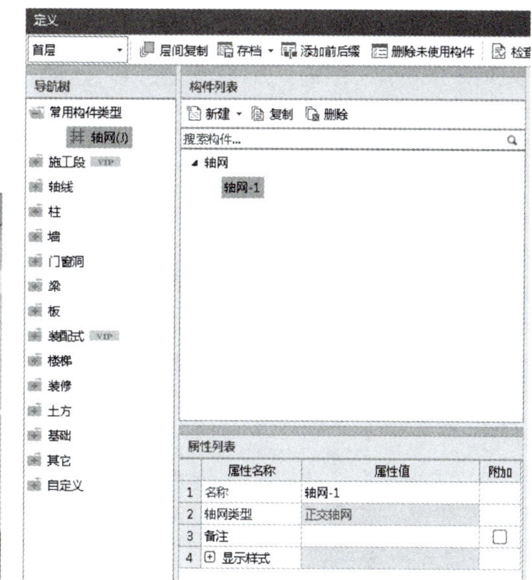

图3.2 轴网定义界面的构件列表和属性列表

3.1.2 输入轴距与轴号

① 选择一种轴距类型，软件提供了下开间、左进深、上开间、右进深四种类型来定义开间、进深的轴距。在本案例中，先按默认选择【下开间】，来输入轴距。所参照图纸为结构图纸部分的“基础～ -0.100m 框架柱平法施工图”。

单击【插入】3 次，按照所参照的结构施工图修改轴距，分别输入 6250、2200、5450，如图 3.3 所示。

② 单击【右进深】按钮→单击【插入】11 次，如图 3.4 所示。

③ 插入之后，软件中的轴号名称和参照图纸中的轴号不一致，图纸当中没有“I”轴号，但是软件当中自动按字母顺序排序，有“I”轴号，如图 3.4 所示。鼠标单击需要更改的轴号，

这时对应的表格被激活，输入正确的轴号，如图 3.5 所示。

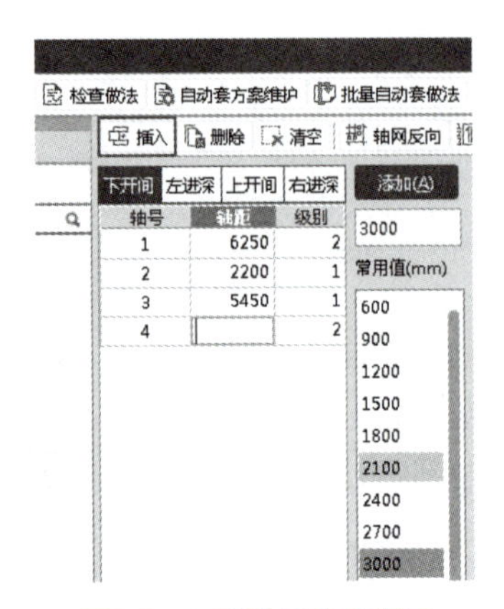

图3.3　下开间轴网创建界面

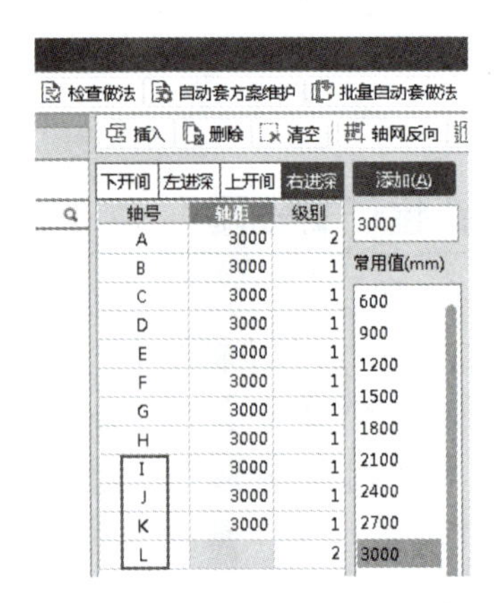

图3.4　右进深轴网创建界面（一）

④ 依据参照图纸更改轴距，依次输入 3350、3400、3400、3400、3400、2800、3400、3400、3400、3000、2950，如图 3.6 所示。本案例轴网较为简单，上下开间和左右开间的轴距、轴号一致，如果案例工程中上下开间或者左右进深不同时，输入上下开间和左右进深之后，可使用【轴号自动排序】命令，轴号会依据上下左右的数据自动排序，无需手动调节。

轴号	轴距	级别
A	3350	2
B	3400	1
C	3400	1
D	3400	1
E	3400	1
F	2800	1
G	3400	1
H	3400	1
J	3400	1
K	3000	1
L	2950	1
M		2

图3.5　右进深轴网创建界面（二）

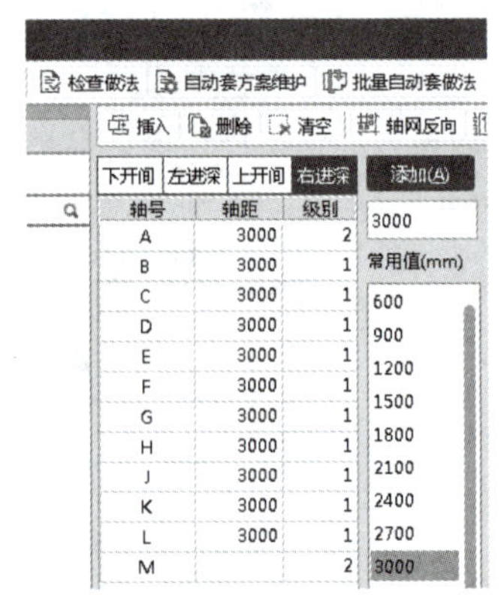

图3.6　右进深轴网创建界面（三）

⑤ 关闭界面，弹出“请输入角度”对话框，本案例轴网与 X 方向的角度为 0°，软件中默认值即为 0，单击【确定】按钮，如图 3.7 所示。至此轴网建立完成，如图 3.8 所示。注意，在绘图区，滚动鼠标滚轮可放大或者缩小屏幕显示比例，按住鼠标滚轮移动可拖动绘图区屏幕，这样可以方便查看所绘制的轴网。

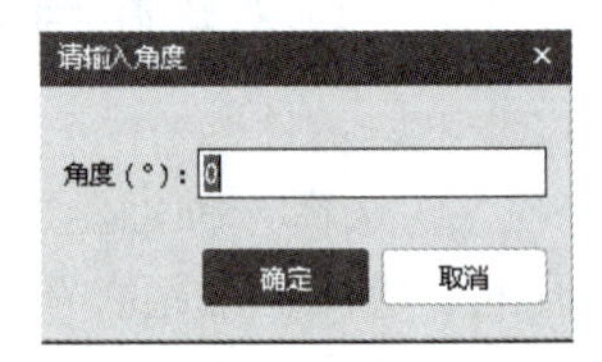

图3.7　请输入角度对话框

3.1.3　视图旋转

为了方便查看创建的轴网，可以使用仅针对视图的旋转命令，点击【视图】选项卡下功能区的【顺旋转 90°】，如图 3.9 所示，也可单击绘图区右侧的旋转图标，如图 3.10 所示，这两个按钮的功能完全一致，下拉菜单中包括“顺旋转 90°”“逆旋转 90°”“按图元旋转”“恢复视图”几项。单击后，轴网视图发生旋转，如图 3.11 所示，接着点击【恢复视图】，绘图区视图恢复。

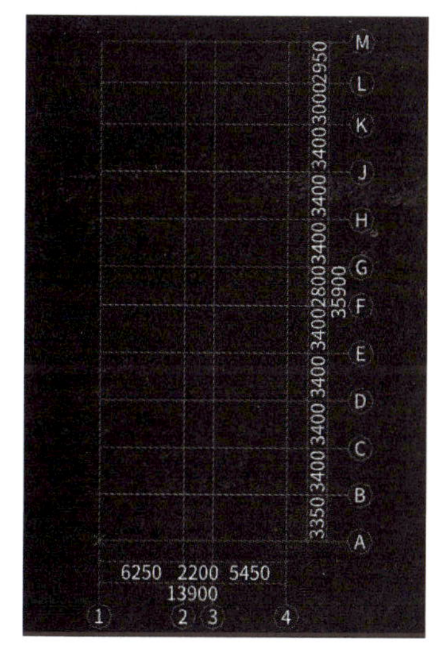

图3.8 创建完成的轴网-1

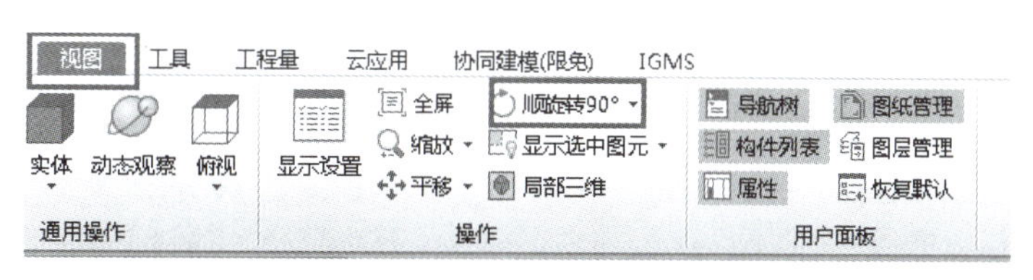

图3.9 视图选项卡操作功能区的视图旋转按钮

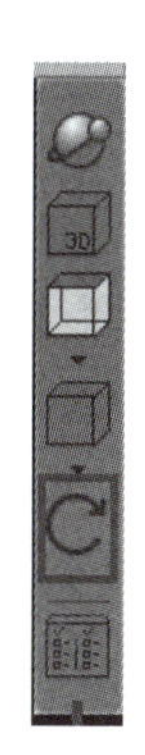

图3.10 绘图区的视图旋转按钮

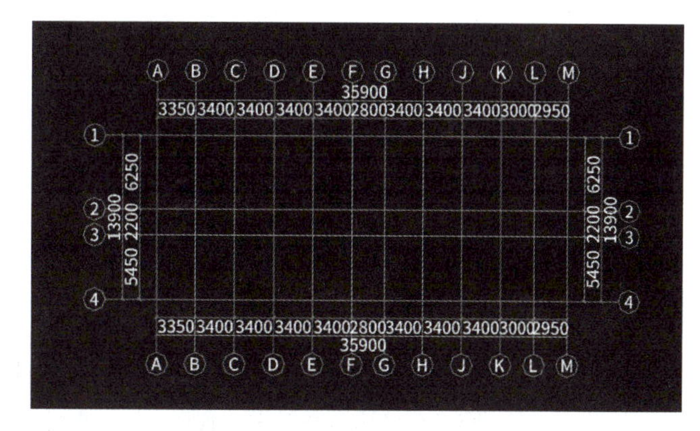

图3.11 视图顺时针旋转90°的轴网

3.2 辅助轴线的绘制

3.2.1 绘制辅助轴线

在一般工程当中，除了主要定位轴线，还有一部分辅助轴线。查看“基础～-0.100m 框架柱平法施工图”，除了轴网还有两条辅助轴线，下面为本案例辅助轴线的绘制方法。

① 点击左侧导航树【轴线】下的【辅助轴线】，如图 3.12 所示。

② 再点击建模功能区的【两点辅轴】右侧的 ▾ 图标，在弹出的下拉菜单中，点击【平行辅轴】，如图 3.13 所示。

③ 根据参考图纸可知，辅助轴线在Ⓐ轴下方，距离Ⓐ轴 550mm。将鼠标移至Ⓐ轴，点击鼠标，选定基准轴线，在弹出的对话框中输入距离“-550”，点击【确定】，如图 3.14 所示，此辅助轴线不需要输入轴号。辅助轴线绘制完成，如图 3.15 所示。（注意：输入值的正负代表偏移的方向，正值代表向上或者向右偏移。）

④ 轴线①左侧的辅助轴线和以上绘制方法相同。

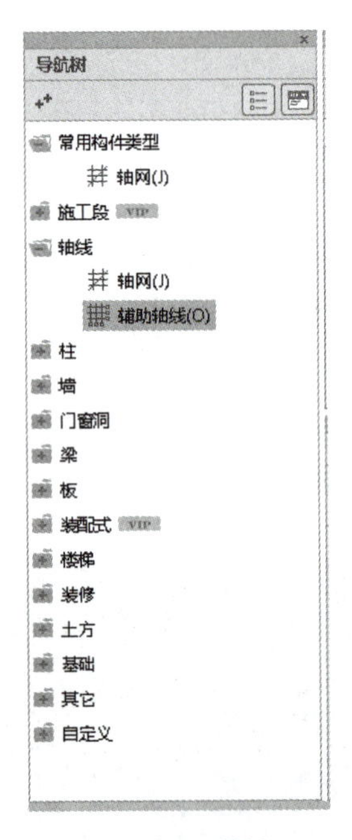

图3.12 导航树

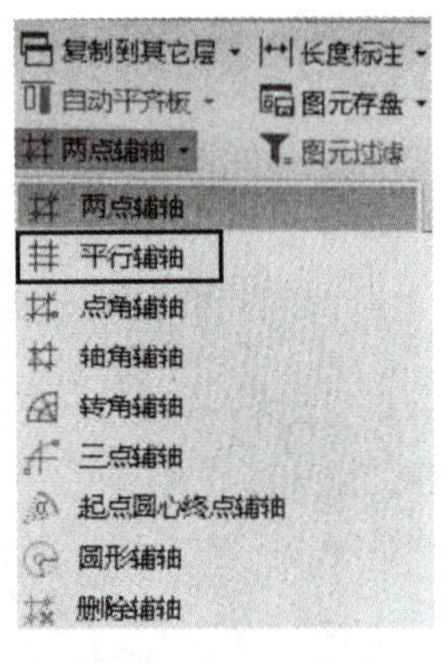

图3.13 创建平行辅轴界面

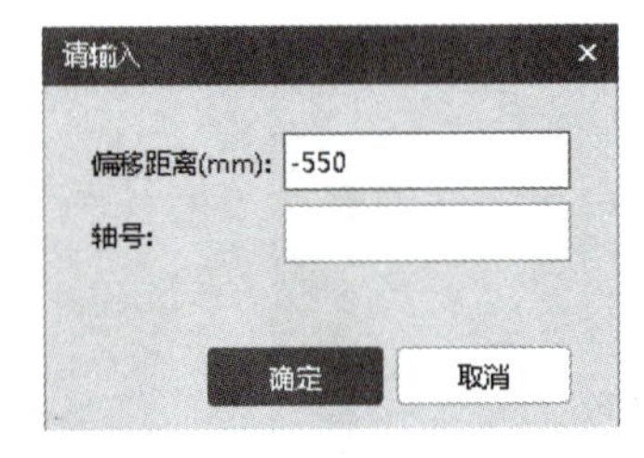

图3.14 辅助轴线偏移距离输入框

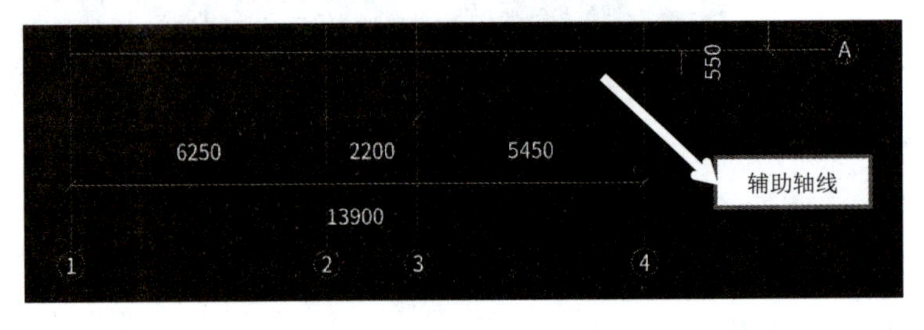

图3.15 创建完成的辅助轴线

3.2 辅助轴线绘制

3.2.2 辅助轴线二次编辑

本工程案例中，辅助轴线需要进行二次编辑，根据图纸，将①轴左侧的辅助轴线适当进行缩短。在辅助轴线状态下，点击【修剪轴线】，如图 3.16 所示，再将鼠标移至如

图 3.17 中“×”号所在的位置左键点击，再左键点击“×”的上侧轴线，上侧被修剪掉。注意：退出当前命令状态可按【Esc】键，或者左键单击软件左上角的图标，回到选择状态。

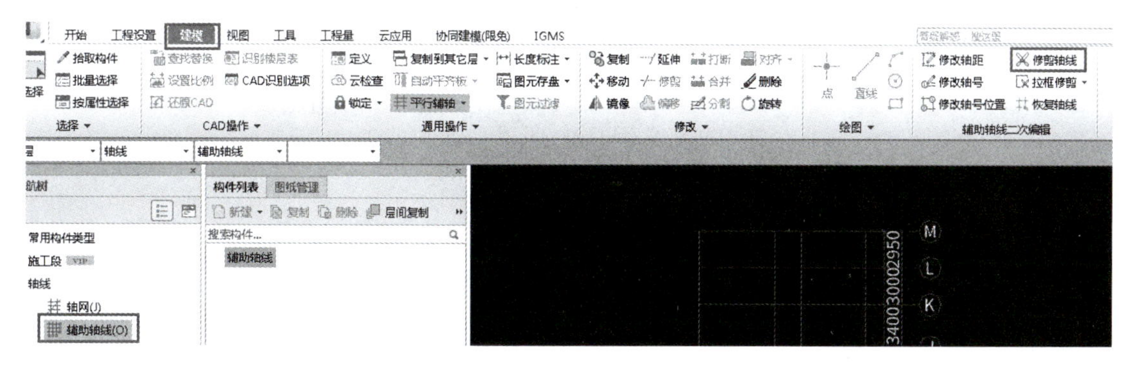

图3.16 “修剪轴线”按钮

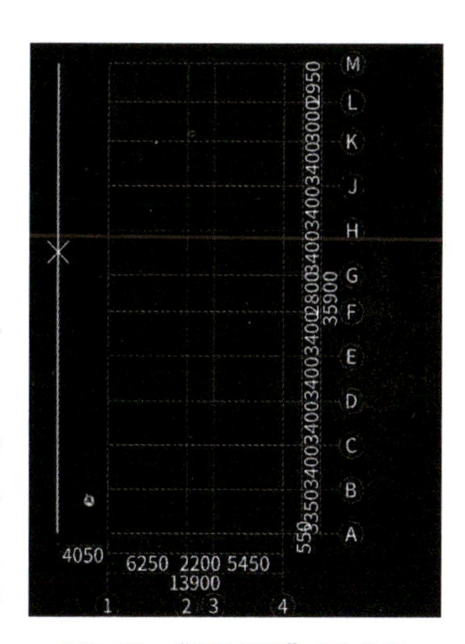

图3.17 “修剪轴线”命令状态

3.3 删除轴网

在操作过程中出现失误，可以删除错误轴网。可用以下两种方法删除。

（1）方法 1　点击导航树中的【轴线】→【轴网】，然后点击【删除】按钮，再用鼠标左键点击需要删除的轴网，右击【确定】。或者，选择轴网，再点击【删除】命令，轴网删除。注意，“删除”按钮在“建模”状态下的功能区，如图 3.18 所示。辅助轴线的删除方法与轴网相同。

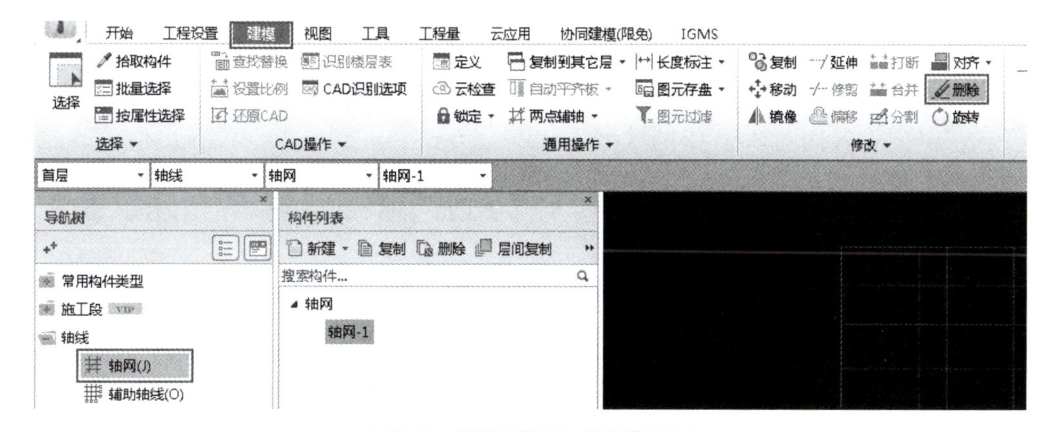

图3.18 修改功能区的“删除”按钮

（2）方法 2　点击导航树中的【轴线】→【轴网】，然后选中“轴网 -1”，点击【删除】按钮，删除“轴网 -1”，如图 3.19 所示。

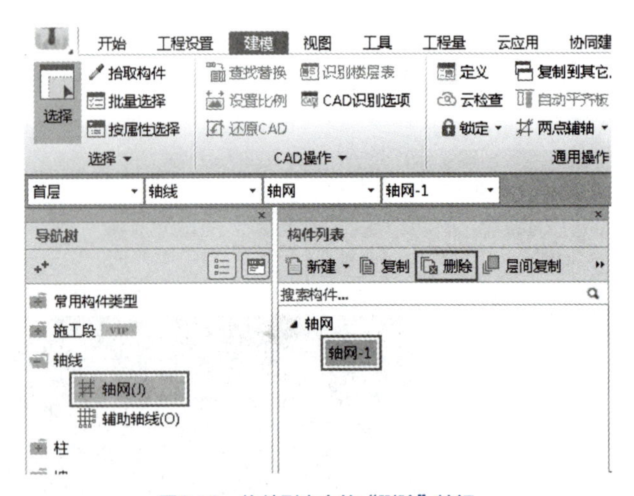

图3.19　构件列表中的“删除”按钮

3.4　轴网创建技能拓展

3.4.1　定义轴距的其他几种方法

除了案例工程中使用的直接在输入框输入轴距的方法外，定义轴距的方法，还有几种其他方法。

① 从常用数值中选取，选中常用数值，双击鼠标左键，所选中的常用数值就出现在定义轴距的单元格上。

② 自定义轴网数据：在“定义数据”中直接以“,”隔开输入轴号及轴距。格式为：轴号，轴距，轴号，轴距，轴号……依次类推。

例如本案例工程，在新建正交轴网之后，选择【下开间】，在弹窗右下方有一栏“定义数据”，在框内输入如图3.20中的数据，下开间轴网数据就设置好了。

定义数据(D): A,6250,B,2200,C,5450

图3.20　轴网“定义”界面中的“定义数据”输入框

3.4.2　绘制斜交轴网

软件除了可以绘制正交轴网，还可以绘制斜交轴网。

点击【轴网】→【新建】→【新建斜交轴网】，弹出“定义”对话框。因前面已创建正交轴网，正交轴网默认名称为“轴网 -1”，所以，新建的斜交轴网软件默认名称为“轴网 -2”。如图3.21所示，在属性列表中有“轴线夹角”一项，默认为“60”，可以根据所建案例工程的实际轴网夹角更改斜交轴网的“轴线夹角”，此处，更改为“45”。

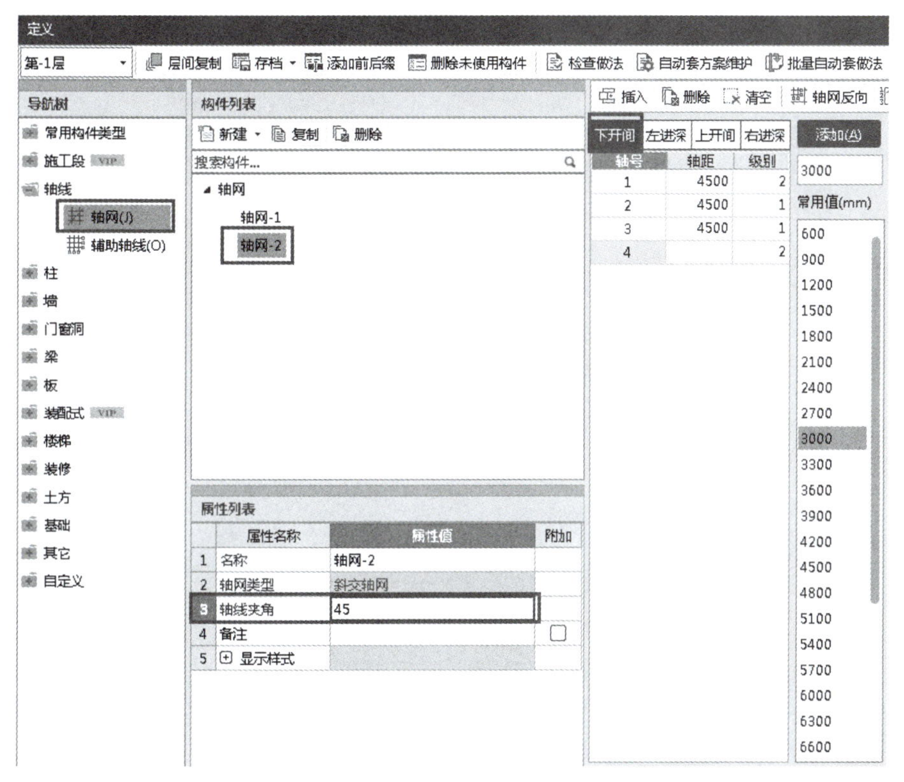

图3.21 新建“轴网-2”的“定义”界面

鼠标左键点击【下开间】，再点击3次【插入】，如图3.21所示，输入轴距皆为“4500”，再点击【左进深】4次，输入轴距皆为“6000”，所绘制的轴网如图3.22所示，即为夹角45°的斜交轴网。

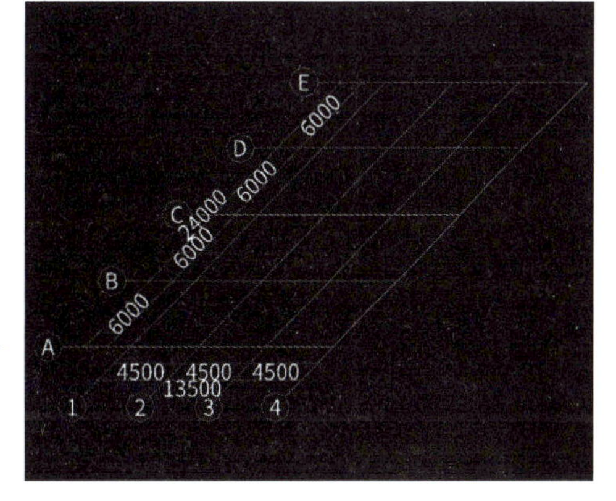

图3.22 夹角45°的斜交轴网

3.4.3 绘制圆弧轴网

软件除了可以绘制正交轴网、斜交轴网，还可以绘制圆弧轴网。

点击【轴网】→【新建】→【新建圆弧轴网】，弹出“定义”对话框。因前面已创建正交轴网和斜交轴网，正交轴网默认名称为“轴网 -1”，斜交轴网默认名称为“轴网 -2”，所以，新建的圆弧轴网软件默认名称为“轴网 -3”，可在如图3.23中的属性列表中更改名称，此处，更改为“圆弧轴网”，并将起始半径更改为“1000”。

鼠标左键点击【下开间】，再点击【插入】3次，角度栏皆输入“30”，如图3.23所示。再点击【左进深】，接着点击【插入】3次，输入弧距分别为“6250”“2200”“5450”，勾选“顺时针”，如图3.24所示。此时绘制完圆弧轴网，如图3.25所示。

注意，起始半径指的是如图3.26箭头所示的距离，通过此设置，可以确定圆弧轴线的圆心位置。顺时针和逆时针可以决定圆弧轴网的旋转方向，如图 3.27 为未勾选“顺时针”的轴网，图 3.25 为勾选“顺时针”的轴网。

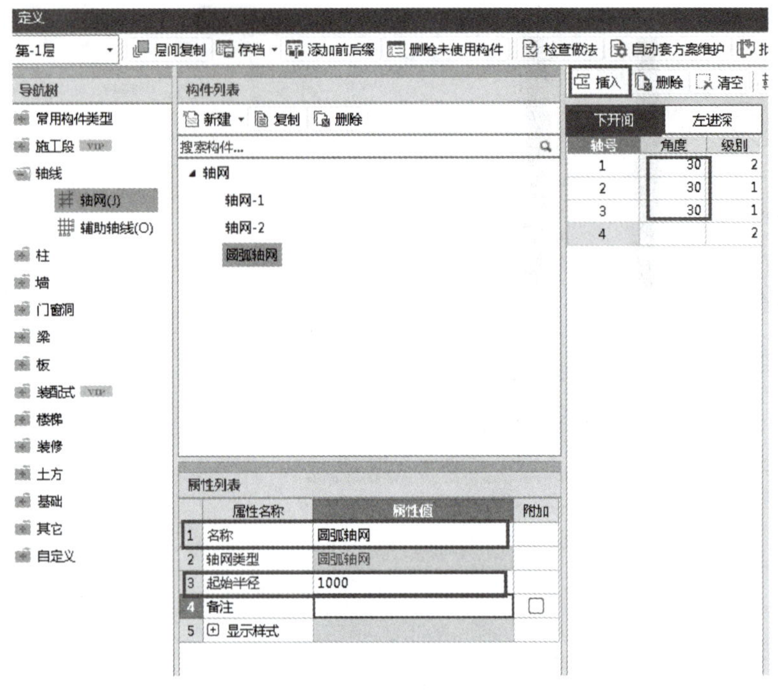

图3.23 圆弧轴网的“定义”界面（一）

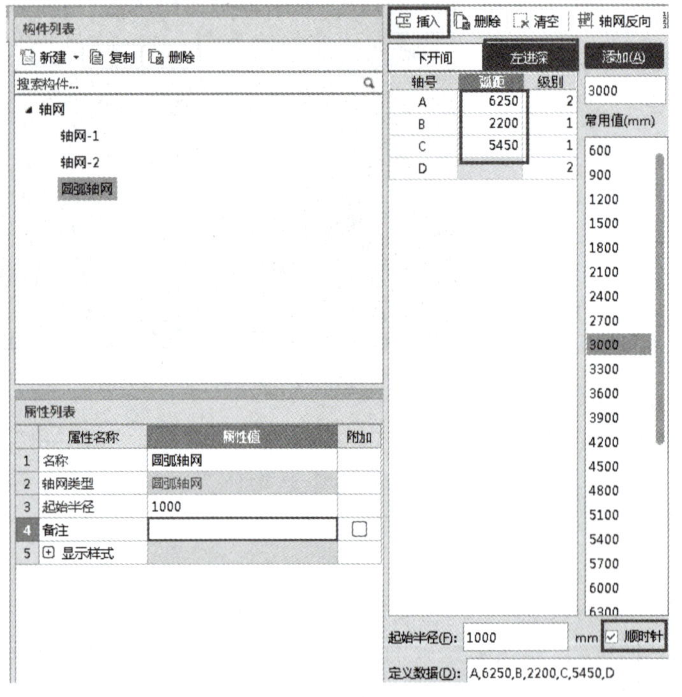

图3.24 圆弧轴网的“定义”界面（二）

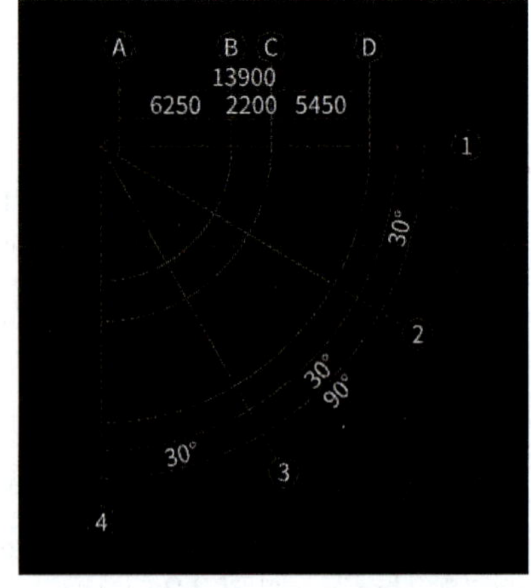

图3.25 勾选“顺时针”的圆弧轴网

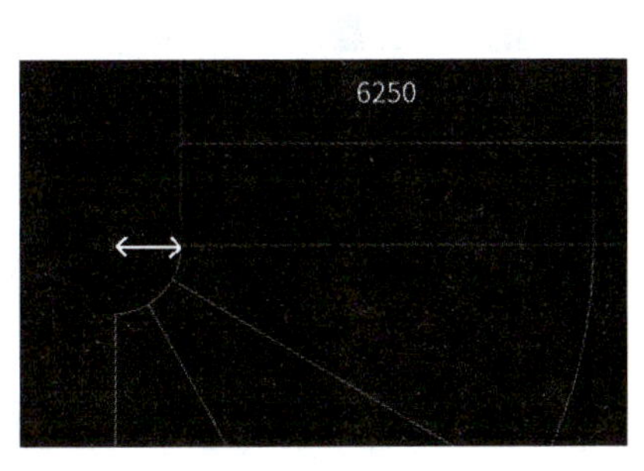

图3.26 起始半径

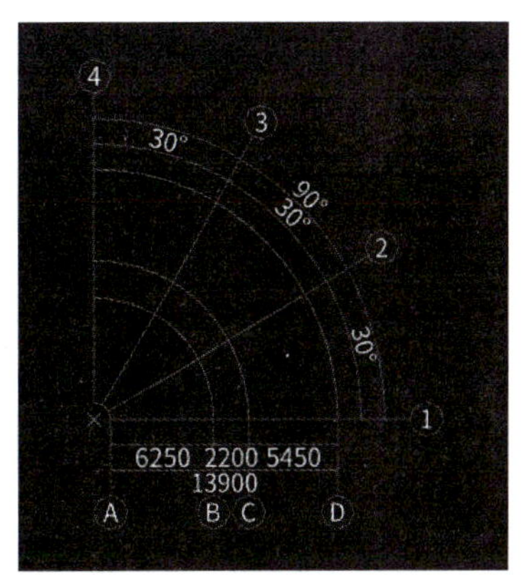

图3.27 未勾选“顺时针”的圆弧轴网

3.4.4 二次编辑轴网的其他命令

除本任务第 3.1 节中建立案例工程正交轴网所用到的“修剪轴线”，轴网与辅助轴线的二次编辑还有其他命令，例如“修改轴距”“修改轴号”“拉框修剪”等，见图 3.28、图 3.29。

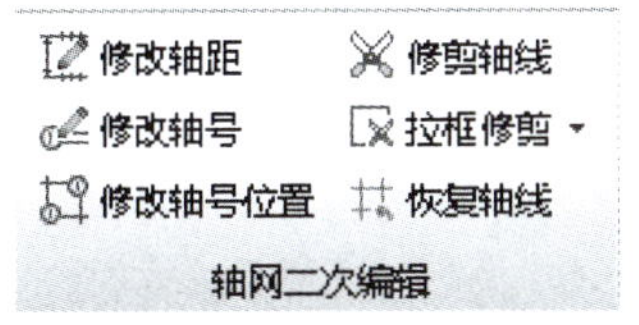

图3.28 “轴网二次编辑”功能区

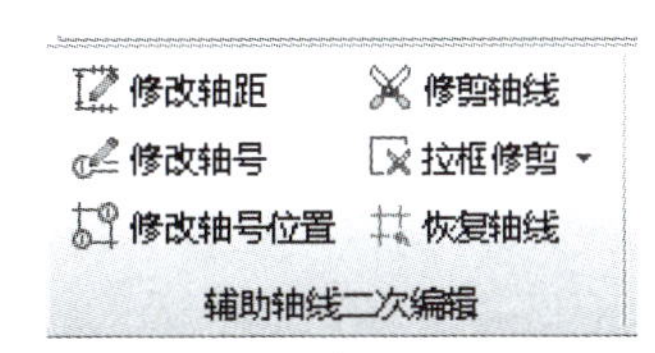

图3.29 “辅助轴线二次编辑”功能区

以上面所创建的正交轴网即“轴网 -1”为例，进行轴网二次编辑的操作讲述。

（1）修改轴号位置

如图 3.8 所示，创建成功的正交轴网，轴号标注在下方和右方，这是因为在创建时选择的是“下开间”和“右进深”的缘故。左键单击图 3.28 中的【修改轴号位置】，框选正交轴网的所有轴线，点击鼠标右键，弹出如图 3.30 所示的对话框，选择“两端标注”，点击【确定】，轴网的上下左右皆出现轴网标注。

（2）修改轴号

如果轴号和参考图纸中不一致，可能是在创建时出现了错误，创建好之后仍可以更改轴号。假若此正交轴网的轴号在创建时未更改，是由软件自动排序形成的，如图 3.31 所示，但是，参照图纸当中并没有“I”轴号，需要修改。左键单击图 3.28 中的【修改轴号】，点击Ⓘ轴，弹出如图 3.32 所示的对话框，将“I”改为“J”，按照以上操作，依次将Ⓙ、Ⓚ、Ⓛ轴的轴号改为“K”“L”“M”。

（3）修改轴距

若在创建轴网时，轴距输入发生错误，在创建好之后还可进行修改。假若“轴网 -1”的Ⓐ、Ⓑ轴之间数据错误，如图 3.33 所示，轴距为“3000”，对照参考图纸，轴距则为“3350”，需要将“3000”改为“3350”。左键单击图 3.28 中的【修改轴距】，继续单击Ⓑ轴，弹出如图 3.34 所示的对话框，在轴距一栏输入“3350”，点击【确定】，轴距修改完成。

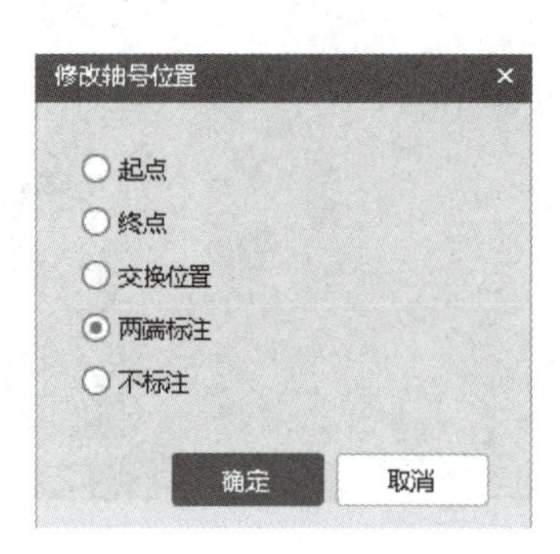

图3.30 “修改轴号位置”对话框

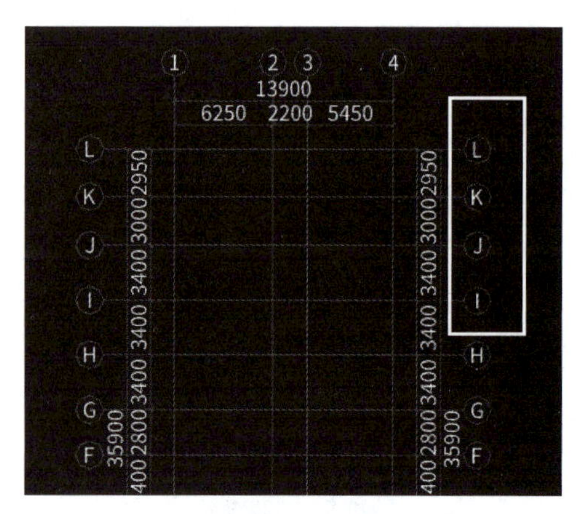

图3.31 软件自动排序形成的轴号

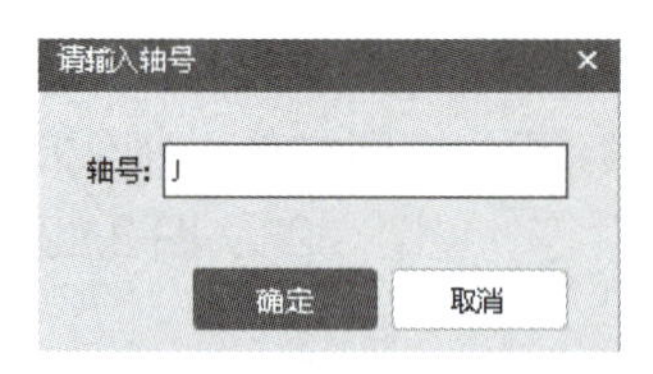

图3.32 “请输入轴号”对话框

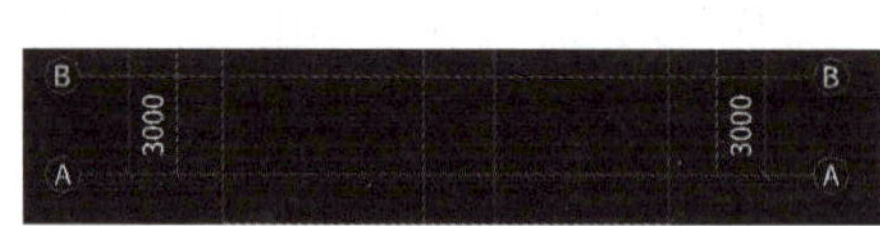

图3.33 轴距错误的轴网

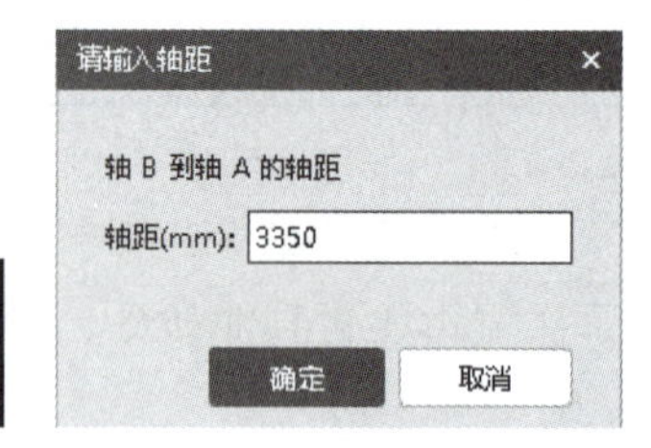

图3.34 “请输入轴距”对话框

（4）拉框修剪与恢复轴线

以“轴网 -1”为例，演示“拉框修剪”与“恢复轴线”命令。“拉框修剪”可批量修剪规则区域内的轴线。现将“轴网 -1”的Ⓐ轴、Ⓒ轴与①轴、④轴之间区域的轴线进行批量修剪，左键单击图 3.28 中的【拉框修剪】，如图 3.35 所示，框选Ⓐ轴、Ⓒ轴与①轴、④轴之间区域的轴线，接着弹出如图 3.35 所示的对话框，点击【是】，Ⓐ轴、Ⓒ轴与①轴、④轴之间区域的轴线修剪完成，如图 3.36 所示。

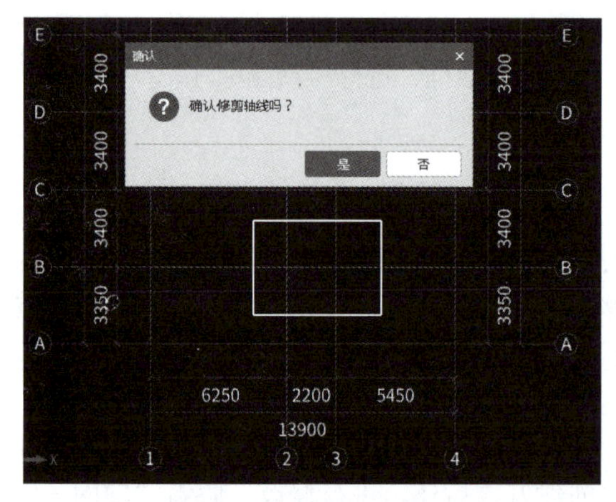

图3.35 “拉框修剪”命令执行状态

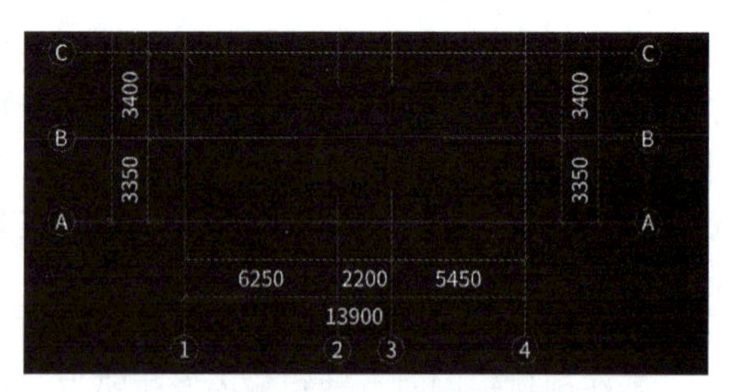

图3.36 “拉框修剪”后的轴网

接下来左键单击图 3.28 中的【恢复轴线】，鼠标左键依次单击刚刚修剪过的Ⓑ轴、②轴、③轴，则轴线恢复到原样。

3.4.5 修改轴网

除了轴网和辅助轴线的二次编辑，在“修改”功能区也有多种可以修改轴网与辅助轴线的命令，如图3.37所示。除了前文所述的“删除”功能，还有以下几个命令在修改轴网时较常用。

（1）延伸

如图3.38所示，利用图3.28中的轴网二次编辑功能区的“修剪轴线”命令将③轴修剪，如何将轴线恢复到原样，再次和Ⓐ轴相交呢？除了利用图3.28中“轴网二次编辑”当中的“恢复轴线”命令，还可以利用“修改”功能区的“延伸”命令。“延伸”命令可以将一条轴线延长到另一条轴线处相交。左键点击图3.37中的“延伸”命令，左键单击Ⓐ轴，选择目标线，左键继续单击③轴，则③轴延伸至Ⓐ轴。

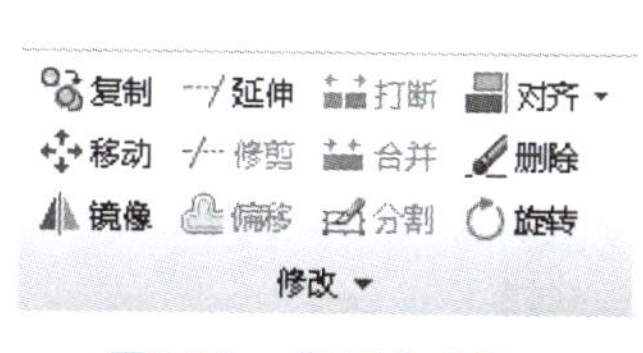

图3.37 “修改”功能区

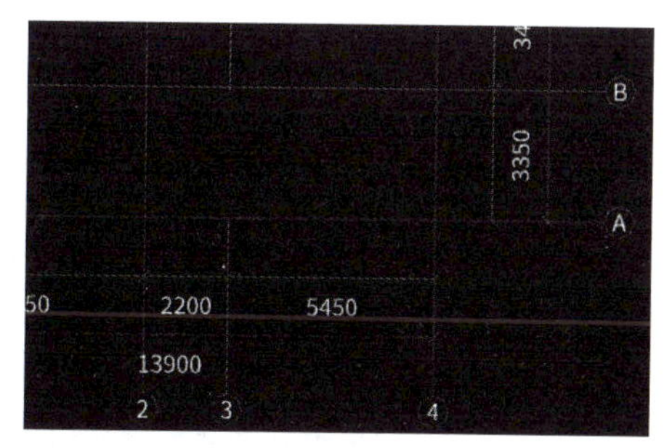

图3.38 ③轴未与Ⓐ轴相交的轴网

（2）旋转

“旋转”命令可以将轴网或者辅助轴线，以选定的基准点进行任意角度的旋转。左键点击图3.37中的“旋转”命令，左键单击绘图区轴网，选定轴网后右击，进入捕捉旋转基准点状态，左键单击Ⓐ轴与①轴交点，选定旋转基准点之后，显示如图3.39所示界面，在方框中输入角度值“60”，点击【Enter】键确认，轴网以Ⓐ轴与①轴交点为旋转基准点整体旋转60°，如图3.40所示。

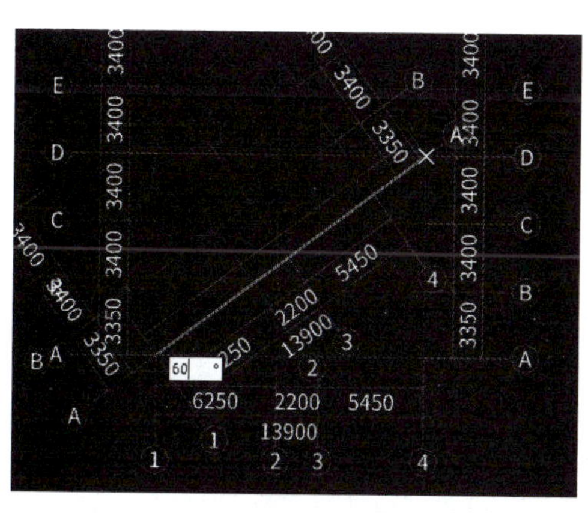

图3.39 “旋转”命令执行状态

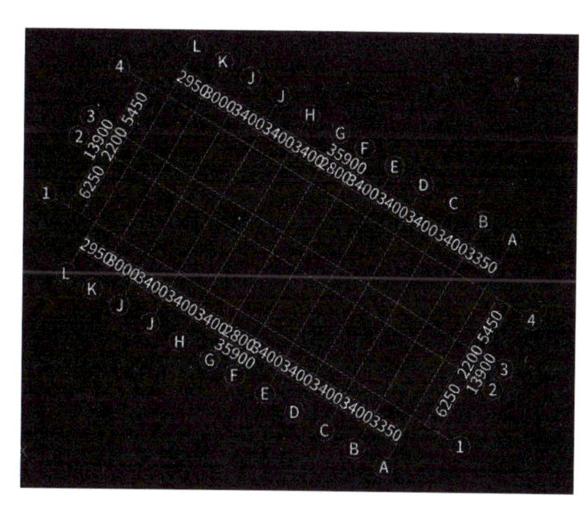

图3.40 旋转60°后的轴网

重复以上操作，在弹出角度输入界面后，输入“-60”，轴网恢复原样。从以上操作可知，输入正值为逆时针旋转，输入负值为顺时针旋转。

3.4.6 合并轴网

下面以案例工程中所创建的“轴网 -1”即正交轴网和后创建的圆弧轴网为例，讲解如何进行轴网合并。

（1）设置插入点

在圆弧轴网的定义界面，左键点击【设置插入点】，如图 3.41 所示，将鼠标移到圆弧轴网的Ⓐ轴和①轴的交点处，左键点击，如图 3.42 所示，“插入点”移到如图 3.42 所示位置。关闭“定义”对话框。

图3.41 “设置插入点”按钮

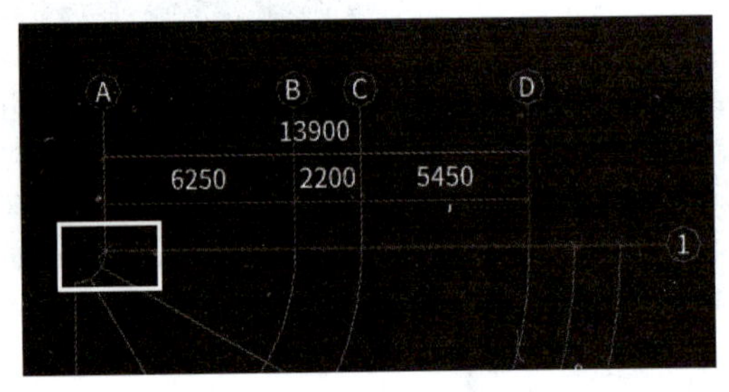

图3.42 插入点位置

（2）插入圆弧轴网

如图 3.43 所示，在“建模”与“轴网”状态下，选择“圆弧轴网”，再点击“绘图”功能区的图标，出现圆弧轴网后，左键点击正交轴网的①轴和Ⓐ轴交点，即按照上一步设置的“插入点”位置将圆弧轴网插入到正交轴网当中，点击右键确认，合并成如图 3.44 所示的轴网。

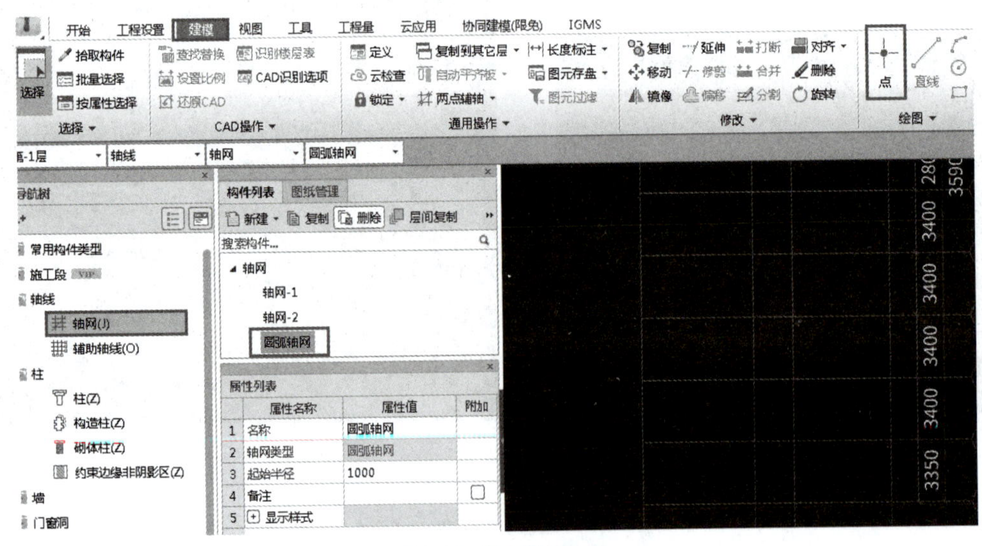

图3.43 插入圆弧轴网

（3）轴线修剪

如图 3.44 所示，合并后的轴网，轴号与标注位置较为混乱，利用轴网二次编辑进行轴线修剪，轴号标注位置与轴号的更改，操作方法已在上文介绍，此处不再赘述，更改完成后如图 3.45 所示。

（4）轴号标注位置与轴号更改

不需要圆弧轴网时，将圆弧轴网删除，利用轴网二次编辑进行轴号标注位置与轴号的更改，相关操作命令已介绍，此处不再赘述。

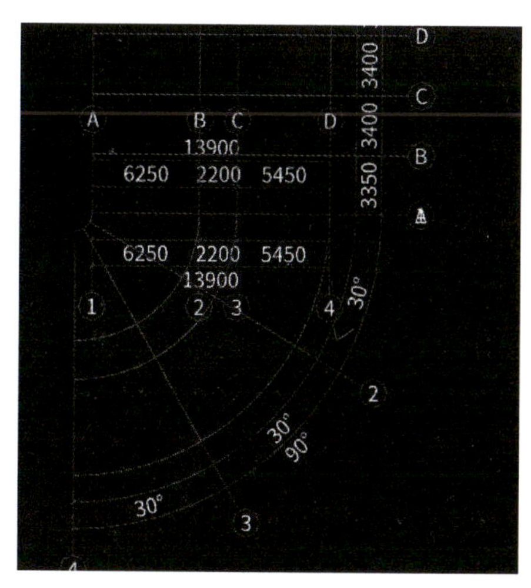

图3.44 合并完成后的轴网

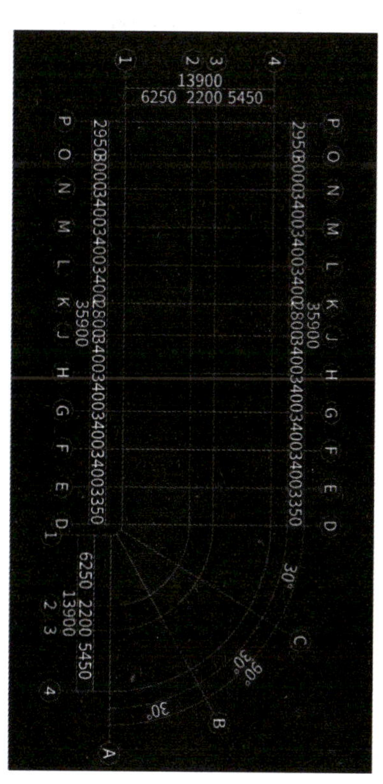

图3.45 二次编辑后的轴网

能力训练题

一、选择题

1. GTJ2021 中轴网类型不包括（ ）。

A. 直线轴网　　B. 斜交轴网

C. 圆弧轴网　　D. 正交轴网

2. 下列有关轴网说法不正确的是（ ）。

A. 如果轴网上下开间或左右进深统一连续编号，可以使用“轴号自动生成”功能

让软件自动排序

B. 在轴网二次编辑功能区有“修剪轴线”命令

C. 轴号定义时允许轴号重复，方便轴网定义错误后进行修改操作

D. 轴网创建完成后不可以再修改轴号

3. 下列有关轴网说法正确的是（　　）。

A. 绘制圆弧轴网时不可以控制圆心的位置

B. 轴网创建完成后不可以更改轴号标注位置

C. 轴网创建完成后不可以更改轴距

D. 设置轴号与轴距时可以利用“定义数据”输入框进行输入

4. 下列有关轴网说法正确的是（　　）。

A. 轴网合并前不需要设置合理插入点

B. 可以利用“修改”功能区的“修剪”命令来修改轴线

C. 正交轴网创建后如果输入非0角度值就变为斜交轴网

D. 正交轴网创建后不可以再旋转

二、技能操作题

绘制图纸工程中的轴网与辅助轴线。

任务4 基础建模及算量

知识目标

- 掌握基础属性定义
- 掌握独立基础、基础梁、筏板基础及垫层等的绘制方法
- 掌握独立基础的定义方法和基础梁的原位标注方法
- 掌握独立基础查改标注等命令的使用方法

技能目标

- 能够根据图纸准确定义基础属性
- 学会绘制独立基础、基础梁、筏板基础及垫层
- 能够根据基础图纸信息准确完整地输入基础的钢筋信息
- 能够对基础进行二次编辑操作

素质目标

- 具有认真严谨的工作态度，严格按照图纸进行基础部分模型构建
- 具有规则意识，按照工程项目要求的清单和定额规则进行基础部分算量
- 具有良好的沟通能力，能在对量过程中以理服人

任务说明

完成图纸负一层独立基础、基础层筏板基础、基础梁和垫层的属性定义及图元绘制。

操作步骤

（1）独立基础

独立基础→新建独立基础→新建独立基础单元→根据图纸修改独立基础属性→绘制独立基础图元。

（2）筏板基础

筏板基础→新建筏板基础→根据图纸修改筏板基础属性→绘制筏板基础图元→按照图纸运用“筏板主筋”和“筏板负筋”布置筏板钢筋。

（3）基础梁

基础梁→新建基础梁构件→根据图纸修改基础梁属性→绘制基础梁图元→按照图纸运用“原位标注”或者“平法表格”输入基础梁钢筋。

（4）垫层

垫层→新建垫层构件→根据图纸修改垫层属性→绘制垫层图元。

任务实施

4.1 独立基础建模及算量

4.1.1 定义独立基础

独立基础和其他构件在定义中的区别为，其他构件直接新建构件即可，独立基础定义要分为两个步骤，首先要新建独立基础，然后根据图纸中独立基础的形式再新建独立基础单元，操作步骤如下：

在导航树中，单击【基础】→【独立基础】，在“构件列表”中单击【新建】→【新建独立基础】→再次点击【新建】→【新建参数化独立基础单元】，如图 4.1、图 4.2 所示。

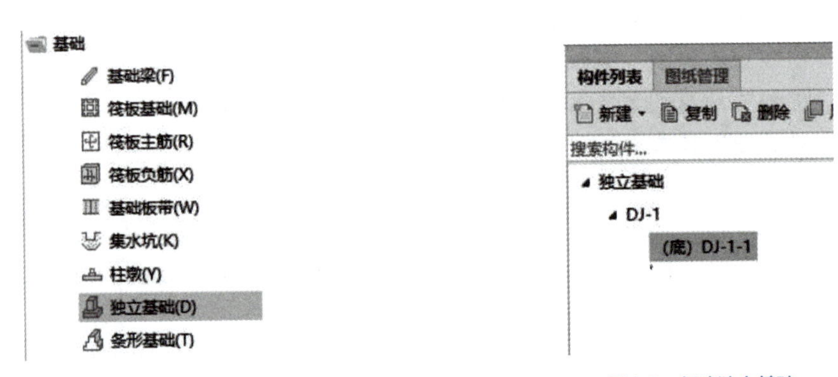

图4.1 独立基础导航树

图4.2 新建独立基础

修改“属性列表”，按照图纸信息输入 DJ-1 独立基础属性信息，如图 4.3、图 4.4 所示。

独立基础
DJJ01
(底) DJJ01-1

属性列表 图层管理

	属性名称	属性值
1	名称	DJJ01
2	长度(mm)	3400
3	宽度(mm)	3400
4	高度(mm)	700
5	顶标高(m)	-2.8
6	底标高(m)	-3.5
7	备注	

图4.3 基础属性列表

独立基础
DJJ01
(底) DJJ01-1

属性列表 图层管理

	属性名称	属性值
1	名称	DJJ01-1
2	截面形状	独立基础三台
3	截面长度(mm)	3400
4	截面宽度(mm)	3400
5	高度(mm)	700
6	横向受力筋	Φ14@140
7	纵向受力筋	Φ14@140

图4.4 基础单元属性列表

4.1 独立基础的定义和绘制

① 名称：软件默认“DJ-1”“DJ-2”顺序生成，可根据图纸实际情况，手动修改名称。此处按照图纸信息输入“DJJ01”即可。

② 选择参数化“独立基础三台”，图纸中独立基础为两阶，因此在界面形状立面高度最上面第三阶中输入高度为“0”，平面图中间第三阶宽度和长度默认不调整，其他尺寸输入如图4.5所示。

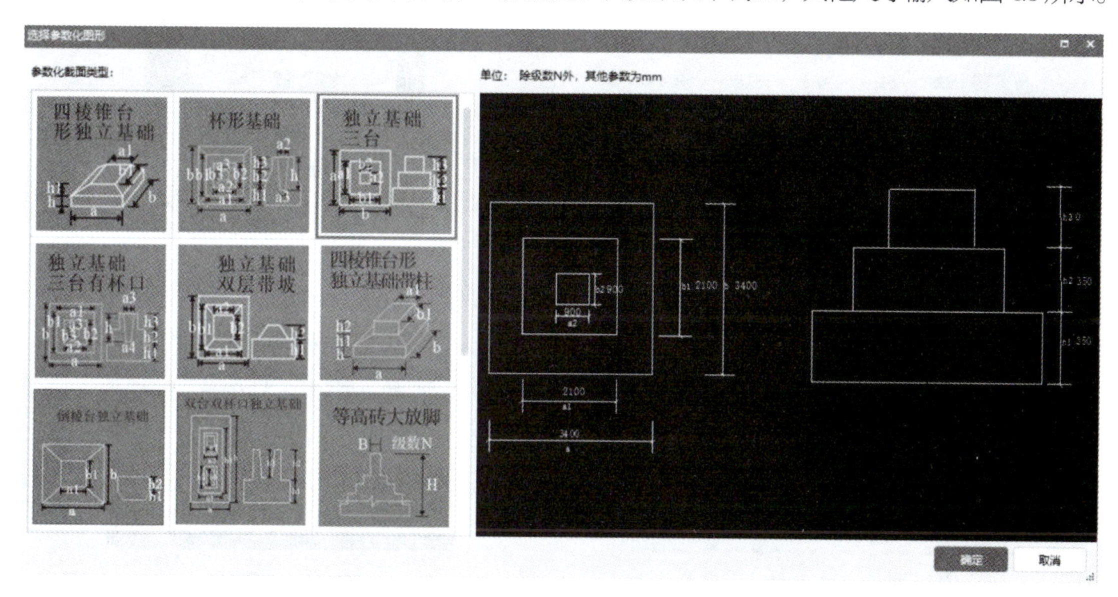

图4.5　选择参数化图形

③ 横向受力筋和纵向受力筋信息：按照图纸输入横向受力筋，此处输入“Φ14@140”；纵向受力筋，此处输入“Φ14@140”，软件中默认输入的钢筋位置为底部钢筋。

④ 材质：不同的计算规则，对应不同材质的独立基础，如现浇混凝土、预拌混凝土、预制混凝土、预拌预制混凝土，DJ-1 此处为预拌混凝土。

⑤ 混凝土强度等级：按照图纸结构设计说明中基础混凝土强度等级为 C35。

⑥ 底标高：基础底的标高，可根据实际情况进行调整，本工程 DJ-1 基础底标高为 -3.5m。

⑦ 顶标高：基础顶的标高，软件会根据输入的基础两阶高度自动计算。

⑧ 属性列表中，蓝色属性是构件的公有属性，在属性中修改，会对图中所有同名构件生效，黑色属性为私有属性，修改时，只是对选中构件生效。

4.1.2　绘制独立基础

基础定义完毕后，切换到建模界面。值得注意的是独立基础在绘制之前，必须先绘制完成负一层的柱图元。以①轴左侧 4050mm 和Ⓕ轴交点独立基础为例。

4.1.2.1　点绘制独立基础

由于 DJ-1 在轴网界线之外，需要使用辅助轴线，在“建模”窗口点击【平行辅轴】，鼠标左键选中①轴，在弹出的窗口中，根据图纸输入“-4050”，第一条辅助轴线生成，如

图 4.6、图 4.7 所示，在“建模”窗口继续点击【两点辅轴】，鼠标左键选择Ⓕ轴与①轴的交点，向右连接第一条辅轴垂点，第二条辅助轴线生成，如图 4.8、图 4.9 所示。

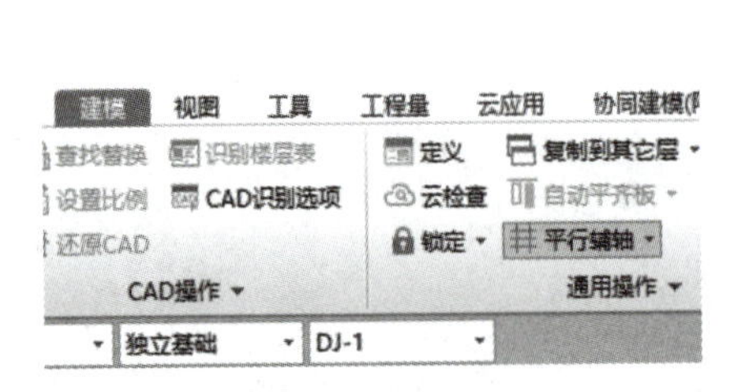

图4.6 平行辅轴

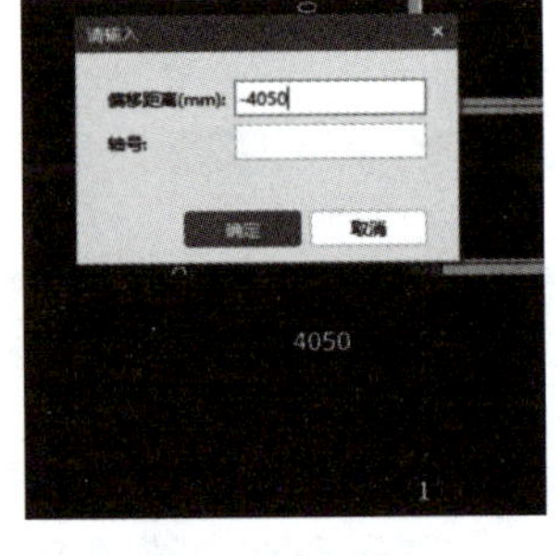

图4.7 输入窗口

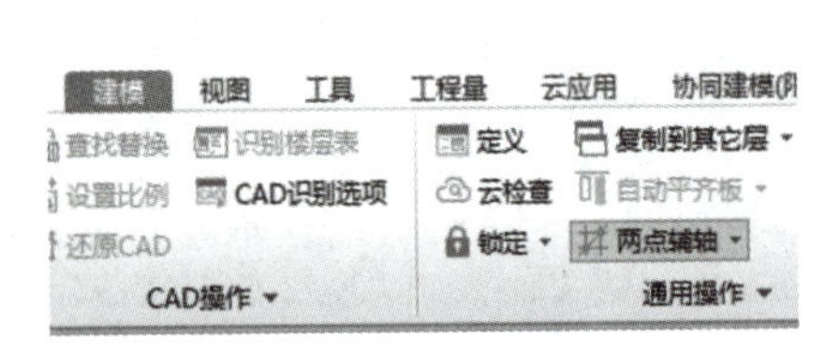

图4.8 两点辅轴

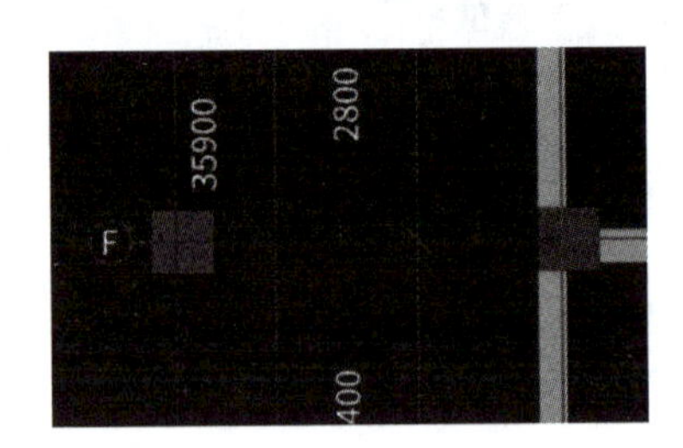

图4.9 布置窗口

在绘图界面，软件默认“点”画法，通过构件列表可完成柱表选择要绘制的构件 DJ-1，用鼠标捕捉两条辅助轴线的交点，直接单击鼠标左键，DJ-1 的绘制如图 4.10 所示。

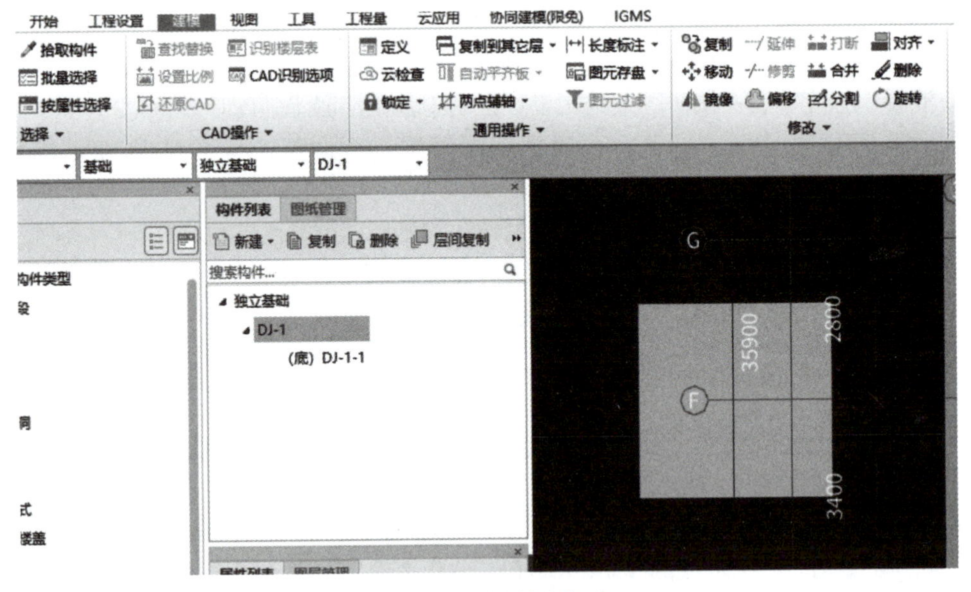

图4.10 布置独立基础（一）

但是图纸是偏心设置，操作如下：单击【建模】→“独立基础二次编辑”→【查改标注】，显示独立基础标注尺寸，点击图元绿色标注部分按图纸尺寸进行更改，完成独立基础 DJ-1 的绘制，如图 4.11、图 4.12 所示。

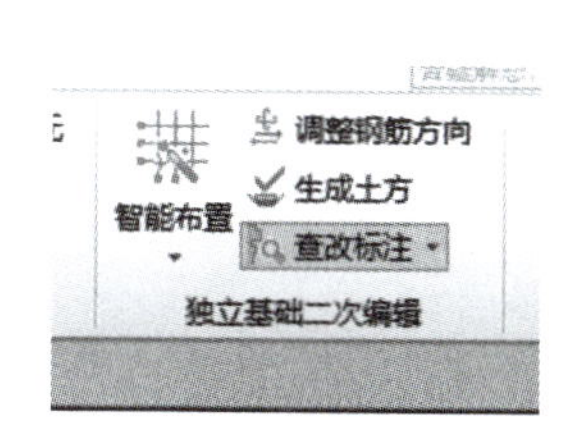

图4.11 查改标注

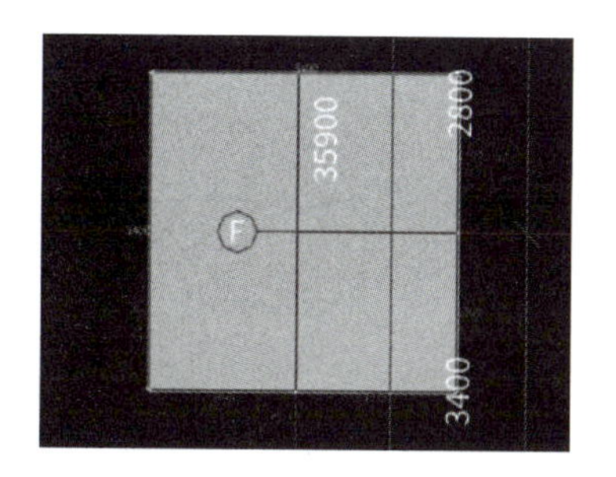

图4.12 绘制独立基础

如果已经绘制完成负一层的框架柱，那么使用"点"绘制也可以直接左键点击柱子中心即可。

4.1.2.2 偏移绘制独立基础

仍以上述独立基础为例，由于图纸中显示 DJ-1 不在轴网交叉点上，因此不能直接用鼠标选择点位置，需要同时使用【Shift】键 + 鼠标左键，相对于基准点偏移绘制。

把鼠标放在①轴与Ⓕ轴的交点处，显示为"+"，同时按下键盘上的【Shift】键和鼠标左键，弹出"请输入偏移值"对话框。"X"输入为正时表示相对于基准点向右偏移，输入为负表示相对于基准点向左偏移；"Y"输入为正时表示相对于基准点向上偏移，输入为负表示相对于基准点向下偏移。由图可知，DJ-1 的中心相对于①轴与Ⓕ轴交点向左偏移"-4050+75"，在对话框中输入"X=-4050+75""Y=0"；表示水平方向偏移量为 3975mm，竖直方向偏移为 0mm，如图 4.13 所示。单击【确定】按钮，就绘制完成了，如图 4.14 所示。

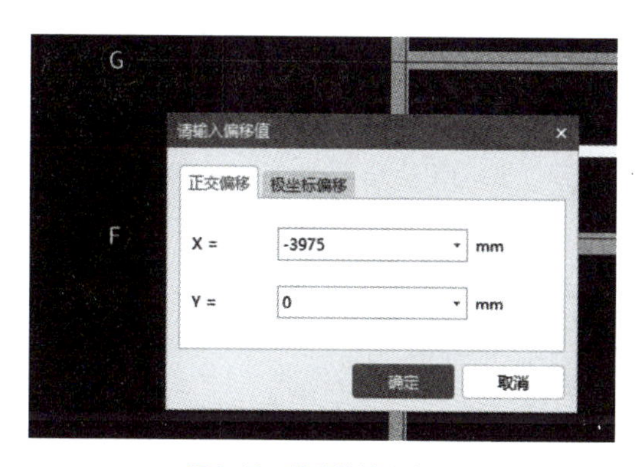

图4.13 偏移值输入窗口

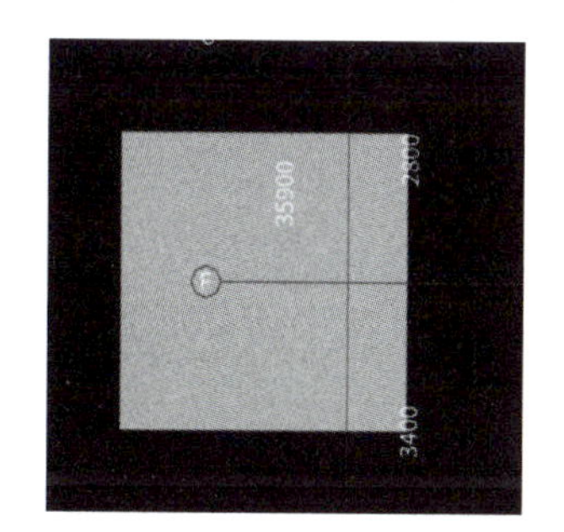

图4.14 布置独立基础（二）

4.2 筏板基础建模及算量

4.2.1 定义筏板基础

切换到基础层中，在导航树中，单击【基础】→【筏板基础】，在构件列表中单击【新建】

→【新建筏板基础】，如图 4.15、图 4.16 所示。

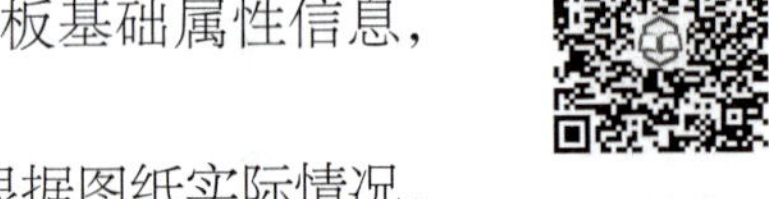

4.2 筏板基础的定义和绘制

修改“属性列表”，按照图纸信息输入“FB-1”筏板基础属性信息，如图 4.17 所示。

① 名称：软件默认“FB-1”“FB-2”顺序生成，可根据图纸实际情况，手动修改名称。此处按默认名称“FB-1”输入即可。

② 厚度：根据图纸输入筏板厚度 500mm。

③ 筏板类别：根据图纸筏板基础设置基础梁，因此选择“有梁式”。

④ 底标高：基础底的标高，可根据实际情况进行调整，本工程 DJ-1 基础底标高为 -4.9m。

⑤ 顶标高：基础顶的标高，软件会根据输入的基础高度自动计算。

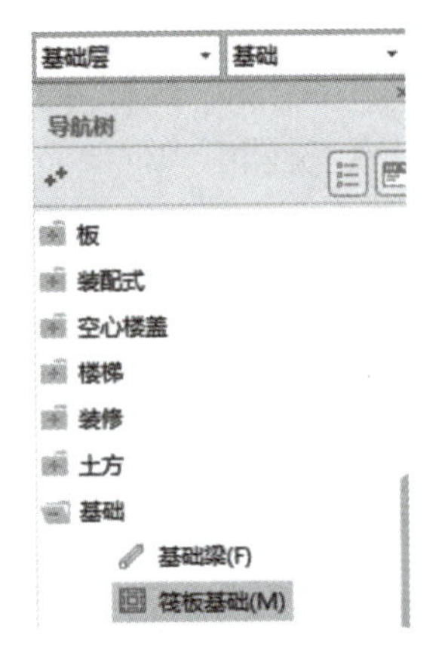

图4.15 筏板基础导航树

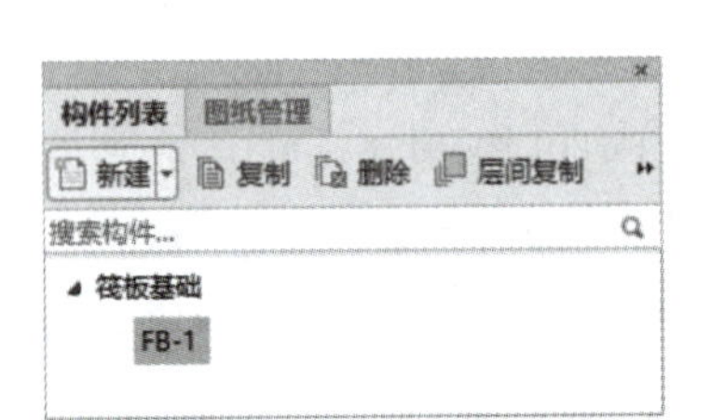

图4.16 新建筏板基础

属性列表 图层管理

	属性名称	属性值	附加
1	名称	FB-1	
2	厚度(mm)	(500)	☐
3	材质	预拌现浇混凝土	☐
4	混凝土类型	(预拌混凝土)	☐
5	混凝土强度等级	(C35)	☐
6	混凝土外加剂	(无)	
7	泵送类型	(混凝土泵)	
8	类别	有梁式	☐
9	顶标高(m)	-4.4	☐
10	底标高(m)	-4.9	☐
11	备注		☐
12	⊞ 钢筋业务属性		
26	⊞ 土建业务属性		
31	⊞ 显示样式		

图4.17 筏板基础属性列表

4.2.2 绘制筏板基础

基础定义完毕后，切换到建模界面。筏板基础绘制如下。

根据筏板基础图纸显示，距离轴网外侧 400mm 的黄色边缘线为筏板基础边界线，在筏板基础模块中，单击【建模】→【直线】，把鼠标放在①轴与Ⓜ轴的交点处，显示为“+”，同时按下键盘上的【Shift】键和鼠标左键，弹出“请输入偏移值”对话框。由图可知，筏板基础的左上方顶点相对于①轴与Ⓜ轴交点向左偏移 400mm，在对话框中输入“X=-400”，相对于①轴与Ⓜ轴交点向上偏移 400mm，在对话框中输入“Y=400”；表示水平方向偏移量为向左 400mm，竖直方向向上偏移为 400mm，如图 4.18 所示。

单击【确定】按钮，就绘制出了筏板基础的第一个顶点，顺时针选择第二个、第三个顶点，直至回到第一个顶点，绘制完成，如图 4.19 所示。

由于此工程筏板基础为不规则形状，因此不能使用矩形绘制。

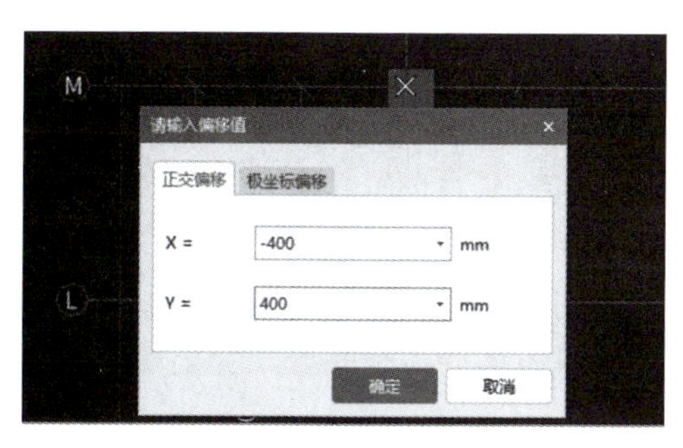

图4.18 偏移值输入窗口

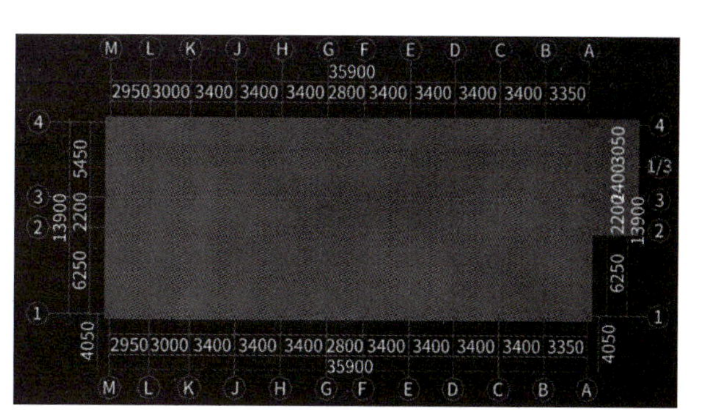

图4.19 布置筏板基础

4.3 筏板基础钢筋布置

筏板基础绘制完成之后，接下来布置筏板上的钢筋，步骤还是先定义属性列表再布置钢筋。根据图纸，分析得到：筏板钢筋为双层双向钢筋，其中底筋为双向 ⌀14@200，面筋为双向 ⌀14@200。

4.3.1 定义筏板主筋

导航树选择【基础】→【筏板主筋】→【新建筏板主筋】，分别建立底筋和面筋，如图 4.20 所示，按照图纸在属性列表中输入底筋和面筋的钢筋信息，如图 4.21、图 4.22 所示。

① 名称：一般图纸中没有定义筏板主筋的名称，可以根据实际情况输入较容易辨认的名称，这里按钢筋信息输入“B ⌀14@200”表示底部钢筋信息，“T ⌀14@200”表示顶部钢筋信息。

② 钢筋信息：按照图中钢筋信息，顶部和底部的钢筋信息栏中均输入“⌀14@200”。

③ 类别：在软件中可以选择底筋、面筋和中间层筋，在此根据钢筋类别，名称“B ⌀14@200”选择“底筋”，名称为“T ⌀14@200”选择“面筋”。

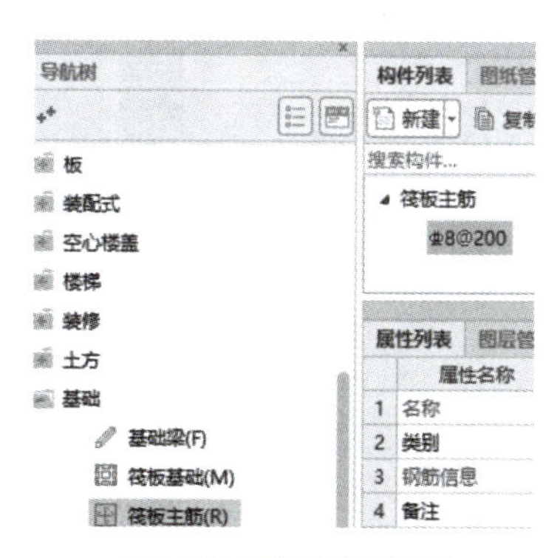

图4.20 筏板主筋导航树

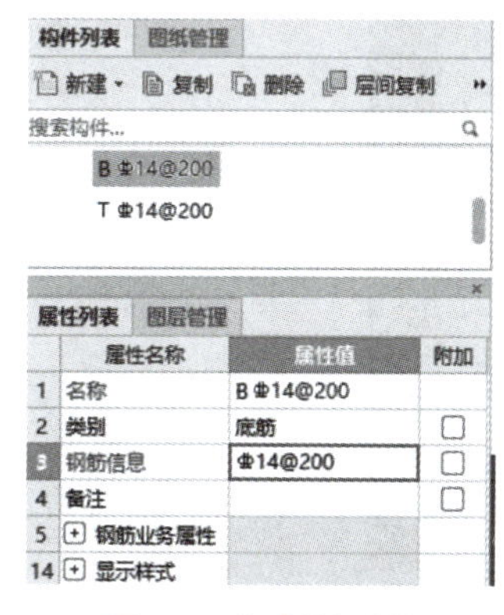

图4.21 新建筏板主筋

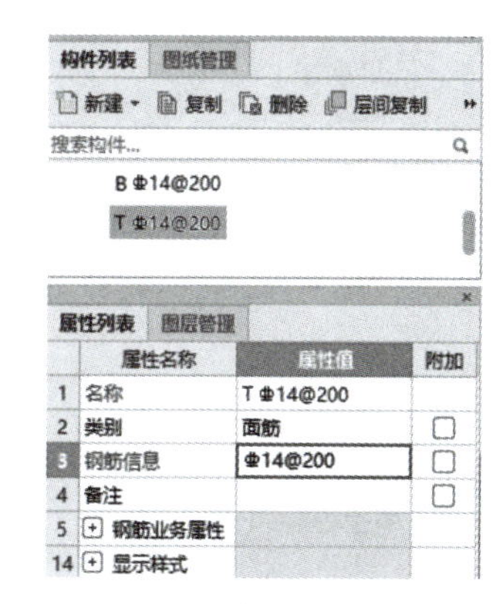

图4.22 筏板主筋的属性列表

4.3.2 绘制筏板主筋

布置筏板主筋的受力筋，按照布置范围，有“单板”“多板”“自定义”和“按受力筋范围”布置；按照钢筋方向，常用的有“水平”“垂直”和“XY 方向”布置，以及其他一些特殊的布置方式。

根据图纸可以知道，筏板的底筋和面筋在 X 与 Y 方向的钢筋信息一致，这里采用“XY 方向”来布置，选择“单板”，再选择“XY 方向”，再单击选择筏板基础，弹出如图 4.23 所示的“智能布置”对话框。

由于筏板的“X”“Y”方向钢筋信息相同，选择“XY 向布置”，在“钢筋信息”中选择相应的筏板主筋名称，单击【确定】，即可布置上单板的受力筋，如图 4.24 所示。

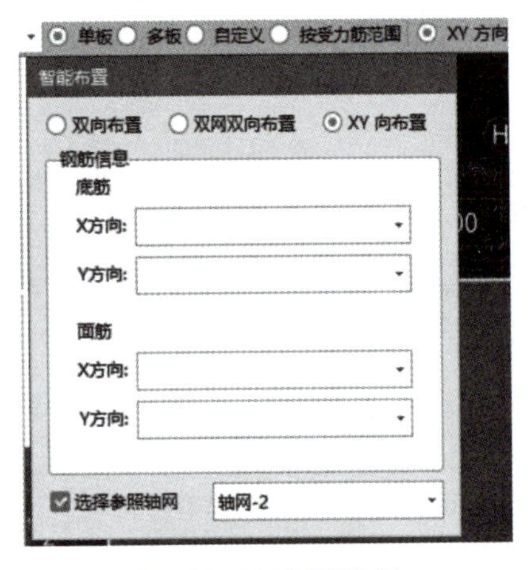

图4.23 XY向智能布置

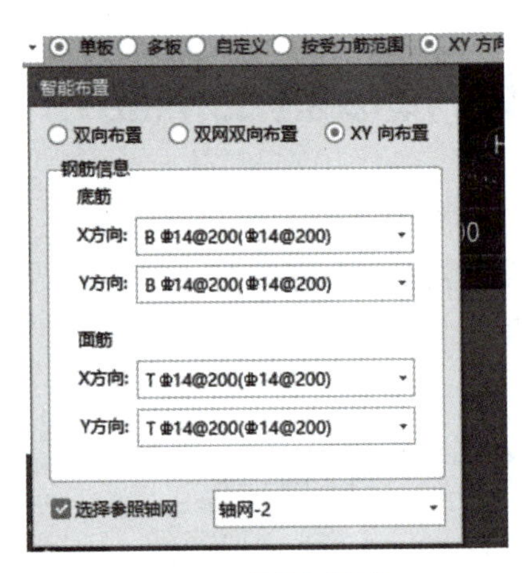

图4.24 钢筋信息输入

本工程筏板基础主筋也可以采用双向布置和双网双向布置。

其中双向布置：当筏板基础底筋 X、Y 方向配筋相同，同时面筋 X、Y 方向配筋相同时可以使用，如图 4.25 所示。

双网双向布置：当底筋和面筋的 X、Y 方向配筋均相同时使用，如图 4.26 所示。

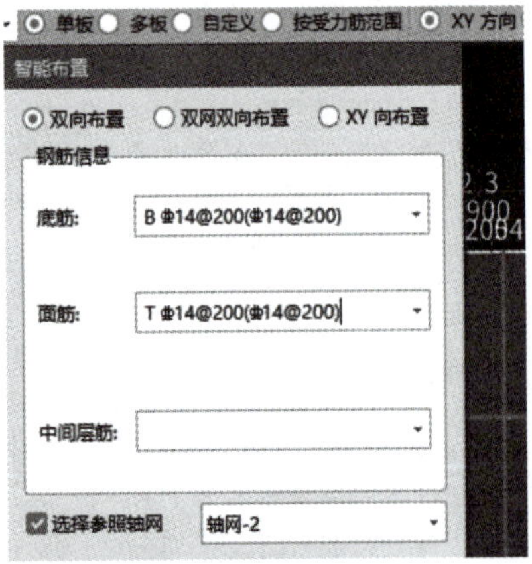

图4.25 双向智能布置

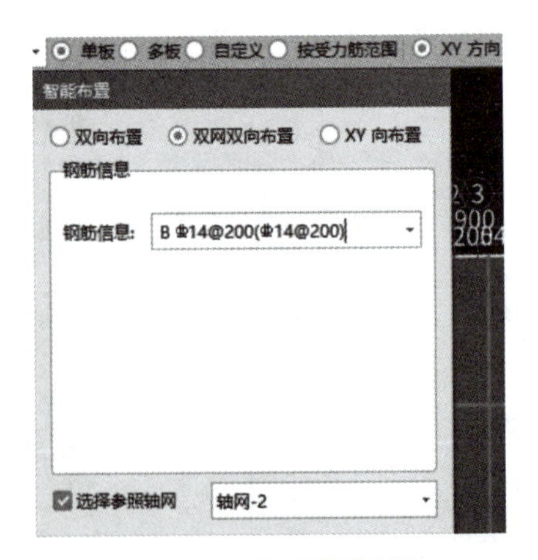

图4.26 双网双向智能布置

4.3.3 绘制筏板负筋

需要注意的是，此阶段还不可以绘制筏板负筋，需要在下一阶段基础梁绘制完成以后，才可以绘制筏板负筋。

4.4 基础梁建模及算量

4.4.1 定义基础梁

以Ⓓ轴的 JZL6（3）为例，在导航树中，单击【基础】→【基础梁】，在构件列表中单击【新建】→【新建矩形基础梁】，如图 4.27 所示。

修改“属性列表”，按照图纸信息 JZL6（3）的集中标注输入属性信息，如图 4.28 所示。

① 名称：按照图纸输入“JZL6（3）”。

② 类别：基础梁的类别下拉框选项中有 3 类，按照实际情况，此处选择“基础主梁”。

③ 截面尺寸：JZL6（3）的截面尺寸为 500mm×900mm，截面宽度和截面高度分别输入“500”和“900”。

④ 轴线距梁左边线的距离：按照软件默认，保留“(250)”，用来设置基础梁的中心线相对于轴线的偏移。软件默认梁中心线与轴线重合，即 500mm 的梁，轴线距左边线的距离为 250mm。

⑤ 跨数量：输入“3”，即 3 跨。

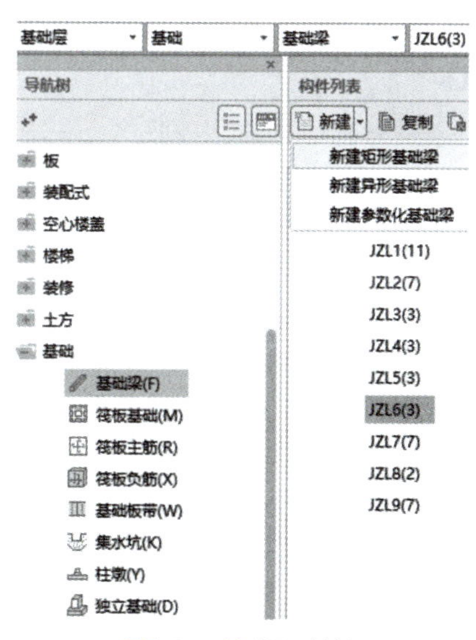

图4.27　基础梁导航树

属性列表 | 图层管理

	属性名称	属性值
1	名称	JZL6(3)
2	类别	基础主梁
3	截面宽度(mm)	500
4	截面高度(mm)	900
5	轴线距梁左边...	(250)
6	跨数量	3
7	箍筋	Φ12@200(4)
8	肢数	4
9	下部通长筋	4Φ20
10	上部通长筋	
11	侧面构造或受...	G4Φ12
12	拉筋	(Φ8)
13	材质	预拌现浇混凝土
14	混凝土类型	(预拌混凝土)
15	混凝土强度等级	(C35)
16	混凝土外加剂	(无)
17	泵送类型	(混凝土泵)
18	截面周长(m)	2.8
19	截面面积(m²)	0.45
20	起点顶标高(m)	基础底标高加梁高
21	终点顶标高(m)	基础底标高加梁高

图4.28　JZL6（3）的属性列表

⑥ 箍筋：输入“⌀12@200（4）”。

⑦ 箍筋肢数：自动取箍筋信息中的肢数，箍筋信息中输入“（4）”时，这里自动识别“4”。

⑧ 上部通长筋：按照图纸输入“4⌀20”。

⑨ 下部通长筋：输入方式与上部通长筋一致，JZL6（3）没有下部通长筋，此处不输入。

⑩ 侧面构造或受力筋：格式“G/N+ 数量 + 级别 + 直径”，此处输入“G4⌀12”。

⑪ 拉筋：按照“工程设置”→“钢筋设置”→“计算设置”→“计算规则”→“基础主梁 / 承台梁”中第 25 项进行设置，如图 4.29 所示。

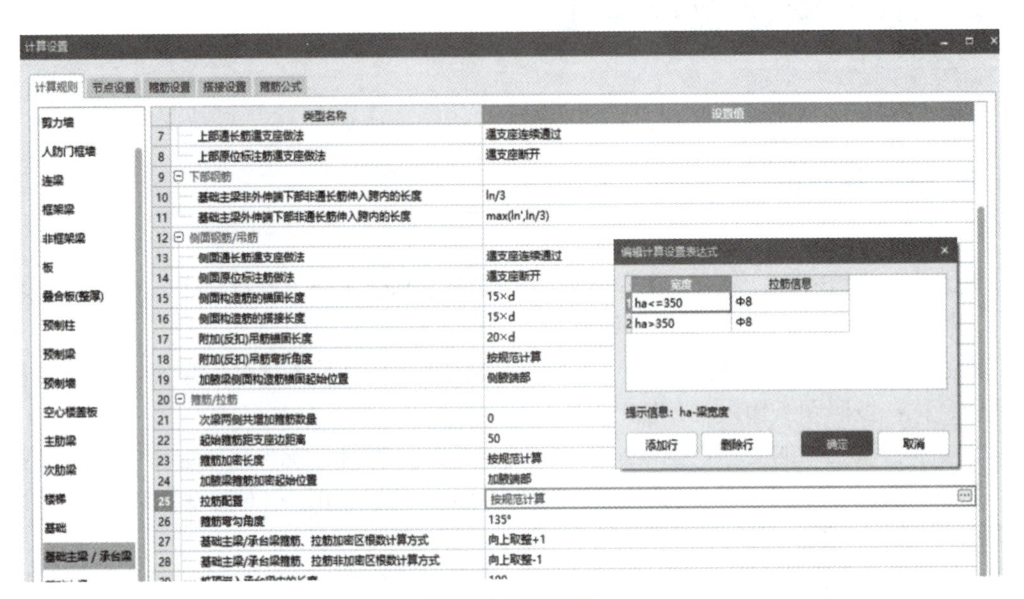

图4.29　计算设置

按照同样的方法，根据不同的类别，定义基础层所有的基础梁，输入属性信息。

4.4.2　绘制基础梁

基础梁定义完毕后，切换到建模界面。注意，在绘制基础梁之前，需要将负一层的柱子复制到基础层。

（1）直线绘制

基础梁为线状图元，直线形的梁采用“直线”绘制的方法比较简单，如 JZL6（3）采用“直线”绘制即可。鼠标左键单击①轴与Ⓓ轴交点，然后单击④轴与Ⓓ轴交点，绘制完成，如图 4.30 所示。

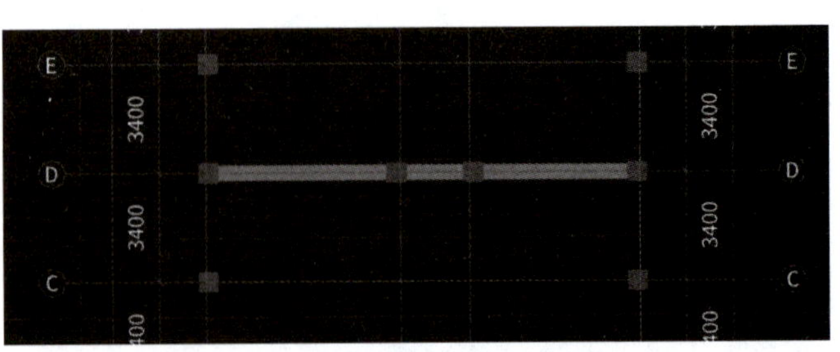

图4.30　直线绘制基础梁

按照同样的方法，绘制基础层所有的基础梁。

（2）偏移绘制

对于部分基础梁而言，如果端点不在轴线的交点或其他捕捉点上，可以采用偏移绘制的方法，也就是采用【Shift】+ 鼠标左键的方法捕捉轴线以外的点来绘制。

4.3 基础梁的定义和绘制

4.5 基础梁的钢筋输入

4.5.1 基础梁的原位标注

基础梁绘制完毕后，只是对基础梁集中标注的信息进行了输入，还需要对基础梁原位标注的信息进行输入，由于基础梁是以柱为支座的，在提取基础梁梁跨和原位标注之前，需要绘制好所有的支座。图中基础梁显示为粉红色，表示还没有进行基础梁梁跨的提取和原位标注的输入，也不能正确地对基础梁钢筋进行计算。

在 GTJ 2021 中，可以通过两种方式来提取基础梁跨：一是使用“原位标注”；二是使用“基础梁二次编辑”中的“重提梁跨”。

① 对于没有原位标注的基础梁，可以通过提取梁跨来把基础梁的颜色变为绿色。

② 有原位标注的基础梁，可以通过输入原位标注来把基础梁的颜色变为绿色。

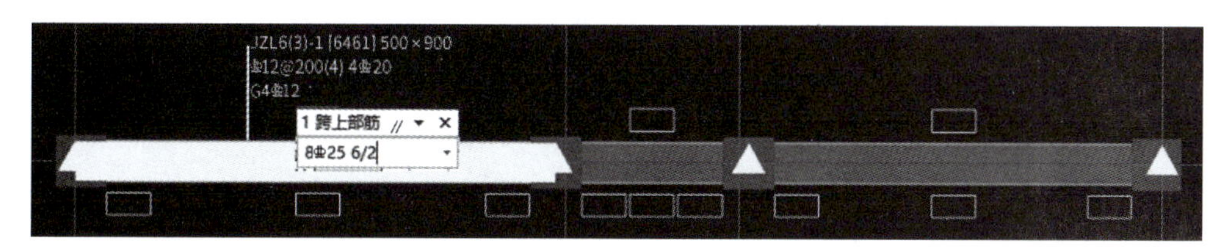

图4.31　原位标注

软件中用粉色和绿色对基础梁进行区别，目的是提醒哪些基础梁已经进行了原位标注的输入，便于检查，防止出现忘记输入原位标注，影响钢筋计算结果的情况。基础梁的原位标注主要有：支座钢筋、跨中筋、下部跨中钢筋，另外，变截面也需要在原位标注中输入。

在所有梁绘制完成的基础上，可点击【建模】→“基础梁二次编辑”→“原位标注”，然后鼠标左键单击需要进行原位标注的梁，然后对照图纸，先输入①轴与②轴上部跨中钢筋 8Φ25 6/2，回车输入下一个方框中的钢筋，直至原位标注全部输完。如图 4.31 所示。

按照同样的方法，给基础层所有的基础梁进行原位标注，绘制完成如图 4.32 所示。

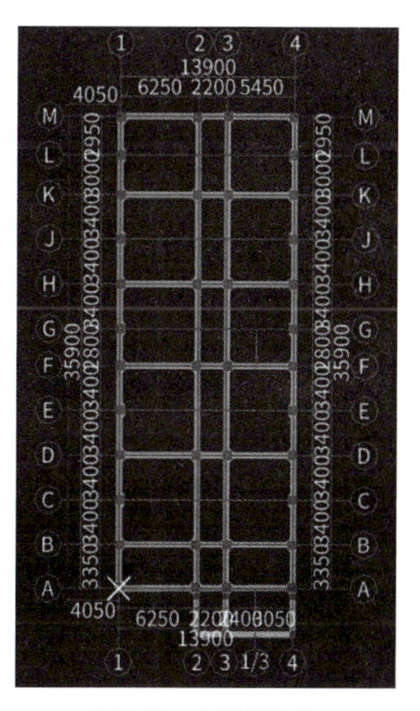

图4.32　布置基础梁

4.5.2 基础梁梁平法表格输入

除上述基础梁原位标注方法外，还有就是平法表格输入法，即在原位标注表格中相应位置对应输入相应数据即可，如图 4.33 所示。

梁平法表格

复制跨数据 粘贴跨数据 输入当前列数据 删除当前列数据 页面设置 调换起始跨 悬臂钢筋代号

	位置	名称	构件尺寸(mm)		下通长筋	下部钢筋			上部钢筋		侧面钢筋		
			截面(B×H)	距左边线距离		左支座钢筋	跨中钢筋	右支座钢筋	上通长筋	上部钢筋	侧面通长筋	侧面原位标注筋	拉筋
1	<1-125,D;4+125,...	JZL6(3)	(500×900)	(250)	4⌀20			4⌀20+2⌀22		8⌀25 6/2	G4⌀12		(Φ8)
2			(500×900)	(250)			4⌀20+2⌀22			4⌀25			(Φ8)
3			(500×900)	(250)		4⌀20+2⌀25				6⌀25			(Φ8)

图4.33 梁平法表格

4.5.3 筏板负筋绘制

基础梁绘制完成以后，就可以补充绘制筏板基础中的负筋了。以①②轴和Ⓓ轴之间的负筋为例。

（1）定义筏板负筋

在导航树中，单击【基础】→【筏板负筋】，在构件列表中单击【新建】→【新建筏板负筋】，如图 4.34 所示。

图中的“⌀8@200”为软件默认筏板负筋，可以保留，也可以在此基础上进行修改，改为本图纸中的钢筋型号。本例选择在“⌀8@200”基础上修改。

（2）修改属性列表

按照图纸信息输入筏板负筋属性信息，如图 4.35 所示。

① 名称：按照图纸中钢筋信息输入即可。

② 钢筋信息：按照图纸中输入，和名称保持一致。

③ 左标注和右标注：按照图纸中分析均为 1400mm，输入“1400”即可。

④ 非单边标注含支座宽：根据图纸分析，所有负筋标注长度均从梁边或者墙边起算，因此不含支座宽度，选择“否”。

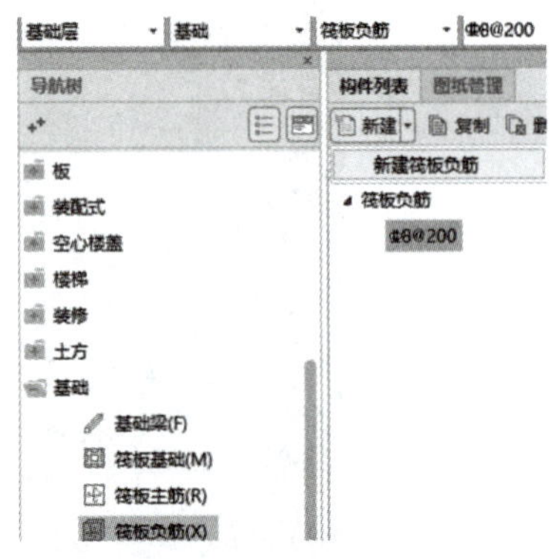

图4.34 新建筏板负筋

属性列表 图层管理

	属性名称	属性值
1	名称	⌀16@200
2	钢筋信息	⌀16@200
3	左标注(mm)	1400
4	右标注(mm)	1400
5	非单边标注含...	否
6	左弯折(mm)	(0)
7	右弯折(mm)	(0)
8	备注	
9	+ 钢筋业务属性	
17	+ 显示样式	

图4.35 筏板负筋属性列表

（3）绘制筏板负筋

按梁布置筏板负筋：筏板负筋定义完成以后，在绘图界面中选择单击“建模”→“布置负筋”，选择“按梁布置”，拖动鼠标至①②轴和Ⓓ轴之间梁跨，出现蓝色直线，单击即可布置完成。布置如图 4.36 所示。

按照同样的方法，绘制完成基础层①②轴、③④轴和Ⓑ轴、Ⓓ轴、Ⓕ轴、Ⓗ轴、Ⓚ轴之间的筏板负筋。

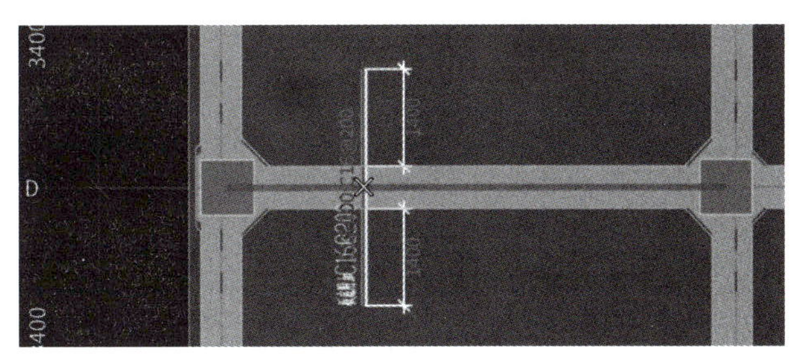

图4.36　布置筏板负筋

4.6　基础垫层建模及算量

4.6.1　定义垫层

在导航树中，单击【基础】→【垫层】，在构件列表中单击【新建】→【新建面式垫层】如图 4.37 所示。

修改“属性列表”，按照图纸信息输入筏板基础垫层属性信息，如图 4.38 所示。

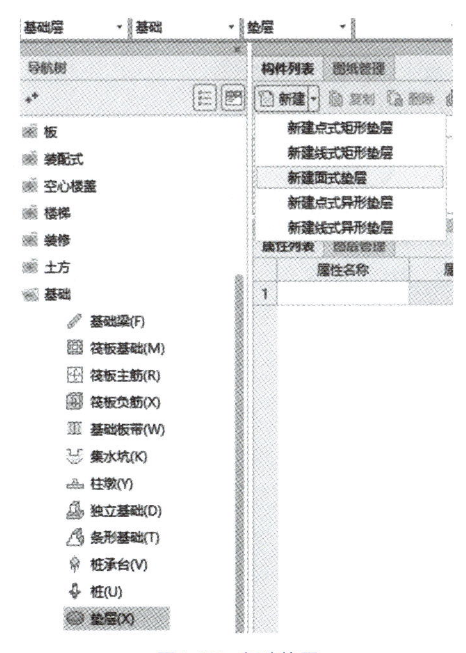

图4.37　新建垫层

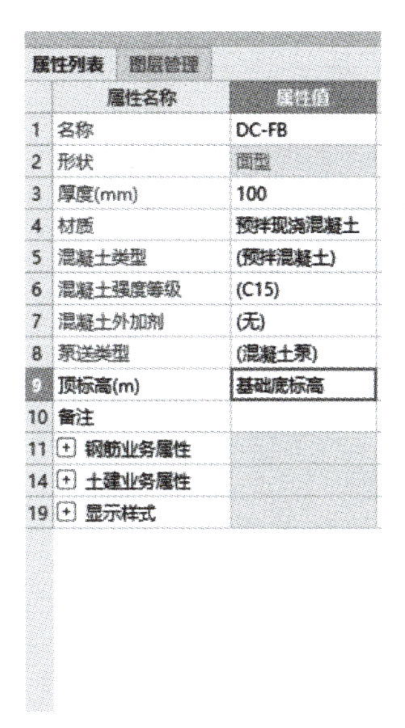

属性列表　图层管理

	属性名称	属性值
1	名称	DC-FB
2	形状	面型
3	厚度(mm)	100
4	材质	预拌现浇混凝土
5	混凝土类型	(预拌混凝土)
6	混凝土强度等级	(C15)
7	混凝土外加剂	(无)
8	泵送类型	(混凝土泵)
9	顶标高(m)	基础底标高
10	备注	
11	+ 钢筋业务属性	
14	+ 土建业务属性	
19	+ 显示样式	

图4.38　垫层属性列表

① 名称：软件默认生成“DC-1”“DC-2”，本工程垫层主要位于筏板基础下和独立基础下，因此按照名字“DC-1”表示为筏板基础垫层。

② 形状：通常筏板基础选择“面型”，独立基础形状一样选择“点型”，独立基础形状不一样选择“面型”，条形基础选择“线型”。

③ 厚度：按照图纸分析，垫层厚度为 100mm。

④ 混凝土类型：本工程选择预拌混凝土。

⑤ 混凝土强度等级：按照图纸分析，垫层强度等级为 C15。

⑥ 顶标高：垫层顶标高一般为基础底标高。

4.6.2 绘制垫层

（1）绘制筏板基础垫层

定义完基础垫层的属性之后，切换到建模界面，采用筏板基础智能布置的方法绘制。即点击建模界面“垫层二次编辑”上方的【智能布置】→【筏板】，如图 4.39 所示，然后鼠标左键单击筏板基础，单击右键弹出“设置出边距离”的对话框，输入“100”，点击【确定】即可，如图 4.40 所示。

图4.39 筏板智能布置

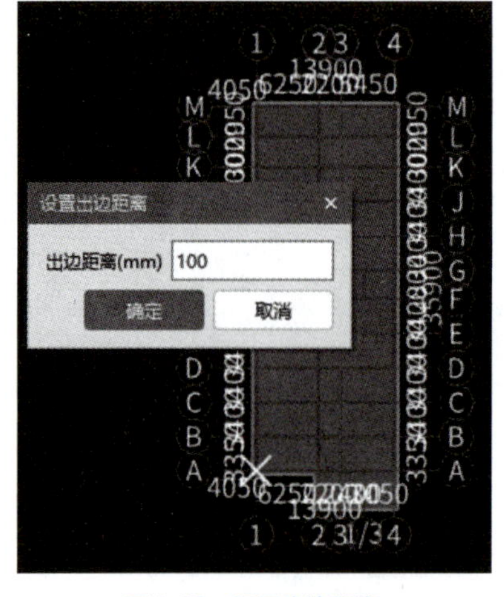

图4.40 设置出边距离

4.4 垫层的绘制和算量

（2）绘制独立基础垫层

在负一层新建垫层，输入垫层的属性，切换到建模界面，采用独立基础智能布置的方法绘制。即点击建模界面“垫层二次编辑”上方的【智能布置】→【独基】，然后拉框选中所有的独立基础，单击右键弹出“设置出边距离”的对话框，输入“100”，点击【确定】即可。

4.7 基础建模及算量技能拓展

4.7.1 独立基础技能拓展

① 当独立基础已经绘制完成，若需要修改基础与轴线的位置关系，可直接选中要移动的图元，点击右键用“移动”命令进行处理，或者使用“查改标注”的命令进行修改。

② 当独立基础已经绘制完成，若需要修改基础的名称或属性，可以选中相应基础，点击右键选择“属性编辑”的命令进行处理。

③ 绘制基础时，可以使用快捷方式，点击【F4】来切换插入点。

4.7.2 筏板基础技能拓展

跨筏板主筋定义和绘制，以②③轴和Ⓑ Ⓓ轴跨筏板主筋为例。

（1）定义跨筏板主筋

在导航树中，单击【基础】→【筏板主筋】，在构件列表中单击【新建】→【新建跨筏板主筋】，修改“属性列表”，按照图纸信息输入属性信息，如图 4.41、图 4.42 所示。

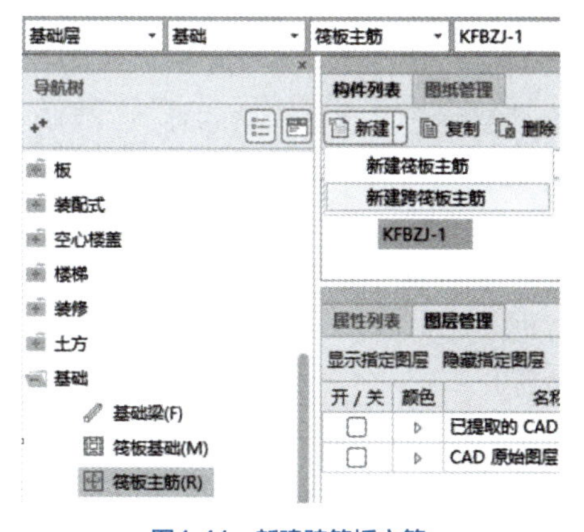

图4.41 新建跨筏板主筋

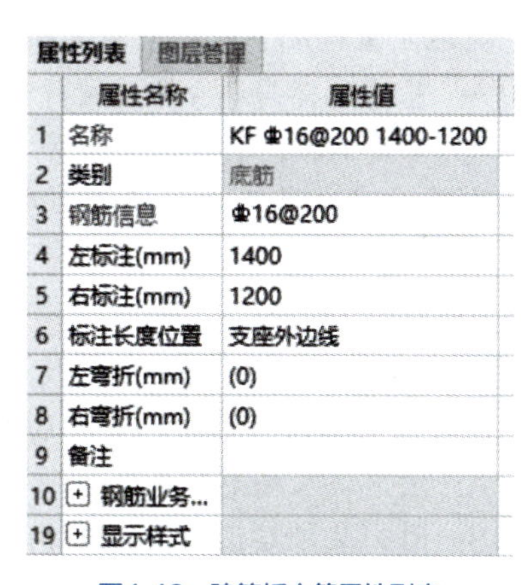

	属性名称	属性值
1	名称	KF ⌀16@200 1400-1200
2	类别	底筋
3	钢筋信息	⌀16@200
4	左标注(mm)	1400
5	右标注(mm)	1200
6	标注长度位置	支座外边线
7	左弯折(mm)	(0)
8	右弯折(mm)	(0)
9	备注	
10	+ 钢筋业务...	
19	+ 显示样式	

图4.42 跨筏板主筋属性列表

① 名称：可以按照软件默认，也可以按照本案例，为了和筏板主筋进行区分，用“KFB”表示跨筏板主筋，名称最好表明钢筋信息和两端标注，方便绘图。

② 类型：默认为底筋，不用修改。

③ 钢筋信息：按照图纸输入。

④ 左标注和右标注：按照图纸输入尺寸，此处左标注为 1400mm，右标注为 1200mm。

⑤ 标注长度位置：按照图纸实际情况更改为支座外边线。

（2）绘制跨筏板主筋

自定义布置跨筏板主筋：属性定义完成以后，在建模界面中选择“布置受力筋”→选择

“水平方向”→选择“自定义范围”，在②轴和Ⓓ轴交点单击鼠标左键，顺时针选择③轴和Ⓓ轴交点、③轴和Ⓑ轴交点、②轴和Ⓑ轴交点，然后回到起点形成闭合紫色图框，鼠标右键单击图框任意位置确定，即可布置完成，布置如图 4.43 所示。

按照同样的方法，绘制完成基础层②③轴和ⒷⒹ轴、ⒹⒻ轴、ⒻⒽ轴、ⒽⓀ轴、ⓀⓂ轴之间的跨筏板主筋。

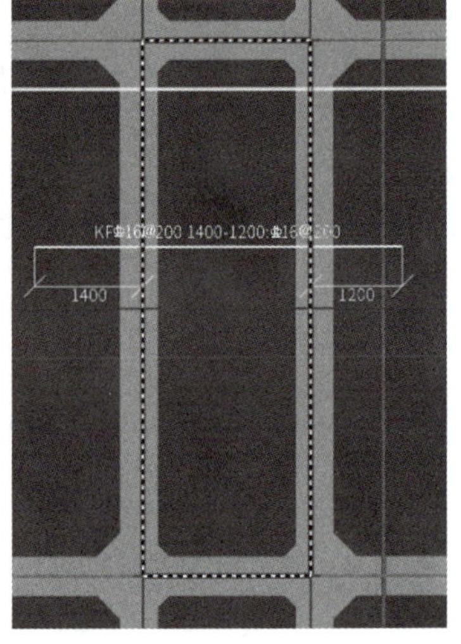

图4.43 布置跨筏板主筋

4.7.3 基础梁技能拓展

① 基础梁很多的属性定义及绘制方式和框架梁是类似的，只是它们的原位标注方向正好上下互换。

② 基础梁的原位标注复制、梁跨数据复制、应用到同名梁和绘制弧形梁的操作步骤是一样的，此处不再重复讲解。

能力训练题

一、选择题

1. 无地下室情况下软件中的基础层层高是如何设置的？（　　）

A. 基础底标高算至室外地坪　　B. 基础底标高算至首层室内地坪标高

C. 基础底标高算至自然地坪　　D. 基础底标高算至地面结构标高

2. 在基础层中柱竖向钢筋插入基底弯折 a，其中 a 值的判断条件：当 $H_1 \geqslant 0.7L_{aE}$ 时，（　　）。

A. $10D$且≥150　　B. $12D$且≥150

C. $6D$且≥150　　D. $8D$且≥150

3. 为什么在基础层画了柱并配筋后计算没有插筋？（　　）

A. 没有输入插筋信息

B. 因为基础层没有画基础构件，软件会自动找当前柱的基础，找不到就不会计算柱插筋

C. 软件计算出错

D. 因为基础层构件高度同基础层柱高度一致，被扣减为零了

4. 软件中独立基础的快捷键是什么？（　　）

A. D　　B. J　　C. M　　D. F

二、技能操作题

绘制图纸工程中所有楼层独立基础、筏板基础、基础梁和垫层，并计算其工程量。

任务 5

土方工程建模及算量

知识目标

- 掌握基坑开挖、大开挖土方属性定义
- 掌握基坑灰土回填、大开挖灰土回填属性定义
- 掌握基坑开挖、大开挖土方的绘制方法
- 掌握基坑灰土回填、大开挖灰土回填的绘制方法

技能目标

- 能够根据图纸准确定义基坑开挖、大开挖土方的属性信息
- 能够根据图纸准确定义基坑灰土回填、大开挖灰土回填的属性信息
- 会绘制基坑开挖、大开挖土方
- 会绘制基坑灰土回填、大开挖灰土回填

素质目标

- 具有认真严谨的工作态度，严格按照图纸进行模型构建
- 具有规则意识，按照工程项目要求的清单和定额规则进行算量
- 具有良好的沟通能力，能在对量过程中以理服人

任务说明

完成图纸（独立基础、基础筏板配筋图）基础层土方工程的定义和绘制。

操作步骤

基础垫层界面，生成土方→基坑土方→大开挖土方→基础灰土回填→大开挖灰土回填。

任务实施

5.1 基坑土方绘制

5.1 挖基坑土方定义和绘制

反建构件法，即在绘制完成基础垫层界面之后，在垫层的绘图界面下，是可以智能生成土方的。

以“DJJ01”为例，操作方法：在“垫层”界面，单击【生成土方】，如图 5.1 所示，弹出“生成土方”对话框，如图 5.2 所示。

图5.1 “生成土方”命令

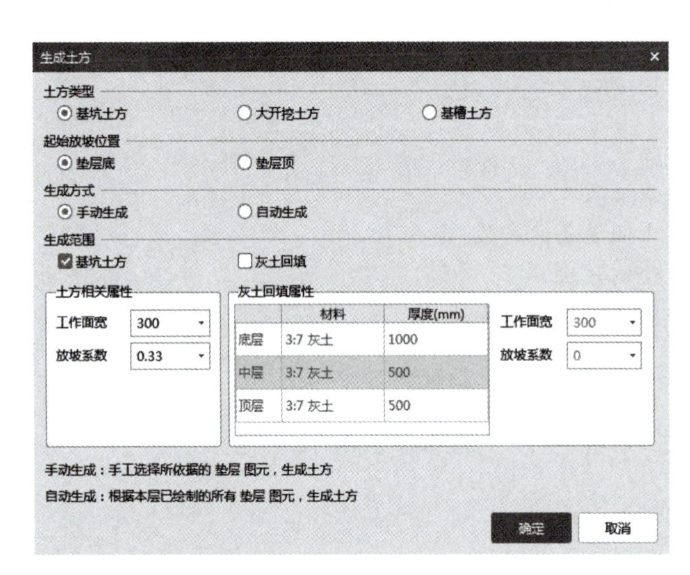

图5.2 生成基坑土方

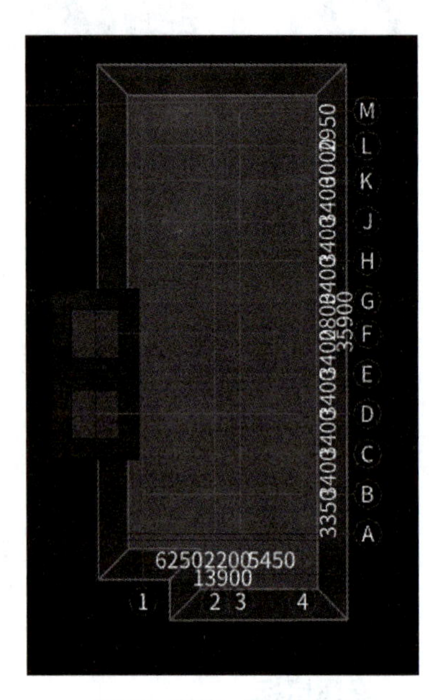

图5.3 基坑、大开挖土方

① 土方类型：分为“基坑土方”“大开挖土方”“基槽土方”，此处选择“基坑土方”。

② 起始放坡位置：分为“垫层底”“垫层顶”，此处选择“垫层底”。

③ 生成范围：本工程为独立基础“DJJ01”，此处选择“基坑土方”。

④ 生成方式：选择“手动生成”。

⑤ 土方相关属性：土方的工作面以及放坡系数要根据定额中给定表格进行选择。

选择“DJJ01”下方的垫层，单击右键，即可完成基坑土方的定义和绘制，如图 5.3 所示。

5.2 大开挖土方绘制

在筏板基础下的垫层界面，用鼠标左键选择垫层，单击【生成土方】，弹出“生成土方”对话框，如图 5.4 所示。鼠标左键选择筏板基础下垫层，单击右键，即可完成大开挖土方的定义和绘制，如图 5.3 所示。

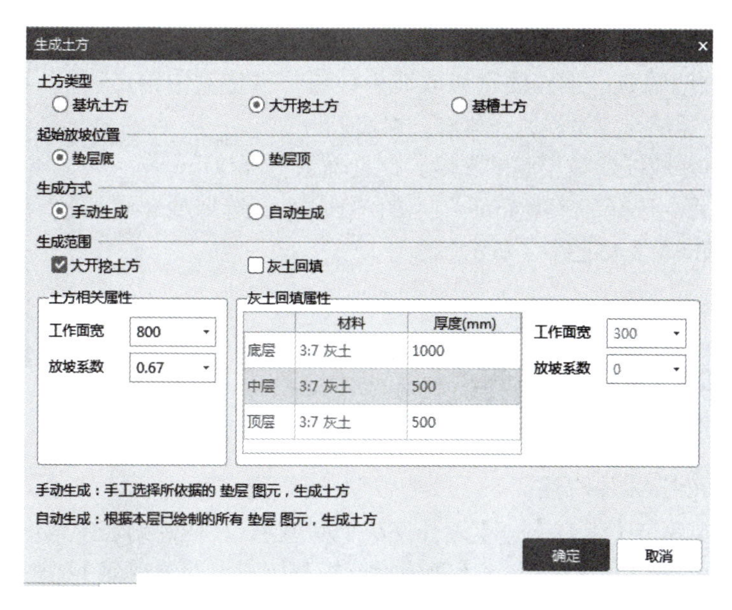

图5.4 生成大开挖土方

5.3 基坑灰土回填

在基坑土方开挖和基础垫层布置完成之后，方可进行土方回填。

以“DJJ01”为例，操作方法如下。

① 在导航树中单击【土方】→【基坑灰土回填】，在构件列表中单击【新建】→【新建矩形基坑灰土回填】(图 5.5) →【新建矩形基坑灰土回填单元】(图 5.6)。

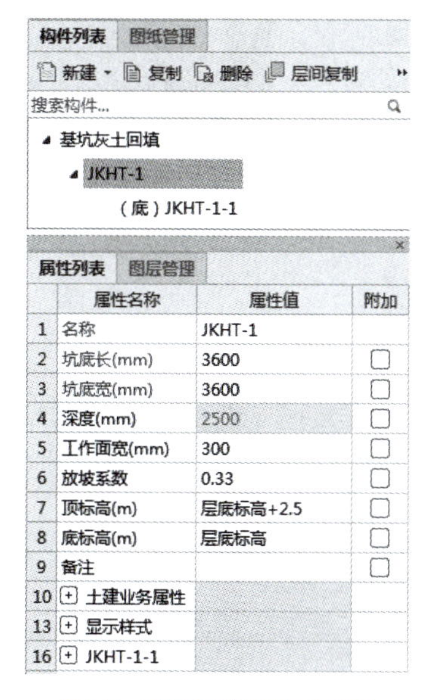

图5.5 新建矩形基坑灰土回填

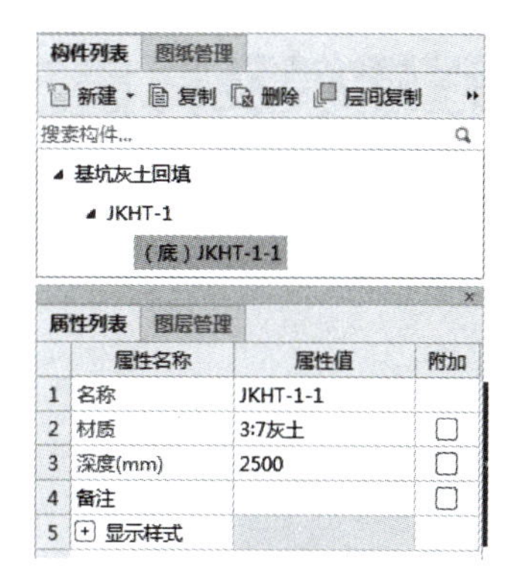

图5.6 新建矩形基坑灰土回填单元

5.2 回填土定义和绘制

坑底长和坑底宽：与垫层长和宽一致，此处输入“3600”和“3600”。

工作面宽、放坡系数：工作面宽和放坡系数要根据定额中给定表格进行选择，与土方开挖一致，输入“300”和“0.33”。

深度：是从室外地坪到垫层底的深度，此处输入“2500”。

② 定义完成后，选择“智能布置”下的“独基”，选择要布置的独立基础，点击右键即可，如图5.7所示。

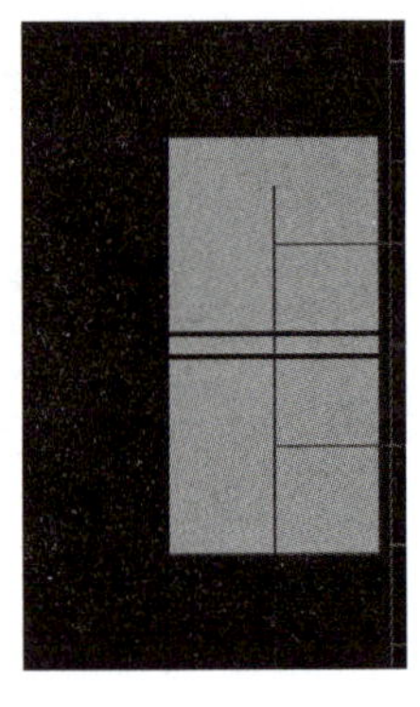

图5.7 独立基础

5.4 大开挖灰土回填

以筏板基础为例，操作方法：

① 在导航树中单击【土方】→【大开挖灰土回填】，在构件列表中单击【新建】→【新建大开挖基坑灰土回填】(图5.8)→【新建大开挖基坑灰土回填单元】(图5.9)。

② 定义完成后，选择“智能布置”下的“筏板基础”，选择要布置的筏板基础，点击右键即可，如图5.10所示。

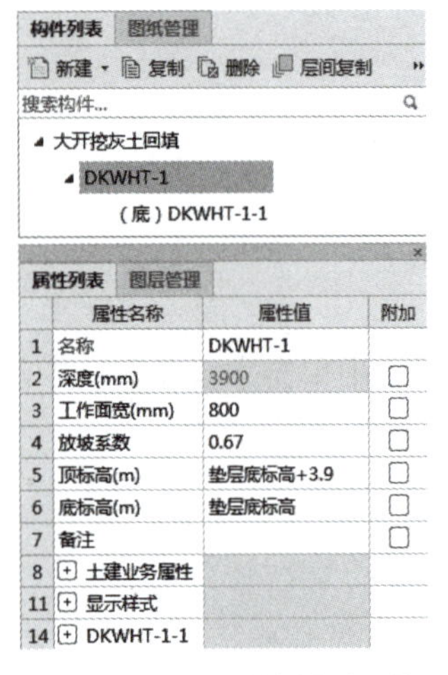

图5.8 新建大开挖基坑灰土回填

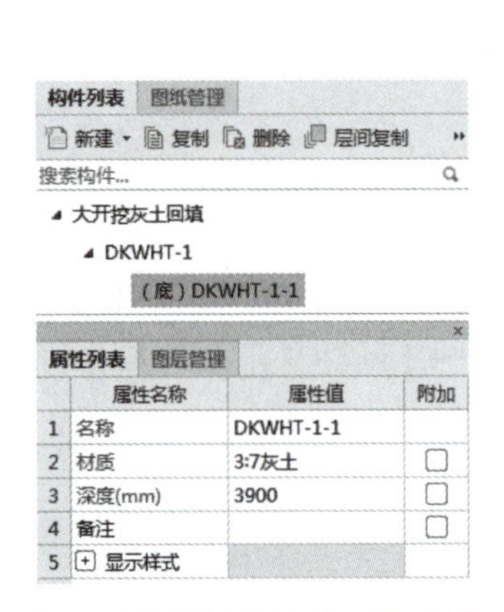

图5.9 新建大开挖基坑灰土回填单元

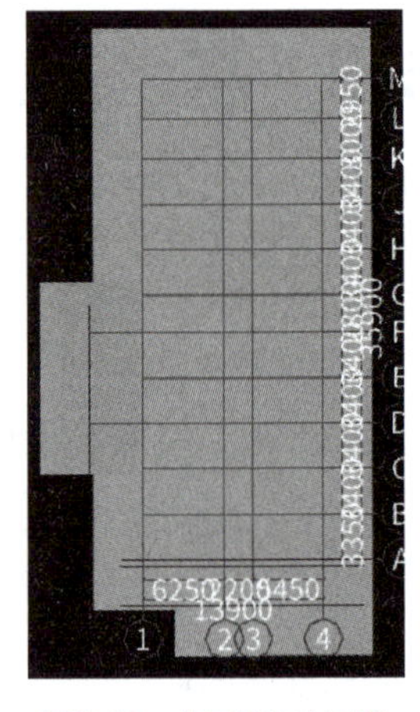

图5.10 大开挖灰土回填

5.5 土方工程建模及算量技能拓展

本工程无房心回填。下面对“房心回填”进行定义，并绘制图形，即可完成房心回填工程量的计算工作。

5.5.1 房心回填的定义

操作方法：在导航树中单击【土方】→【房心回填】，在构件列表中单击【新建】→【新建房心回填】，在属性列表中输入相应的属性值，如图 5.11 所示。

厚度：从室外地坪到室内地坪之间扣除地面厚度，如图 5.12 所示，如室内外高差 450 ～ 150mm（混凝土垫层）-30mm（水泥砂浆结合）-10mm（面砖面层），此处厚度输入 260mm。

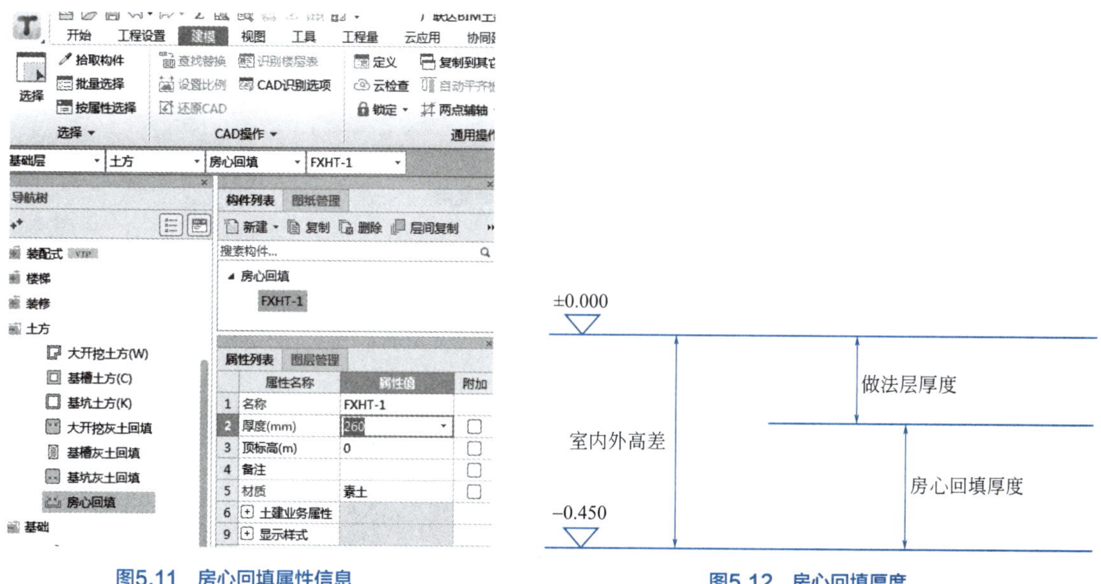

图5.11　房心回填属性信息

图5.12　房心回填厚度

5.5.2　套用清单和定额

在完成房心回填定义后，需要进行房心回填土的清单和定额套用，套用的清单和定额子目，如图 5.13 所示。

构件做法

添加清单　添加定额　删除　查询　项目特征　fx 换算　做法刷　做法查询　提取做法　当前构件自动套做法　参与自动套

	编码	类别	名称	项目特征	单位	工程量表达式	表达式说明	单价	综合单价	措施项目	专业
1	010103001	项	回填方	1.密实度要求:夯填 2.填方材料品种:素土	m³	FXHTTJ	FXHTTJ<房心回填体积>			□	建筑工程
2	B1-24	借	垫层 混凝土		m³	FXHTTJ	FXHTTJ<房心回填体积>	2624.85		□	饰

图5.13　房心回填土的清单和定额套用

提示

房心回填定额套用垫层项目，操作方法：首先定额库选择“全国统一建筑装饰装修工程消耗量定额河北省消耗量定额（2012）”，单击【楼地面工程】→【垫层】，选择“B1-24”“垫层 混凝土”，双击，完成房心回填定额套用，如图 5.14 所示。

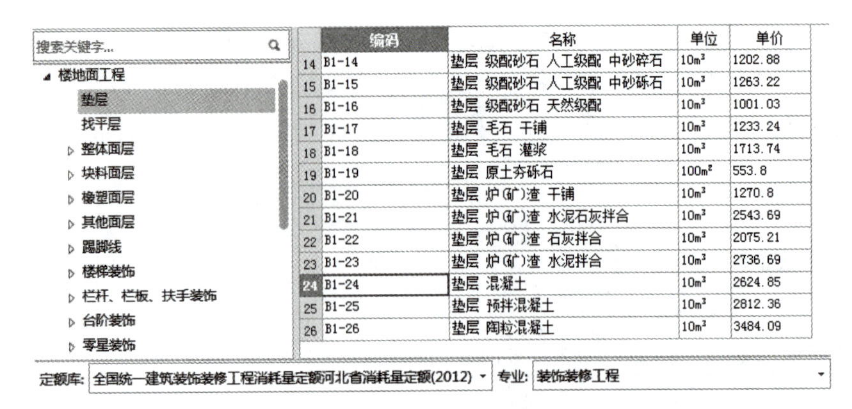

图5.14 房心回填定额套用

5.5.3 房心回填的绘制

房心回填定义完毕，单击“点”，根据首层建筑平面图分别在相对应房间内部“点”画即可。

能力训练题

一、选择题

1. 软件中，土方类型不包括（　　）。

   A. 基坑土方　　B. 大开挖土方
   C. 基槽土方　　D. 人工挖土方

2. 本工程土方开挖起始放坡位置是（　　）。

   A. 垫层底　　B. 垫层顶
   C. 基础底　　D. 基础顶

3. 本工程房心回填定额套用（　　）。

   A. 基础回填　　B. 垫层项目
   C. 3：7回填　　D. 素土回填

4. 下面说法错误的是（　　）操作。

   A. 回填土深度是从室外地坪到垫层底的深度
   B. 房心回填厚度是从室外地坪到室内地坪之间扣除地面厚度
   C. 房心回填定义完毕，单击“点”绘制
   D. 土方开挖生成方式只能是手动生成。

二、技能操作题

绘制图纸工程中土方工程所有项目并计算其工程量。

任务6 柱建模及算量

知识目标

- 掌握柱属性定义
- 掌握矩形柱、异形柱、圆形柱等的绘制方法
- 掌握查改标注、修改图元名称等命令的使用方法

技能目标

- 能够根据图纸准确定义柱属性
- 会绘制矩形柱、异形柱
- 能够使用查改标注、修改图元名称等命令

素质目标

- 具有认真严谨的工作态度，严格按照图纸进行模型构建
- 具有规则意识，按照工程项目要求的清单和定额规则进行算量
- 具有良好的沟通能力，能在对量过程中以理服人

任务说明

完成图纸（基础～ -0.100m 框架柱平法施工图）负一层 KZ-10（Ⓐ轴与③轴交叉处）的属性定义及图元绘制。

操作步骤

柱→新建柱构件→根据图纸修改柱属性→绘制柱图元。

任务实施

6.1 定义柱

在导航树中单击【柱】→【柱】，在构件列表中单击【新建】→【新建矩形柱】，如图 6.1、图 6.2 所示。

修改“属性列表”，按照图纸信息输入 KZ-10 柱的属性信息，如图 6.3 所示。

① 名称：与图纸保持一致，为“KZ-10”，如图 6.4 所示，该名称在当前楼层的当前构件类型下是唯一的。

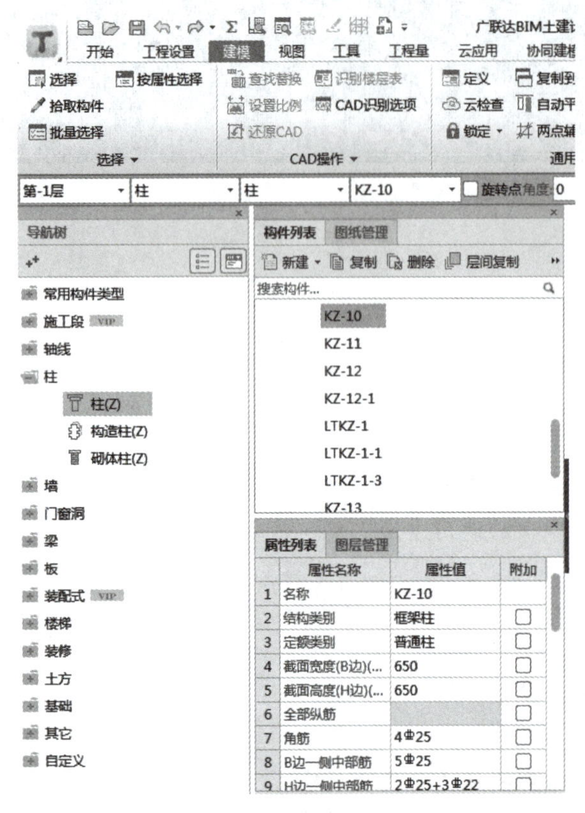

图6.1 新建柱

属性列表

	属性名称	属性值	附加
1	名称	KZ-10	
2	结构类别	框架柱	☐
3	定额类别	普通柱	☐
4	截面宽度(B边)(...	650	☐
5	截面高度(H边)(...	650	☐
6	全部纵筋		☐
7	角筋	4⌀25	☐
8	B边一侧中部筋	5⌀25	☐
9	H边一侧中部筋	2⌀25+3⌀22	☐
10	箍筋	⌀8@100/200(6×6)	☐
11	节点区箍筋		☐
12	箍筋肢数	6×6	
13	柱类型	(中柱)	☐
14	材质	预拌现浇混凝土	☐
15	混凝土类型	(预拌混凝土)	☐
16	混凝土强度等级	(C30)	☐
17	混凝土外加剂	(无)	
18	泵送类型	(混凝土泵)	
19	泵送高度(m)		
20	截面面积(m²)	0.423	☐
21	截面周长(m)	2.6	☐
22	顶标高(m)	层顶标高	☐
23	底标高(m)	层底标高	☐
24	备注		☐
25	⊞ 钢筋业务属性		
43	⊞ 土建业务属性		
50	⊞ 显示样式		

截面编辑

图6.3 KZ-10柱的属性信息

图6.2 新建矩形柱

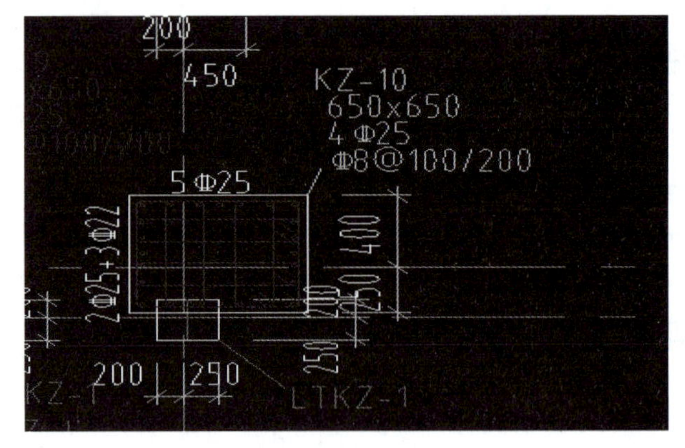

图6.4 KZ-10图纸

6.1 柱定义

② 结构类别：柱类别有框架柱、框支柱、暗柱、端柱几种。软件会根据构件名称中的字母自动生成，例如，“KZ”生成的是框架柱，也可以根据实际情况进行选择，“KZ-10”为框架柱。

③ 定额类别：选择为“普通柱”。

④ 截面宽度和截面高度：按图纸信息对应输入“650”“650”。

⑤ 全部纵筋：输入柱的全部纵筋，该项“角筋”“B 边一侧中部筋”“H 边一侧中部筋”均为空时，才允许输入，不允许和这三项同时输入（软件中用 A、B、C、D 分别代表 ф、ф、ф、ф^{R} 钢筋）。

⑥ 角筋：只有全部纵筋属性值为空时才可输入，根据该工程图纸 KZ-10 的角筋为“4ф25”。

⑦ B 边一侧中部筋：只有全部纵筋属性值为空时才可输入，根据该工程图纸 KZ-10 此处输入“5ф25”。

⑧ H 边一侧中部筋：只有全部纵筋属性值为空时才可输入，根据该工程图纸 KZ-10 此处输入“2ф25+3ф22”。

⑨ 箍筋：输入柱箍筋信息，此处输入“ф8@100/200(6×6)”。

⑩ 箍筋肢数：通过单击当前框中 3 点按钮，选择肢数类型，KZ-10 此处为“6×6”。

⑪ 柱类型：分为中柱、角柱、边柱 -B、边柱 -H，对顶层柱的顶部锚固和弯折有影响，直接关系到计算结果。中间层均按“中柱”计算。在进行柱定义时，不用修改，在顶层绘制完后，使用软件提供的“自动判别边角柱”功能来判断柱的类型。

⑫ 材质：不同的计算规则，对应不同材质的柱，如现浇混凝土、预拌混凝土、预制混凝土、预拌现浇混凝土，KZ-10 此处为“预拌现浇混凝土”。

⑬ 顶标高：柱顶的标高，可根据实际情况进行调整。

⑭ 底标高：柱底的标高，可根据实际情况进行调整。

⑮ 其他箍筋：如果柱中有和参数不同的箍筋或拉筋，可以在“其他箍筋”中输入。新建箍筋输入参数和箍筋信息来计算钢筋量。本构件中没有则不输入。

⑯ 属性编辑中的属性名称是有蓝色字体和黑色字体区分的，蓝色属性名称的属性值为公有属性，在属性编辑中修改，将会影响图中所有同名称的构件包括已画完的构件。黑色属性名称的属性值为私有属性，修改时只影响已勾选的构件及影响修改后重新布置的构件的信息。

6.2 绘制柱

6.2 柱子的绘制

柱定义完毕后，单击【绘图】按钮，切换到绘图界面。

6.2.1 点绘制柱

切换到绘图界面，软件默认“点”画法，通过构件列表选择要绘制的构件“KZ-10”，用鼠标捕捉Ⓐ轴与③轴的交点，直接单击鼠标左键，就可完成柱 KZ-10 的绘制，如图 6.5 所示。

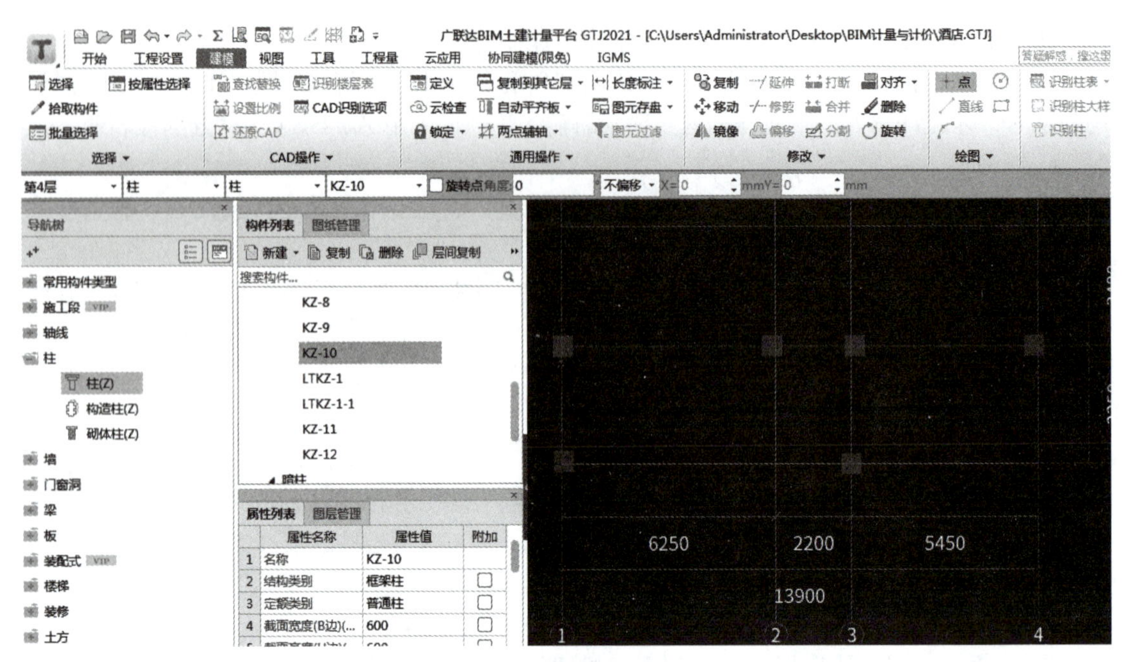

图6.5 柱的“点”画法

但是图纸是偏心设置，操作如下：单击【建模】→“柱二次编辑”→“查改标注”，显示柱标注尺寸，点击图元绿色标注部分，按图纸尺寸进行更改，完成柱 KZ-10 的绘制，如图 6.6、图 6.7 所示。

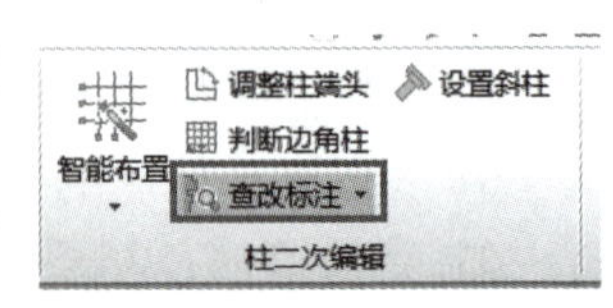

图6.6 查改标注（一）

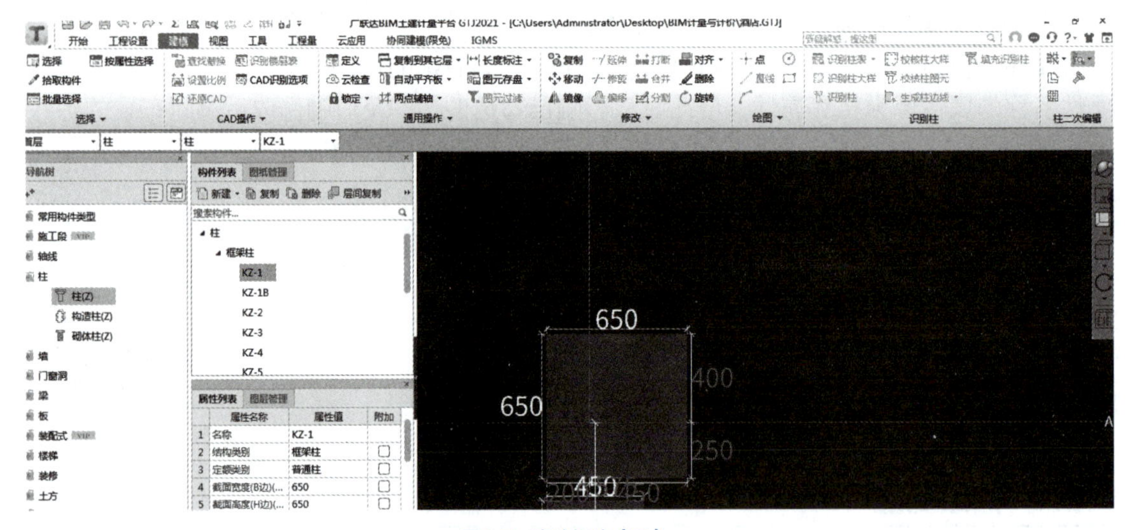

图6.7 查改标注（二）

6.2.2 偏移绘制柱

以“KZ-11”为例，由于图纸中显示 KZ-11 不在轴网交叉点上，因此不能直接用鼠标选择点位置，需要使用【Shift】键 + 鼠标左键，相对于基准点偏移绘制。

把鼠标放在①轴与Ⓕ轴的交点处，显示为“+”，同时按下键盘上的【Shift】键和鼠标左键，弹出“请输入偏移值”对话框。由图可知，KZ-11 的中心相对于①轴与Ⓕ轴交点向左偏移“-4050+75”，在对话框中输入“X=-4050+75”，“Y=0”；表示水平方向偏移量为 3975mm，竖直方向偏移为 0mm，如图 6.8 所示。单击【确定】按钮，就绘制完成了，如图 6.9 所示。

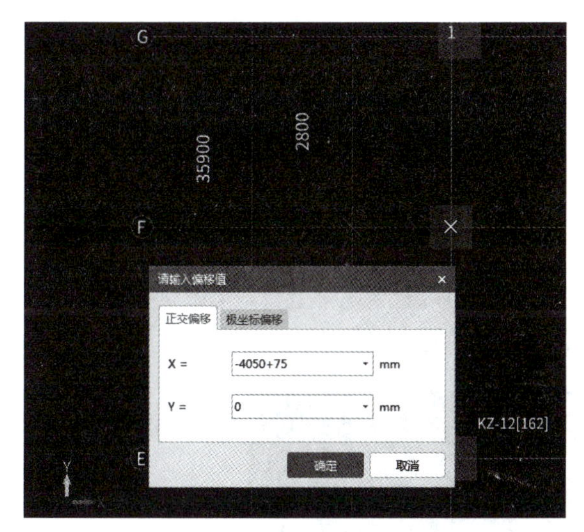

图6.8　偏移值

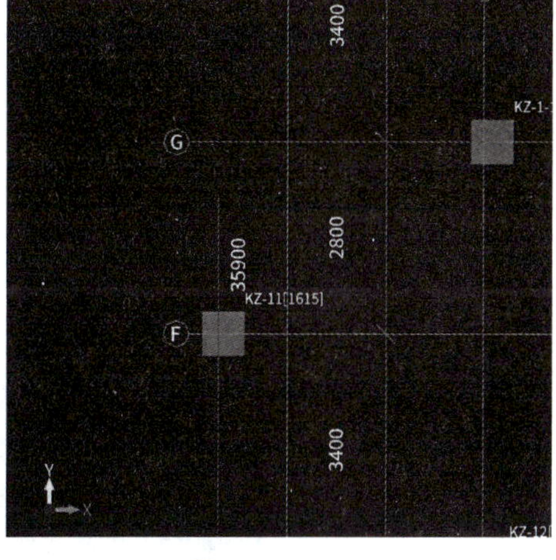

图6.9　KZ-11

6.2.3　智能布置

若图中某区域轴线相交处的柱都相同，此时可以采用智能布置的方法来绘制柱。Ⓐ轴、Ⓑ轴与②轴的交点处都是 KZ-9，即可利用此功能快速布置。选择“KZ-9”，单击【建模】→“柱二次编辑”→“智能布置”，选择按“轴线”布置，如图 6.10 所示。然后在图框中框选要布置柱的范围，单击右键确定，则软件自动在所选范围内所有轴线相交处布置“KZ-9”，如图 6.11 所示。

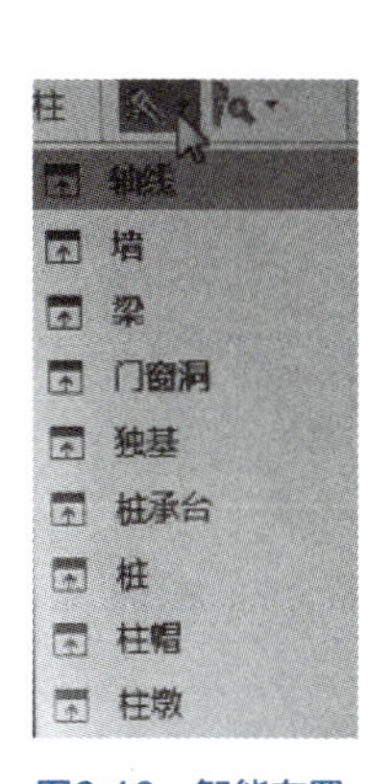

图6.10　智能布置

图6.11　KZ-9

6.2.4　镜像

通过图纸分析，①轴与Ⓐ～Ⓒ轴的 KZ-10 柱与③轴与Ⓐ～Ⓒ轴的柱是对称分布的，可以使用一种简单方法：先绘制①轴与Ⓐ~Ⓒ轴的柱，然后使用“镜像”功能来进行对称复制。

操作步骤如下。

首先框选①轴与Ⓐ~Ⓒ轴的柱，单击【建模】→【修改】面板中的【镜像】，如图 6.12 所示。

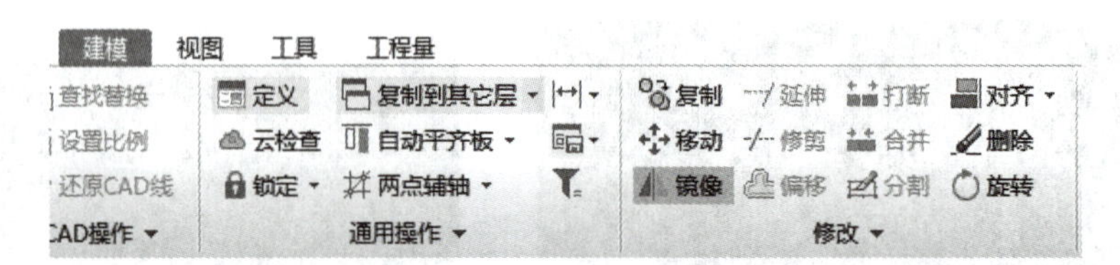

图6.12 镜像

然后把显示栏的“中点”点中，捕捉Ⓐ轴的中点，可以看到屏幕上有一个黄色的三角形，选中第二点，单击右键确定即可，如图 6.13 所示，在状态栏的地方会提示需要进行的下一步操作。

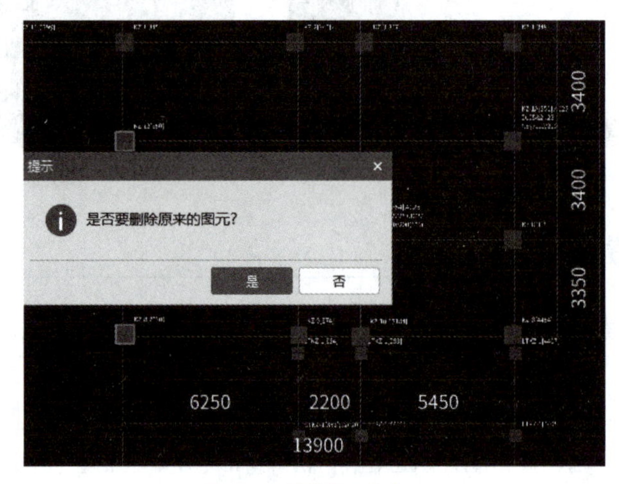

图6.13 镜像提示信息

6.3 柱建模及算量技能拓展

6.3 修改柱标高

6.3.1 修改图元名称

如果需要修改已经绘制的图元名称，也可以采用以下两种方法。

（1）“修改图元名称”功能

如果需要把一个构件的名称替换成另一个名称，例如，要把“KZ-10”修改为“KZ-9”，可以使用“修改图元名称”功能，选中“KZ-10”，右键选择“修改图元名称”，则会弹出“修改图元名称”对话框，如图 6.14 所示，将“KZ-10”修改为“KZ-9”即可。

（2）通过属性列表修改

选中图元，“属性列表”对话框中会显示图元的属性，点开下拉名称列表，选择需要的名称，如图 6.15 所示。

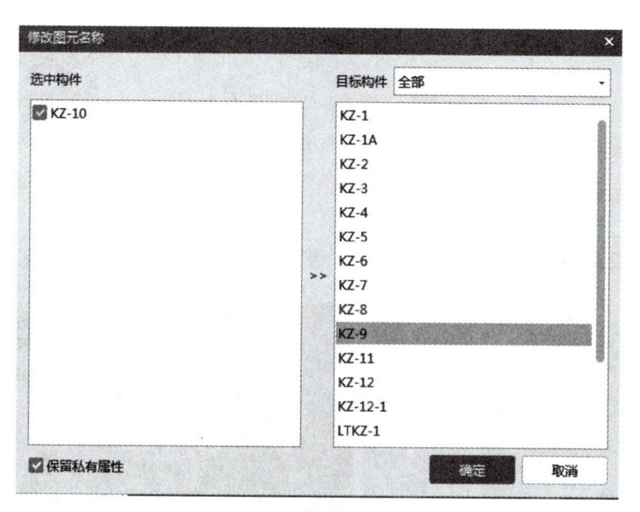

图6.14 修改图元名称

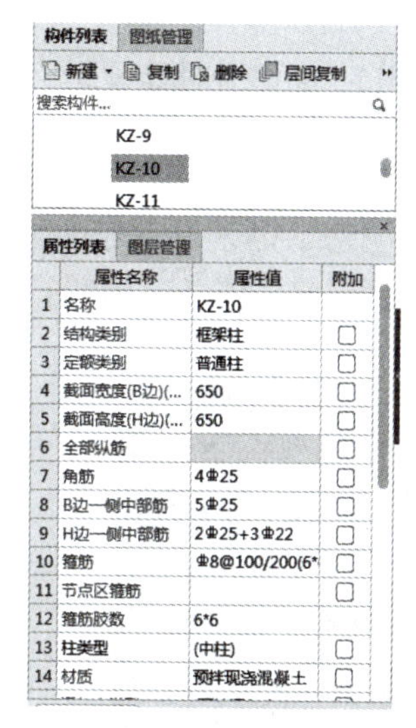

图6.15 柱的属性列表

6.3.2 构件图元名称显示功能

柱构件绘制到图上后，如果需要在图上显示图元的名称，可使用“视图”选项卡下的“显示设置”功能，如图 6.16 所示。

在弹出如图 6.17 所示的“显示设置”面板中，勾选需要显示的图元及显示的名称，方便查看和修改。

例如，显示柱子及其名称，则在柱的“显示图元”及“显示名称”后面打钩。也可以通过按【Z】键将柱图元显示出来，按【Shift】+【Z】键将柱名称显示出来。其他构件图元显示，按构件名后括号内字母，按【Shift】+“(对应字母)”键将构件名称显示出来。

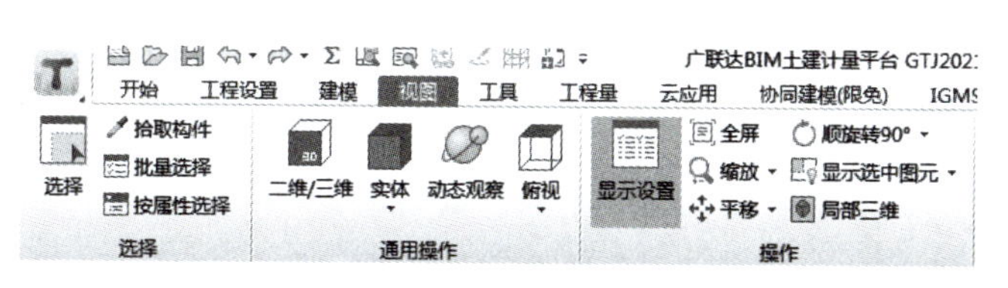

图6.16 显示设置功能

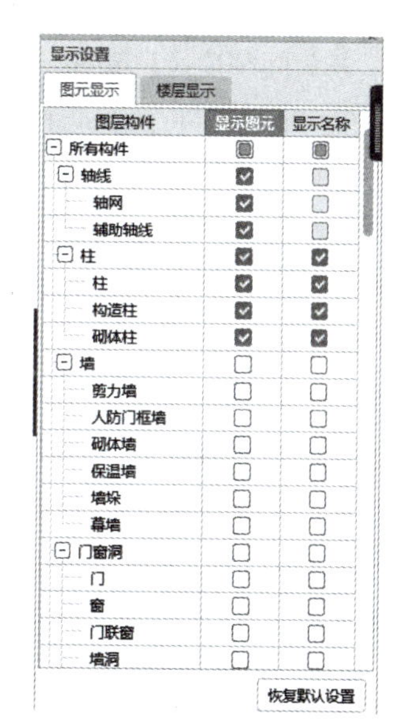

图6.17 显示设置面板

6.3.3 参数化柱

一般暗柱参数化图形较多，以图 6.18 为例，操作步骤如下。

6.3.3.1 参数化柱定义

6.4 异形柱的绘制

在导航树中单击【柱】→选择“新建参数化柱”→弹出“选择参数化图形”对话框，设置界面类型与具体尺寸，如图 6.19 所示，单击【确认】后显示“属性列表”，如图 6.20 所示。

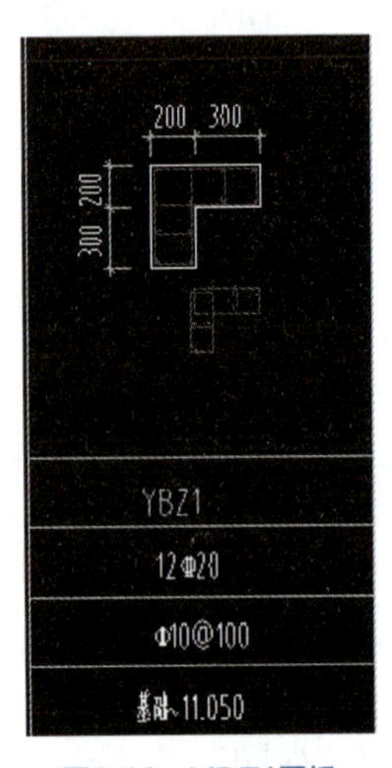

图6.18 YBZ1图纸

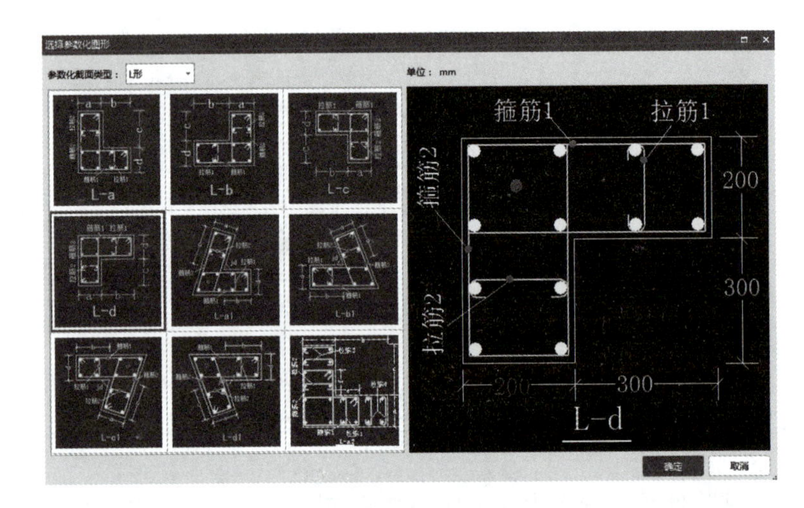

图6.19 选择参数化图形

① 截面形状：可以单击当前框中的⊡按钮，在弹出的“选择参数化图形”对话框中进行再次编辑。

② 截面宽度（B 边）：柱截面外接矩形的宽度。

③ 截面高度（H 边）：柱截面外接矩形的高度。

④ 截面面积和截面周长：软件按照柱本身的属性计算出的。

其他属性与矩形柱属性类似，参见矩形柱属性列表。

属性列表　图层管理

	属性名称	属性值	附加
1	名称	YBZ1	
2	截面形状	L-d形	☐
3	结构类别	暗柱	☐
4	定额类别	普通柱	☐
5	截面宽度(B边)(...	500	☐
6	截面高度(H边)(...	500	☐
7	全部纵筋	12⌀20	☐
8	材质	现浇混凝土	☐
9	混凝土类型	(预拌混凝土)	☐
10	混凝土强度等级	(C30)	☐
11	混凝土外加剂	(无)	
12	泵送类型	(混凝土泵)	
13	泵送高度(m)		
14	截面面积(m²)	0.16	☐
15	截面周长(m)	2	☐
16	顶标高(m)	层顶标高	☐
17	底标高(m)	层底标高	☐
18	备注		☐
19	⊞ 钢筋业务属性		
33	⊞ 土建业务属性		
40	⊞ 显示样式		

截面编辑

图6.20 参数化柱的属性列表

6.3.3.2 参数化柱绘制

根据工程实际情况，具体布置即可。

6.3.4 异形柱

以图 6.21 所示柱为例，操作步骤如下。

6.3.4.1 异形柱定义

在导航树中单击【柱】→选择“新建异形柱”→弹出“异形截面编辑器”对话框，

如图 6.22 所示。单击【确认】后显示“属性列表”，如图 6.23 所示。

① 截面形状：可以单击当前框中的 ⋯ 按钮，在弹出的“异形截面编辑器”对话框中进行再次编辑。

② 截面宽度（B 边）：柱截面外接矩形的宽度。

③ 截面高度（H 边）：柱截面外接矩形的高度。

④ 截面面积和截面周长：软件按照柱本身的属性计算出的。

其他属性与矩形柱属性类似，参见矩形柱属性列表。

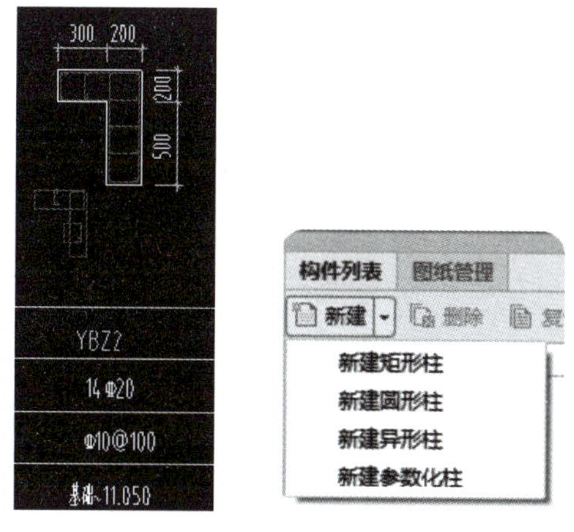

图6.21 YBZ2图纸

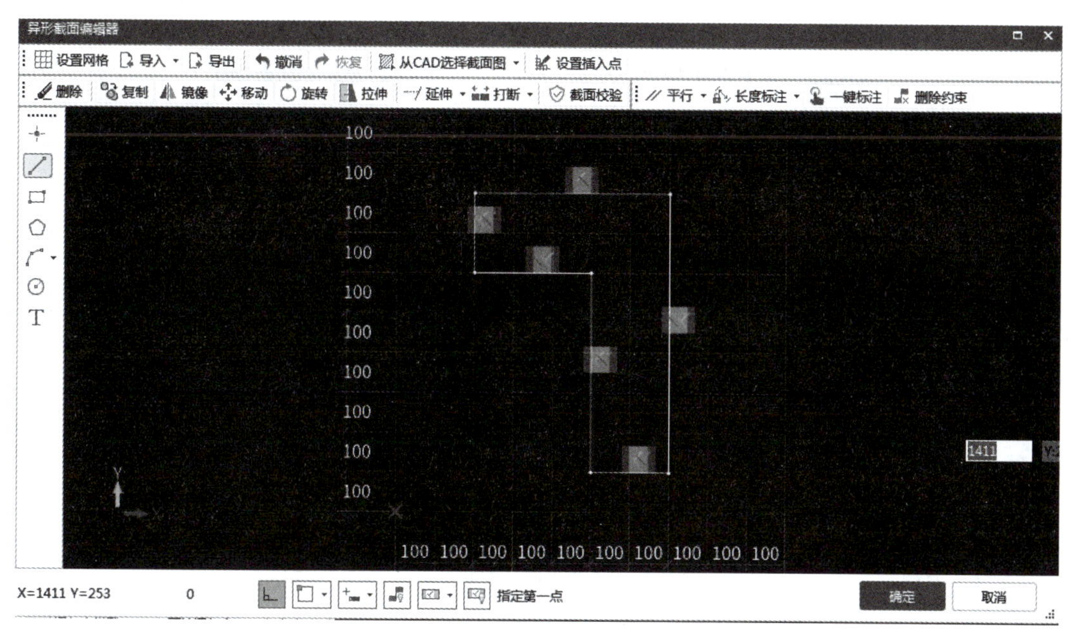

图6.22 异形界面编辑器

6.3.4.2 异形柱绘制

根据工程实际情况，具体布置即可。

6.3.5 圆形框架柱

在导航树中单击【柱】→选择“新建圆形框架柱”，方法同矩形框架柱属性定义。本工程无圆形框架柱，属性定义如图 6.24 所示。

	属性名称	属性值	附加
1	名称	YZB2	
2	截面形状	异形	☐
3	结构类别	暗柱	☐
4	定额类别	普通柱	☐
5	截面宽度(B边)(...	500	☐
6	截面高度(H边)(...	700	☐
7	全部纵筋	14Φ20	☐
8	材质	预拌现浇混凝土	☐
9	混凝土类型	(预拌混凝土)	☐
10	混凝土强度等级	(C30)	☐
11	混凝土外加剂	(无)	
12	泵送类型	(混凝土泵)	
13	泵送高度(m)		
14	截面面积(m²)	0.2	☐
15	截面周长(m)	2.4	☐
16	顶标高(m)	层顶标高	☐
17	底标高(m)	层底标高	☐
18	备注		☐
19	+ 钢筋业务属性		
37	+ 土建业务属性		
44	+ 显示样式		

图6.23 异形柱的属性列表

	属性名称	属性值	附加
1	名称	YZB4	
2	结构类别	框架柱	☐
3	定额类别	普通柱	☐
4	截面半径(mm)	400	☐
5	全部纵筋	16Φ22	☐
6	箍筋	Φ10@100/200	☐
7	节点区箍筋		☐
8	箍筋类型	螺旋箍筋	☐
9	材质	预拌现浇混凝土	☐
10	混凝土类型	(预拌混凝土)	☐
11	混凝土强度等级	(C30)	☐
12	混凝土外加剂	(无)	
13	泵送类型	(混凝土泵)	
14	泵送高度(m)		
15	截面面积(m²)	0.503	☐
16	截面周长(m)	2.513	☐
17	顶标高(m)	层顶标高	☐
18	底标高(m)	层底标高	☐
19	备注		☐
20	+ 钢筋业务属性		
38	+ 土建业务属性		
45	+ 显示样式		

图6.24 框架柱的属性定义

截面半径：设置圆形柱截面半径，可用“数值/数值”来表示变截面柱，输入格式为“柱顶截面尺寸/柱底截面尺寸”（圆形柱没有截面宽、截面高属性）。

其他属性与矩形柱属性类似，参见矩形柱属性列表。

能力训练题

一、选择题

1. 在GTJ2021中可以改变柱的插入点的快捷键是（　　）。

A. F1　　B. F2　　C. F3　　D. F4

2. 软件中绘制参数化柱或异形柱时，可以利用（　　）键将柱上下翻转。

A. F1　　B. Shift+F3　　C. F3　　D. F4

3. 按（　　）键将柱图元显示出来。

A. L　　B. Z　　C. B　　D. Q

4. GTJ2021中，当已经将工程中的构件绘制基本完成，这时得到一份变更通知，告知一～五层Ⓐ轴交⑫轴的“KZ2”改为“KZ5”，可以先把一层中Ⓐ轴交⑫轴的“KZ2”改为“KZ5”后，通过（　　）快速修改2～5层的指定构件图元。

A. 复制选定图元到其他楼层　　B. 从其他楼层复制构件图元

C. 从其他楼层复制构件　　D. 复制构件到其他楼层

二、技能操作题

绘制图纸工程中所有楼层的柱及钢筋，并计算其工程量。

任务 7

梁建模及算量

知识目标

- 掌握梁属性定义
- 掌握直形梁、弧形梁及加腋梁等的绘制方法
- 掌握梁钢筋集中标注和原位标注方法
- 掌握梁偏移、梁跨数据刷等命令的使用方法

技能目标

- 能够根据图纸准确定义梁属性
- 会绘制直形、弧形梁和加腋梁
- 能够根据梁图纸信息准确完整地输入主次梁钢筋信息
- 能够对梁进行二次编辑操作

素质目标

- 具有认真严谨的工作态度，严格按照图纸进行模型构建
- 具有规则意识，按照工程项目要求的清单和定额规则进行算量
- 具有良好的沟通能力，能在对量过程中以理服人

任务说明

完成图纸（标高 -0.100m 梁平法施工图）负一层（-0.100m 标高处）Ⓗ轴 KL8 的属性定义及图元绘制。

操作步骤

梁→新建梁构件→根据图纸修改梁属性→绘制梁图元→按照图纸运用“原位标注”或者“平法表格”输入梁钢筋。

任务实施

7.1 定义梁

在导航树中单击【梁】→【梁】，在构件列表中单击【新建】→【新建矩形梁】。以

KL8为例，新建矩形梁KL8，如图7.1所示，然后按照“KL8”图纸信息输入梁属性信息，如图7.2所示。

7.1 梁定义

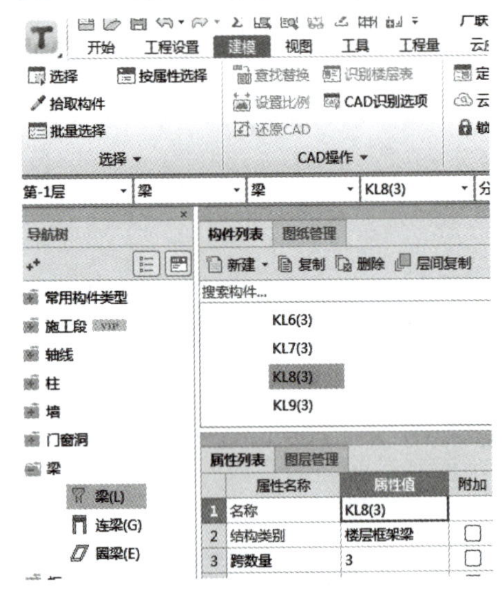

图7.1 新建矩形梁

	属性名称	属性值	附加
1	名称	KL8(3)	
2	结构类别	楼层框架梁	☐
3	跨数量	3	☐
4	截面宽度(mm)	350	☐
5	截面高度(mm)	500	☐
6	轴线距梁左边...	(175)	☐
7	箍筋	Φ8@100/200(4)	☐
8	肢数	4	
9	上部通长筋	2Φ25+(2Φ12)	☐
10	下部通长筋		☐
11	侧面构造或受...	G4Φ12	☐
12	拉筋	(Φ6)	☐
13	定额类别	普通梁	☐
14	材质	预拌现浇混凝土	☐
15	混凝土类型	(预拌混凝土)	☐
16	混凝土强度等级	(C20)	☐
17	混凝土外加剂	(无)	
18	泵送类型	(混凝土泵)	
19	泵送高度(m)		
20	截面周长(m)	1.7	☐
21	截面面积(m²)	0.175	☐
22	起点顶标高(m)	层顶标高	☐
23	终点顶标高(m)	层顶标高	☐
24	备注		☐
25	+ 钢筋业务属性		
35	+ 土建业务属性		
44	+ 显示样式		

图7.2 梁属性信息

① 名称：按照图纸输入“KL8（3）”，该名称在当前楼层的当前构件类型下是唯一的。

② 结构类别：软件会根据构件名称中的字母自动生成，也可以根据实际情况进行选择，梁的类别下拉框选项中有7类，按照实际情况此处选择“楼层框架梁”，如图7.3所示。

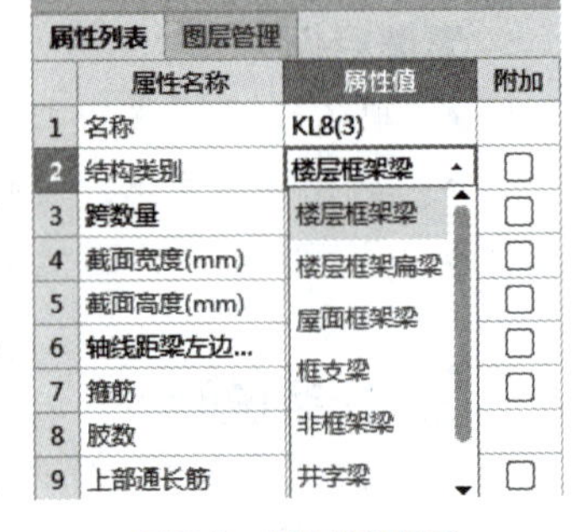

图7.3 梁的结构类别

③ 跨数量：梁的跨数量，直接输入，此处输入“3”。没有输入的情况下，提取梁跨后自动读取。

④ 截面宽度和截面高度：按图纸信息对应输入“350”和“500”。

⑤ 轴线距梁左边线距离：按键盘“~”键显示梁的绘制方向箭头，按照箭头方向左手边为左方向。

⑥ 箍筋：KL8（3）的箍筋信息 Φ8@100/200（4）。

⑦ 上部通长筋：根据图纸集中标注保持，此处输入2Φ25+（2Φ12）。

⑧ 下部通长筋：根据图纸集中标注保持，无下部通长筋。

⑨ 侧面构造或受扭筋（总配筋值）：格式（G或N）数量+级别+直径，其中G表示构造钢筋，N表示抗扭构造筋，根据图纸集中标注，此处输入“G4Φ12”。

⑩ 拉筋信息：当有侧面纵筋时，软件按计算设置中的设置自动计算拉筋信息。也可按照所选图集设置，例如16G101-1规定，梁腹板高度≤350mm，拉筋为Φ6，梁腹板高度

>350mm，拉筋为 Φ8。

⑪ 起点顶标高和终点顶标高：软件默认的梁的顶标高均为当前层的层顶标高，集中标注中没有特殊要求，所以标高保持默认信息。只按照梁的绘制方向起始点为起点，结束点为终点，如果是水平梁，则起点顶标高和终点顶标高相等，如果是斜梁，则起点顶标高低于终点顶标高。

⑫ 钢筋信息：梁属性中钢筋信息均为梁集中标注信息，原位标注钢筋信息均不在属性列表中输入。

在信息输入过程中，重点需要关注的是软件的信息一定要与图纸信息保持一致。按照同样的方法，根据不同的类别，定义其余的梁，输入属性信息。

7.2 绘制梁

7.2 梁绘制和原位标注

梁在绘制时，要先主梁后次梁。通常，画梁时按先上后下、先左后右的方向来绘制，以保证所有的梁能够全部计算。

7.2.1 直线绘制

梁为线性构件，直线形的梁采用“直线”绘制的方法比较简单，如 KL8。在绘图界面，单击【直线】，单击梁的起点①轴与Ⓗ轴的交点，单击梁的终点④轴与Ⓗ轴的交点即可，如图 7.4 所示。

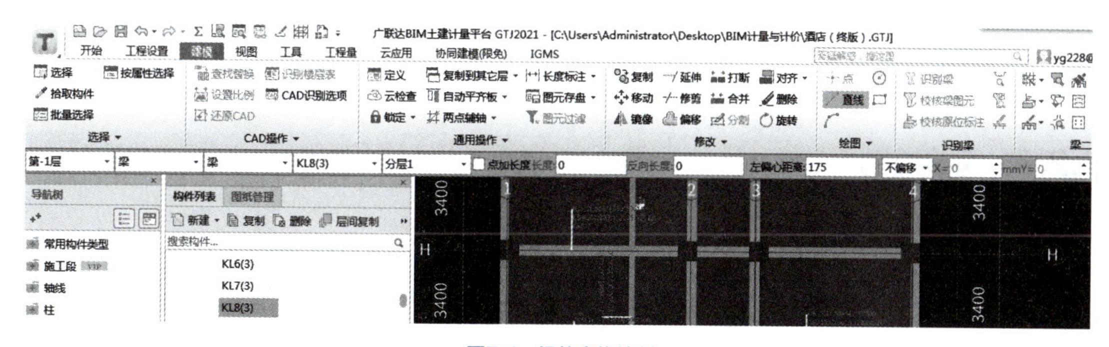

图7.4 梁的直线绘制

7.2.2 梁柱对齐

以 KL10 为例，对于Ⓜ轴上①～④轴间的 KL10，其中心线不在轴线上，但由于 KL10

与两端框架柱一侧平齐，因此，除了采用【Shift】+鼠标左键的方法偏移绘制外，还可用“对齐”功能。

① 在轴线上绘制KL10（3），绘制完成后，选择“建模”页签下“修改”面板中的“对齐”命令，如图7.5所示。

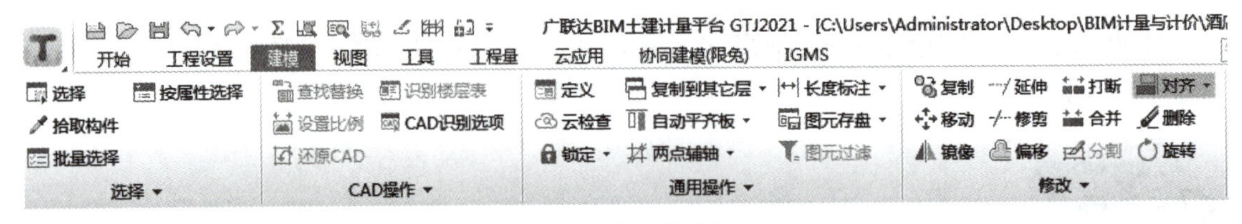

图7.5 “对齐”命令

② 根据提示，先选择柱上侧的边线，再选择梁上侧边线，对齐成功后如图7.6所示。

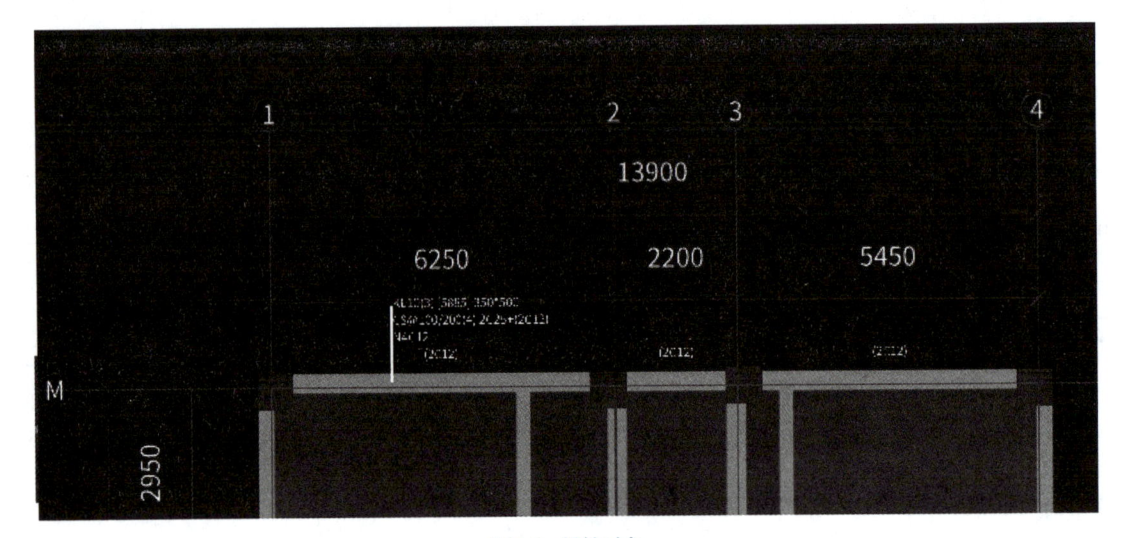

图7.6 梁柱对齐

7.2.3 偏移绘制

以L4为例，端点不在轴线的交点或者其他捕捉点上，可采用偏移绘制的方法也就是采用【Shift】+鼠标左键的方法捕捉轴线以外的点来绘制。具体操作如下，绘制L4，两个端点分别为：②轴与Ⓜ轴交点偏移“X=-1550-125”，“Y=0”；②轴与Ⓚ轴交点偏移“X=-1550-125”，“Y=0”。

将鼠标放在Ⓜ轴与②轴交点，同时按下【Shift】键和鼠标左键，在弹出的“请输入偏移值”对话框中输入相应的数值，单击【确定】按钮，这样就选定了第1个端点。采用同样方法，确定第2个端点来绘制L4。如图7.7、图7.8所示。

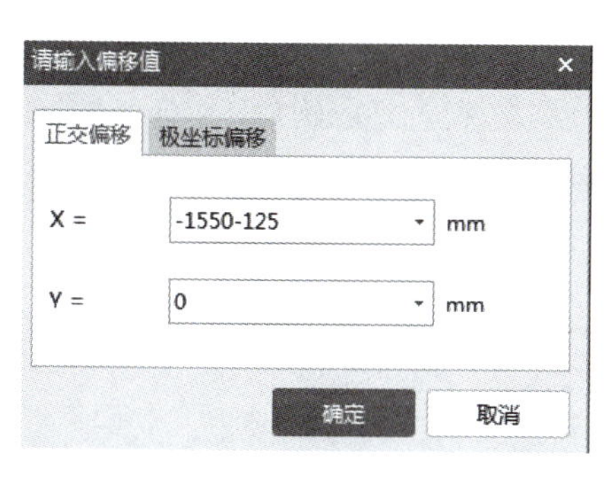

图7.7　偏移值

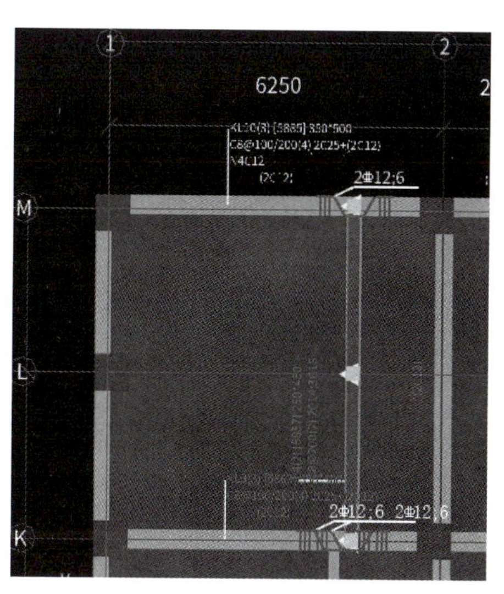

图7.8　梁的偏移绘制

7.3　梁的钢筋输入

7.3.1　原位标注

梁绘制完毕后，只是对梁集中标注的信息进行了输入，还需进行原位标注的输入。由于梁是以柱和墙为支座的，提取梁跨和原位标注之前，需要绘制好所有的支座。图中梁显为粉色时，表示还没有进行梁跨提取和原位标注的输入，也不能正确地对梁钢筋进行计算。

在GTJ2021中，可以通过三种方式来提取梁跨，一是使用“原位标注”；二是使用“重提梁跨”；三是使用“设置支座”功能。

对于没有原位标注的梁，可通过提取梁跨来把梁的颜色变为绿色。

有原位标注的梁，可通过输入原位标注来把梁的颜色变为绿色。

软件中用粉色和绿色对梁进行区别，目的是提醒哪些梁进行了原位标注的输入，便于检查，防止出现忘记输入原位标注，影响计算结果的情况。

（1）原位标注

梁的原位标注主要有支座钢筋、跨中筋、下部钢筋、架立筋和次梁筋，另外，变截面也需要在原位标注中输入。以Ⓗ轴的KL8为例，具体操作如下。

① 在“梁二次编辑”面板中选择“原位标注”。

② 选择要输入原位标注的KL8梁，绘图区显示原位标注的输入框，下方显示平法表格。

③ 对应输入钢筋信息，有两种方式。一是在绘图区域显示的原位标注输入框中进行输

入，比较直观，如图 7.9 所示。二是“梁平法表格”中输入，如图 7.10 所示。

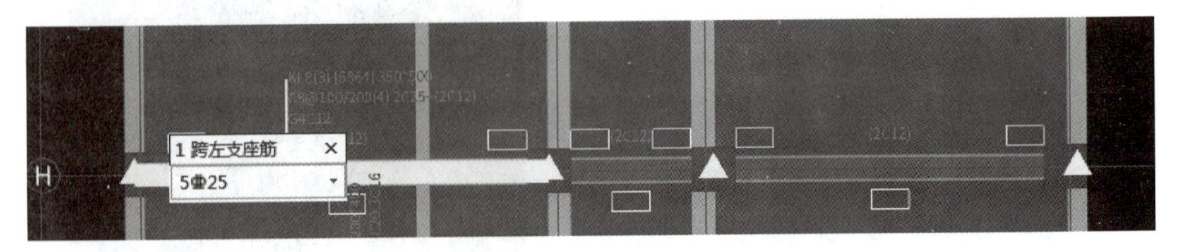

图7.9 梁的原位标注

注意

输入后按【Enter】键跳转的方式，软件默认的跳转顺序是左支座筋、跨中筋、右支座筋、下部钢筋，然后下一跨的左支座筋、跨中筋、右支座筋、下部钢筋。如果想要自己确定输入的顺序，可用鼠标选择需要输入的位置，每次输入后需要按【Enter】键或者单击其他方框确定。

梁平法表格

复制跨数据 粘贴跨数据 输入当前列数据 删除当前列数据 页面设置 调换起始跨 悬臂钢筋代号

	位置	名称	跨号	标高		构件尺寸(mm)							上通长筋	上部钢筋			下部钢筋	
				起点标高	终点标高	A1	A2	A3	A4	跨长	截面(B×H)	距左边线距离		左支座钢筋	跨中钢筋	右支座钢筋	下通长筋	下部
1	<1-100,H;4+100,...	KL8(3)	1	-0.1	-0.1	(150)	(500)	(325)		(6225)	(350×500)	(175)	2Φ25	5Φ25	(2Φ12)			
2			2	-0.1	-0.1		(325)	(325)		(2450)	(350×500)	(175)			(2Φ12)			
3			3	-0.1	-0.1		(325)	(500)	(150)	(5425)	(350×500)	(175)			(2Φ12)			

图7.10 梁平法表格输入

7.3 梁平法表格输入

（2）设置支座

如果存在梁跨数与集中标注不符的情况，则可使用此功能进行支座的设置工作。

操作步骤如下：①在“梁二次编辑”中选择【设置支座】；②左键选择需要设置的梁，如 KL8，如图 7.11 所示；③左键选择或框选作为支座的图元，右键确定；④当支座设置错误时，可以采用“删除支座”的功能进行删除。

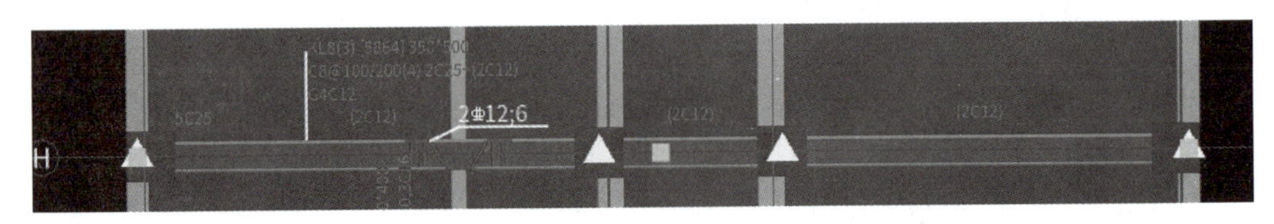

图7.11 设置支座

7.3.2 梁的吊筋和次梁加筋

根据图纸说明设置梁的吊筋和次梁加筋，如图 7.12 所示，具体操作如下：①在“梁二次编辑”中单击【生成吊筋】，次梁加筋也可以通过该功能实现；②在弹出“生成吊筋”对话框中，根据图纸输入次梁加筋的钢筋信息，如图 7.13 所示；③设置完成后，单击【确定】按钮，然后在图中选择要生成次梁加筋的主梁和次梁，单击右键确定，即可完成吊筋的生成。

7.4 次梁绘制和吊筋布置

4.除注明外，主次梁相交处均在次梁两侧的主梁上每侧附加三根规格同主梁箍筋的附加箍筋，吊筋已注明的按图施工，未注明的均采用2 Φ12

图7.12 图纸信息

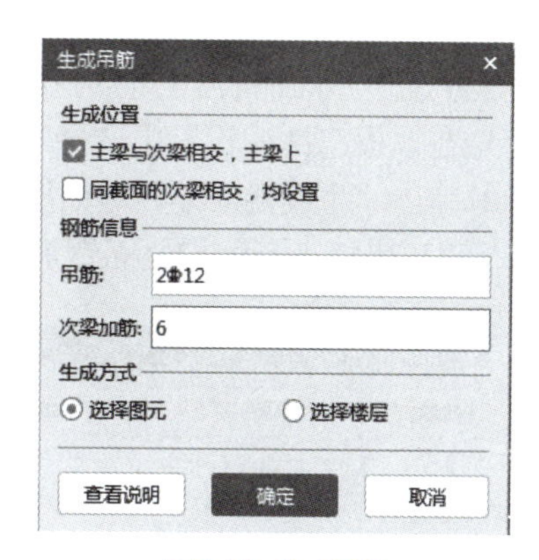

图7.13 生成吊筋

必须进行提取梁跨后，才能使用此功能自动生成；运用此功能，同样可以整楼生成。

7.4 梁建模及算量技能拓展

7.4.1 梁原位标注的快速复制

（1）梁跨数据复制

把某一跨的原位标注复制到另外的跨，可以跨图元进行操作，复制内容主要是钢筋信息。

操作方法：在“梁二次编辑”中选择“梁跨数据复制”功能，选择一段已经进行原位标注的梁跨，单击右键结束选择（需要复制的梁跨选中后显示红色），然后单击复制上标注的目标跨（目标跨选中显示黄色），单击右键确定，完成复制。

（2）应用到同名称梁

如果图纸中存在多个同名称的梁，原位标注信息完全一致，就可以采用“应用到同名称梁”功能来快速地实现原位标注的输入。

操作方法：在“梁二次编辑”中选择“应用到同名称梁”，左键选择已完成原位标注的梁，右键确定完成操作，则软件弹出应用成功的提示，在此可看到有几道梁应用成功。

7.4.2 配置梁侧面钢筋

如果当图纸中的原位标注中标注了侧面钢筋的信息，或结构设计总说明中表明了整个工程的侧面钢筋配筋，那么，除了在原位标注中进行输入外，还可使用“生成侧面筋”的功能来批量配置梁侧面钢筋。操作方法如下。

① 在“梁二次编辑”中选择“生成侧面筋”。

② 弹出“生成侧面筋”对话框，选择“梁高”或“梁腹板高”定义好侧面筋，如图 7.14 所示，可利用插入行添加侧面钢筋信息，高和宽的数值要求连续。

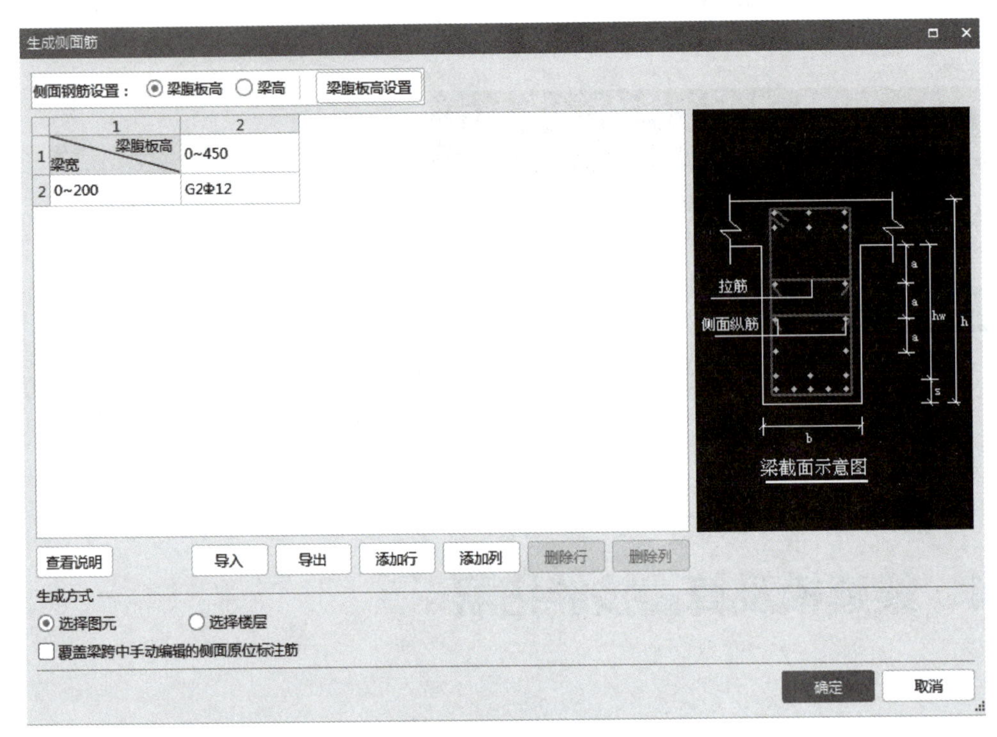

图7.14 生成侧面筋

其中“梁腹板高设置”对话框，可以修改相应“下部纵筋排数”对应的“梁底至梁下部纵筋合力点距离 s”，如图 7.15 所示。

③ 软件生成方式有“选择图元”和“选择楼层”。“选择楼层”则在右侧选择生成侧面筋的楼层，该楼层中所有的梁均生成侧筋。

7.4.3 生成梁加腋

根据所设置的属性，手动或者自动生成梁加腋。在弹出的对话框中，如图 7.16 所示，选择生成方式、加腋钢筋信息，选择梁图元生成加腋。

7.5 加腋梁绘制

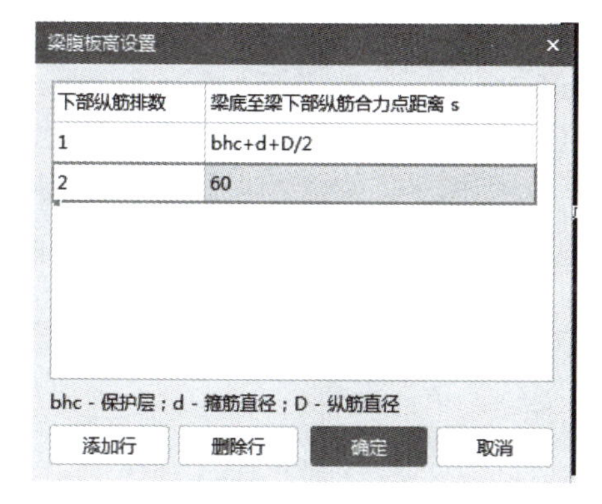

下部纵筋排数	梁底至梁下部纵筋合力点距离 s
1	bhc+d+D/2
2	60

图7.15 梁腹板高设置

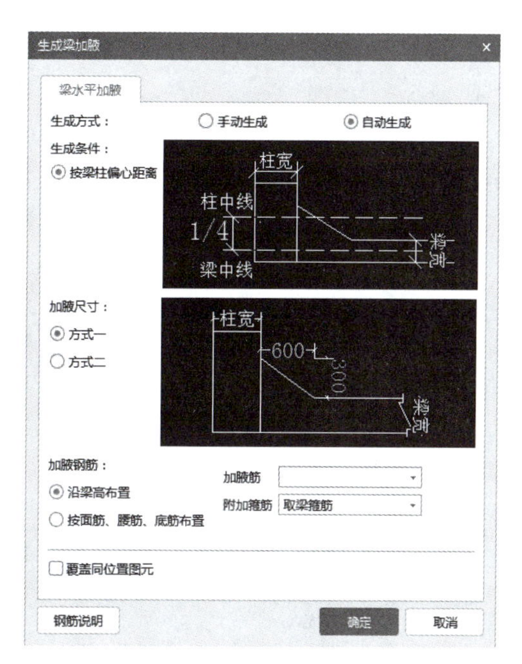

图7.16 生成梁加腋

7.4.4 弧形梁绘制

① 先定义弧形梁，定义方法同矩形梁。

② 绘制弧形梁。软件提供了三种方法，分别是两点大弧、两点小弧、起点圆心终点弧，如图 7.17 所示。

③ 画弧，用鼠标左键选中弧形梁的第一点、第二点、第三点，按右键完成，如图 7.18 所示。

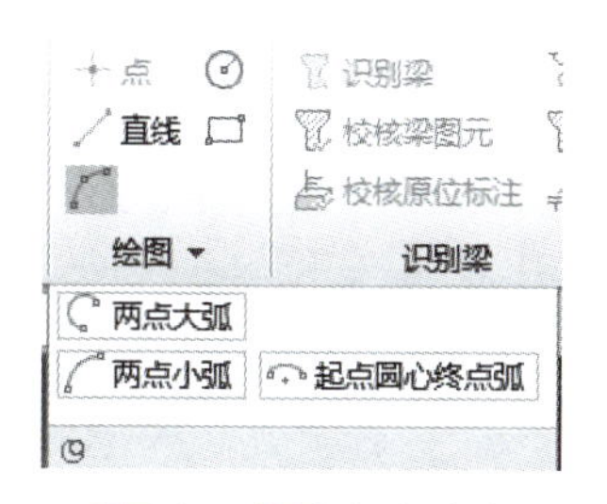

图7.17 绘制弧形梁方法

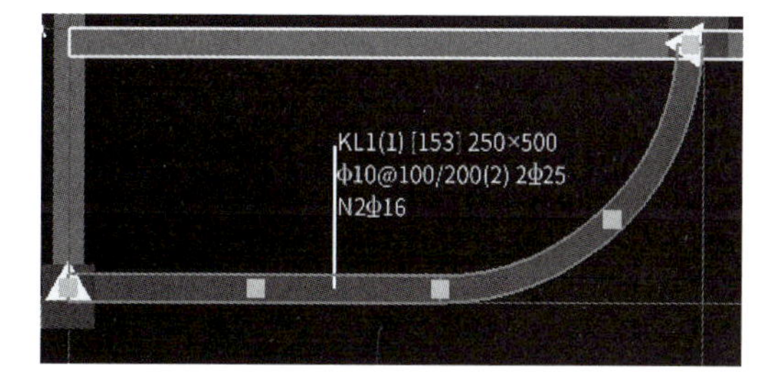

图7.18 绘制弧形梁

能力训练题

一、选择题

1. 当梁进行原位标注时，多跨的支座处钢筋一致，可以点击（　　）输入当前列数据。

A. F1　　B. F2

C. F5　　D. F6

2. 应用到其他同名称梁不能复制（　　）梁的钢筋信息。

A. 上部钢筋　　B. 下部钢筋

C. 箍筋　　D. 吊筋

3. 在软件中，梁的集中标注和原位标注都已经标注好，使用（　　）可以显示出详细信息来。

A. L　　B. Shift + L

C. Ctrl + L　　D. Alt + L

4. 在某一层绘制了很多道梁，在检查的时候发现不小心少绘制了一道，可是梁构件太多，找到这个构件也很麻烦，可以利用（　　）功能直接在图上选到与要补画的梁相同的构件直接绘制。

A. 拾取构件　　B. 按名称选择构件图元

C. 按类型选择构件图元　　D. 选配

二、技能操作题

绘制图纸工程中所有楼层的梁及钢筋，并计算其工程量。

任务 8

板建模及算量

知识目标

- 掌握定义现浇板、板受力筋、板负筋及分布筋的属性
- 掌握现浇板、板受力筋、板负筋及分布筋的绘制方法
- 掌握查看布筋范围、查看布筋情况、应用同名板等命令的使用方法

技能目标

- 能够根据图纸准确定义板和板筋属性
- 会绘制现浇板、板受力筋、板负筋及分布筋、斜板
- 能够对板进行二次编辑操作

素质目标

- 具有认真严谨的工作态度，严格按照图纸进行模型构建
- 具有规则意识，按照工程项目要求的清单和定额规则进行算量
- 具有良好的沟通能力，能在对量过程中以理服人

任务说明

完成图纸（标高 -0.100m 楼板平法施工图）负一层（-0.100m 标高处）①～②轴与Ⓐ～Ⓑ轴所围 LB01 的板和板筋属性定义及图元绘制。

操作步骤

板→新建板构件→根据图纸修改板属性→绘制板图元→新建板受力筋→根据图纸修改板受力筋属性→绘制板受力筋图元→新建跨板受力筋→根据图纸修改跨板受力筋属性→绘制跨板受力筋图元→新建负筋→根据图纸修改负筋属性→绘制负筋图元。

任务实施

8.1 现浇板的定义和绘制

8.1.1 现浇板的定义

在导航树中单击【板】→【现浇板】，在构件列表中单击【新建】→【新建现浇板】。

以①～②轴与Ⓐ～Ⓑ轴所围 LB01 的板为例，新建现浇板 LB01，如图 8.1 所示，然后按照 LB01 图纸信息，在属性列表中输入相应的属性信息，如图 8.2 所示。

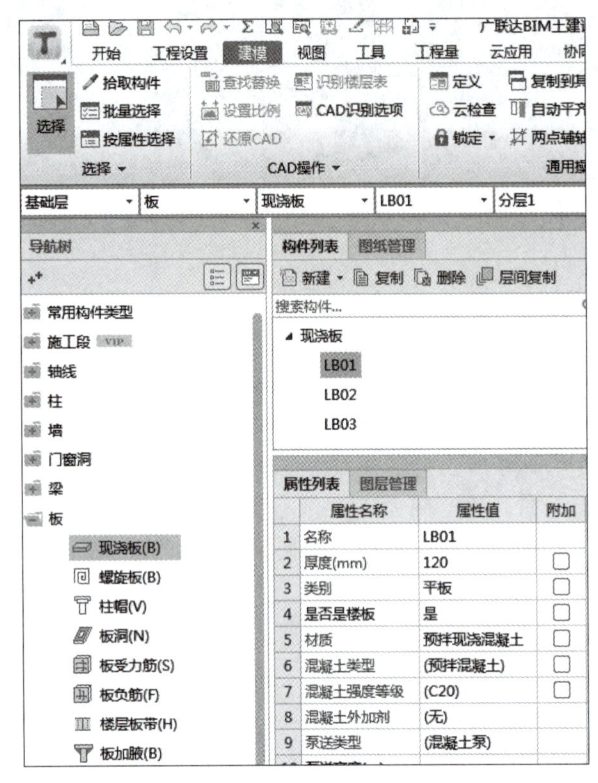

图8.1 新建现浇板

8.1 楼板的定义和绘制

属性列表 图层管理

	属性名称	属性值	附加
1	名称	LB01	
2	厚度(mm)	120	☐
3	类别	平板	☐
4	是否是楼板	是	☐
5	材质	预拌现浇混凝土	☐
6	混凝土类型	(预拌混凝土)	☐
7	混凝土强度等级	(C20)	☐
8	混凝土外加剂	(无)	
9	泵送类型	(混凝土泵)	
10	泵送高度(m)		
11	顶标高(m)	层顶标高	☐
12	备注		☐
13	⊞ 钢筋业务属性		
24	⊞ 土建业务属性		
31	⊞ 显示样式		

图8.2 板的属性信息

① 名称：按照图纸输入“LB01”，该名称在当前楼层的当前构件类型下是唯一的。

② 厚度（mm）：现浇板的厚度，此处输入“120”。

③ 类别：板的类别下拉框选项中有 8 类，按照实际情况此处选择“平板”，如图 8.3 所示。

图8.3 板的类别

④ 是否是楼板：主要与计算超高模板、超高体积起点判断有关，若“是”则表示构件可以向下找到该构件作为超高计算的判断依据，若“否”则超高计算判断与该板无关。

⑤ 顶标高：板顶的标高，可根据实际情况进行调整。LB01 此处按默认“层顶标高”。例如③～④轴与Ⓐ～Ⓑ轴所围的 LB02，板标高显示（H−0.800）表示比 −0.100m 低 −0.800m，输入标高时可输入为“−0.9”或“层顶标高 −0.8”。

⑥ 马凳筋参数图、信息：根据现场实际情况确定，此工程按以下设置：L_2= 板厚 − 两倍的保护层，如图 8.4 所示。

⑦ 拉筋：图纸中没有拉筋，所以不输入，一般在中空板或者双层钢筋中存在，如图 8.5 所示。

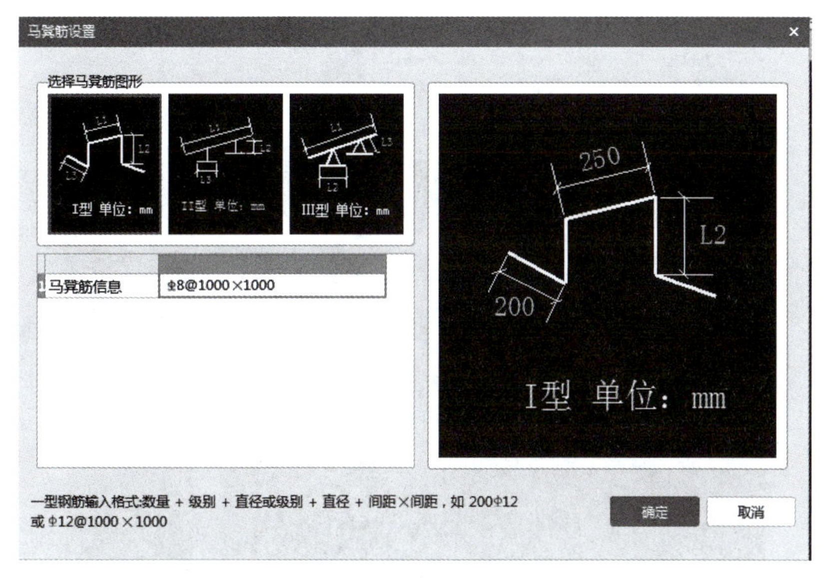

图8.4　马凳筋参数图

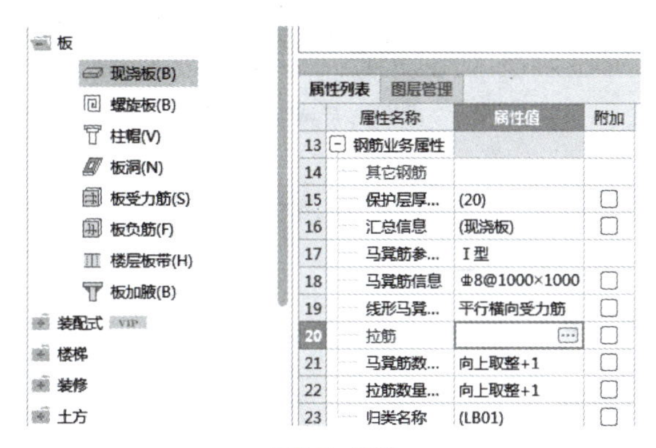

图8.5　拉筋

8.1.2　现浇板的绘制

板定义准确后，准备进行板的绘制，但前提是，作为板支座的梁、墙需绘制完成。

8.1.2.1　点绘制板

以LB01为例，定义好现浇板属性后，单击“点”，在LB01区域单击左键，即可完成布置，如图8.6所示。

8.1.2.2　直线绘制

仍以LB01板为例，定义准确后，单击“直线”，左键单击LB01边界区域的交点，围成一个封闭区域，即可布置完成。

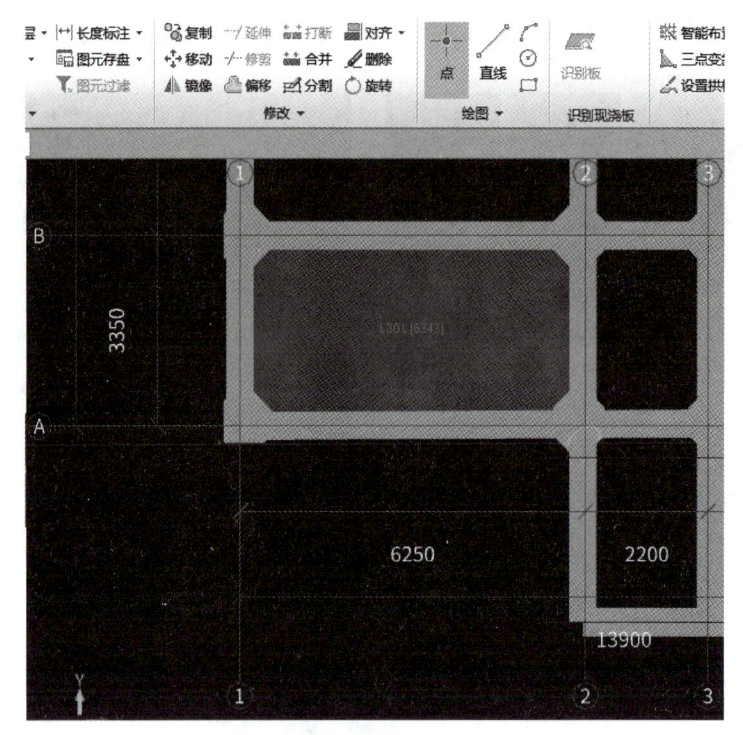

图8.6　点绘制板

8.1.2.3　矩形绘制

如果图中没有围成封闭区域的位置，可采用“矩形”画法来绘制板。单击“矩形”按钮，选择现浇板图元的一个顶点，再选择对角的顶点，即可绘制一块矩形板。

8.1.2.4　自动生成板

当板下的梁、墙绘制完毕，且图中板类别较少时，可使用自动生成板，软件根据图纸中梁和墙围成的封闭区域来生成整层的板。自动生成完毕后，需要检查图纸，将与图中板信息不符的修改过来，对图中没有板的地方进行删除。

8.2　板受力筋的定义和绘制

现浇板绘制准确后，接下来布置板受力钢筋。

8.2 板受力筋布置

8.2.1　板受力筋的定义

在导航树中单击【板】→【板受力筋】，在构件列表中单击【新建】→【新建板受力筋】。

以①～②轴与Ⓐ～Ⓑ轴所围 LB01 板配筋：底部受力筋（双向 Φ8@200）为例，新建板受力筋“SLJ-Φ8@200”，根据图纸信息，在属性列表中输入相应的属性信息，如图 8.7 所示。

① 名称：结施图中没有定义受力筋的名称，用户可根据实际情况输入容易辨认的名称，这里按钢筋信息输入“SLJ-Φ8@200”。

② 类别：在软件中可以选择底筋、面筋、中间层筋和温度筋，在此选择“底筋”。

③ 钢筋信息：按照图中钢筋信息输入“Φ8@200”。

④ 左弯折和右弯折：按照实际情况输入受力筋的端部弯折长度。软件默认为“0”，表示按照计算设置中默认的“厚板减 2 倍保护层厚度”来计算弯折长度。此处会关系钢筋计算结果，如果图纸中没有特殊说明，不需要修改。

⑤ 钢筋锚固和搭接：取楼层设置中设置的初始值，可以根据实际图纸情况进行修改。

⑥ 长度调整：输入正值或负值，对钢筋的长度进行调整，此处不输入。

属性列表　图层管理

	属性名称	属性值	附加
1	名称	SLJ-Φ8@200	
2	类别	底筋	☐
3	钢筋信息	Φ8@200	☐
4	左弯折(mm)	(0)	☐
5	右弯折(mm)	(0)	☐
6	备注		☐
7	⊟ 钢筋业务属性		
8	钢筋锚固	(40)	
9	钢筋搭接	(56)	
10	归类名称	(SLJ-Φ8@200)	☐
11	汇总信息	(板受力筋)	☐
12	计算设置	按默认计算设置...	
13	节点设置	按默认节点设置...	
14	搭接设置	按默认搭接设置...	
15	长度调整(...		☐
16	⊞ 显示样式		

图8.7　板受力筋的属性信息

8.2.2　板受力筋的绘制

8.2.2.1　受力筋定义

在导航树中，选择“板受力筋”，在“板受力筋二次编辑”中单击【布置受力筋】，如图 8.8 所示。

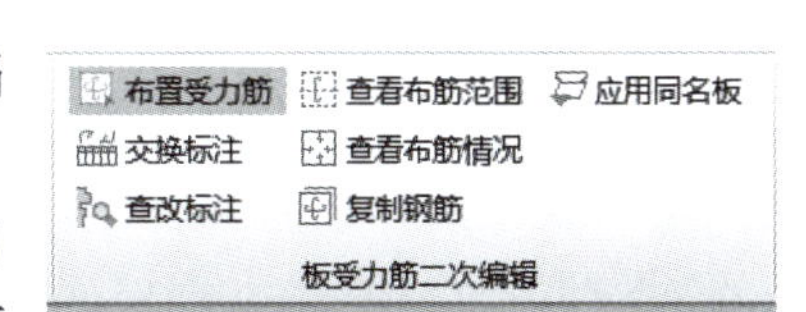

图8.8　布置受力筋

布置板的受力筋，按照布置范围，有“单板”“多板”“自定义”“按受力筋范围”布置；按照钢筋方向，有“XY 方向”“水平”“垂直”“两点”“平行边”“弧线边布置放射筋”以及“圆心布置放射筋”布置范围，如图 8.9 所示。

◉ 单板 ○ 多板 ○ 自定义 ○ 按受力筋范围 ○ XY 方向 ◉ 水平 ○ 垂直 ○ 两点 ○ 平行边 ○ 弧线边布置放射筋 ○ 圆心布置放射筋

图8.9　布置范围

8.2.2.2　受力筋绘制

以①～②轴与Ⓐ～Ⓑ轴所围 LB01 板受力筋为例，由施工图可知，其受力筋只有底筋，底筋在 X 和 Y 方向的钢筋信息一致，都是 Φ8@200，这里采用“XY 方向”来布置。

操作方法：选择“单板”→“XY 方向”，选择①～②轴与Ⓐ～Ⓑ轴所围 LB01 板，弹出如图 8.10 所示的对话框。由于该板 X 和 Y 方向的钢筋信息相同，选择“双向布置”，在钢筋信息中选择相应受力筋名称“SLJ-Φ8@200（Φ8@200）”，单击【确定】按钮，即可布置单板的受力筋，如图 8.11 所示。

双向布置：底筋与面筋配筋不同，但底筋或面筋 X、Y 方向配筋相同时使用。

双网双向布置：当底筋和面筋的 X、Y 方向配筋均相同时使用。

XY 向布置：适用于底筋的 X、Y 方向信息不同，面筋的 X、Y 方向信息不同的情况。

选择参考轴网：可以选择以哪个轴网的水平和竖直方向为基准，进行布置，不勾选时，以绘图区水平方向为 X 方向，竖直方向为 Y 方向。

图8.10　板受力筋的智能布置

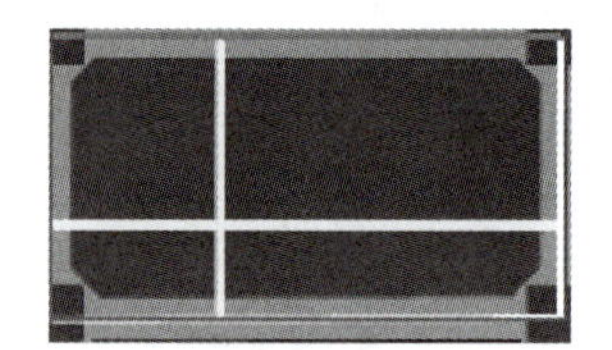

图8.11　单板的受力筋

8.2.2.3　应用同名板

由于 LB01 板的钢筋信息都相同，可以使用“应用同名板”来布置其他同名板的钢筋。

操作方法：选择“建模”→“应用同名板”，选择已经布置钢筋的 LB01 图元，单击鼠标右键确定，则其他同名板就都布置上了相同的钢筋信息。

对于其他板的钢筋，可以采用相应的布置方式布置。

8.3　跨板受力筋的定义和绘制

下面以Ⓔ～Ⓕ轴与②～③轴的楼板的跨板受力筋 ⏀8@180 为例，介绍跨板受力筋的定义和绘制。

8.3 跨板受力筋布置

8.3.1　跨板受力筋的定义

在导航树中单击【板】→【板受力筋】，在构件列表中单击【新建】→【新建跨板受力筋】。软件弹出跨板受力筋的界面，按照图纸依次输入各属性，如图 8.12 所示。

① 左标注和右标注：左右两边伸出支座的长度，根据图纸的标注进行输入，一边为“1050”，一边为“0”。

② 马凳筋排数：根据实际情况输入。

③ 标注长度位置：可选择支座中心线、支座内边线、支座轴线和支座外边线，如图 8.13 所示，根据图纸标注的实际情况进行选择，此工程选择“支座中心线”。

分布钢筋：结构说明中，如图 8.14 所示，板厚 120mm，此

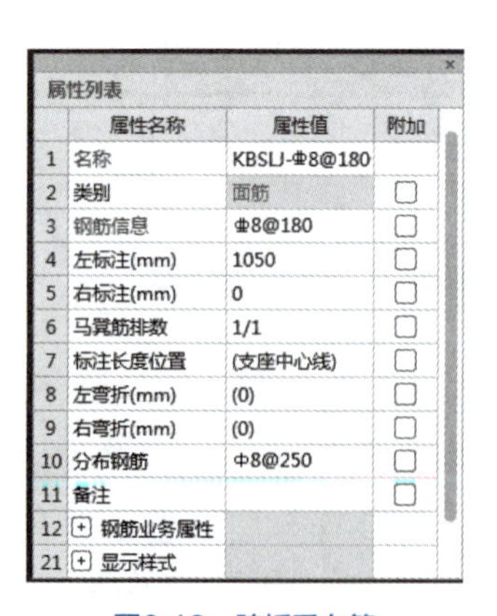
属性列表

	属性名称	属性值	附加
1	名称	KBSLJ-⏀8@180	
2	类别	面筋	☐
3	钢筋信息	⏀8@180	☐
4	左标注(mm)	1050	☐
5	右标注(mm)	0	☐
6	马凳筋排数	1/1	☐
7	标注长度位置	(支座中心线)	☐
8	左弯折(mm)	(0)	☐
9	右弯折(mm)	(0)	☐
10	分布钢筋	⏀8@250	☐
11	备注		☐
12	⊕ 钢筋业务属性		
21	⊕ 显示样式		

图8.12　跨板受力筋

处输入“Φ8@250”。也可以在计算设置中对相应的项进行输入，这样就不用针对每一个钢筋构件进行输入了。

7	标注长度位置	(支座中心线)
8	左弯折(mm)	支座内边线
9	右弯折(mm)	支座轴线
10	分布钢筋	支座中心线
11	备注	支座外边线
12	⊞ 钢筋业务属性	

图8.13 标注长度位置

9）现浇板中未注明的分布筋见下表 表4

板厚 h(mm)	h<75	75<h<90	90<h<130	130<h<160	160<h<220	220<h<250
分布筋	Φ6@250	Φ6@200	Φ8@250	Φ8@200	Φ8@150	Φ8@130

图8.14 分布钢筋图纸信息

8.3.2 跨板受力筋的绘制

对于该位置的跨板受力筋，可采用“单板”和“水平”布置的方式来绘制。选择“单板”，再选择“水平”，单击Ⓔ～Ⓕ轴与②～③轴的楼板，即可布置水平方向的跨板受力筋。若左右标注不一致，可采用点击【交换左右标注】，交换左右标注来处理。

其他位置的跨板受力筋采用同样的布置方式。

8.4 负筋的定义和绘制

下面以LB01（①～②轴与Ⓐ～Ⓑ轴的LB01）板的Ⓑ轴上负筋Φ8@150为例，介绍负筋的定义和绘制。

8.4 板负筋布置

8.4.1 负筋的定义

在导航树中单击【板】→【板负筋】，在构件列表中单击【新建】→【新建板负筋】。定义板负筋属性信息，如图8.15所示。

① 左标注和右标注：左标注输入“1050”，右标注输入“1050”。

② 非单边标注含支座宽：对于左右均有标注的负筋，指左右标注的尺寸是否含支座宽度，这里根据图纸情况选择“否”。

③ 单边标注位置：根据图中实际情况，选择“支座内边线”。

属性列表

	属性名称	属性值	附加
1	名称	FJ-Φ8@150	
2	钢筋信息	Φ8@150	☐
3	左标注(mm)	1050	☐
4	右标注(mm)	1050	☐
5	马凳筋排数	1/1	☐
6	非单边标注含支座宽	否	☐
7	左弯折(mm)	(0)	☐
8	右弯折(mm)	(0)	☐
9	分布钢筋	Φ8@250	☐
10	备注		☐
11	⊞ 钢筋业务属性		
19	⊞ 显示样式		

图8.15 板负筋的属性信息

8.4.2 负筋的绘制

负筋定义完毕后，回到绘图区，对①～②轴与Ⓐ～Ⓑ轴的LB01板进行负筋的布置。在“板负筋二次编辑”面板上单击【布置负筋】，可选择按“板边布置”，再将鼠标移动到相应的板边，显示一道蓝线，并且显示出负筋的预览图，确定方向即可布置。

8.5 板建模及算量技能拓展

8.5.1 现浇板受力筋二次编辑

（1）查看布筋范围

在查看工程时，板筋布置比较密集，想查看具体某根受力筋或者负筋的布置范围。

操作方法：在“板受力筋二次编辑”中选择“查看布筋范围”，移动鼠标，当鼠标指向某根受力筋或负筋图元时，该图元所布置的范围显示为蓝色。

（2）查看布筋情况

查看受力筋、负筋布置的范围是否与图纸一致，检查和校验。以受力筋为例，操作方法：在“板受力筋二次编辑”中选择“查看布筋情况”，当前层中会显示所有底筋的布置范围及方向，在选择受力筋类型中，可选择不同的钢筋类型查看其布置范围。

8.5.2 斜板定义

软件中提供了三种方式定义斜板，选择要定义的斜板，以利用坡度系数定义斜板为例，操作方法：在“板受力筋二次编辑”中选择“坡度变斜”，先按鼠标左键选择要定义的斜板，然后左键选择斜板基准边，可以看到选中的板边缘变为淡蓝色，输入坡度系数，如图 8.16 所示，点击【确定】就变成了斜板，如图 8.17 所示。但是此时柱、梁、板等构件并未跟斜板平齐，右键单击“自动平齐板顶”，选择柱、梁、板图元，弹出确认对话框询问“是否同时调整手动修改顶标高的柱、梁、墙的顶标高”，点击【是】，然后利用三维查看斜板的效果，如图 8.18 所示。

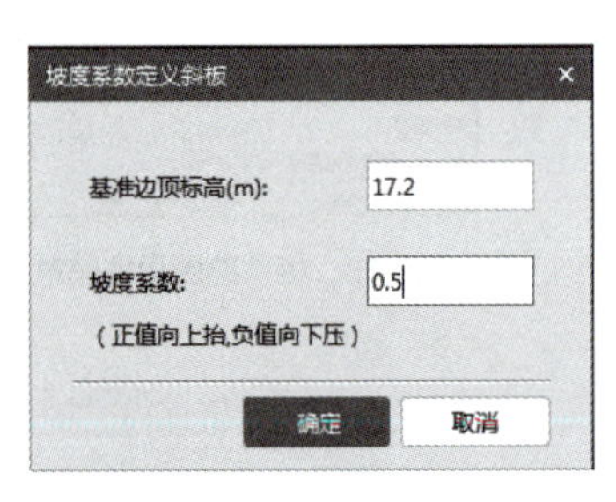

图8.16 坡度系数

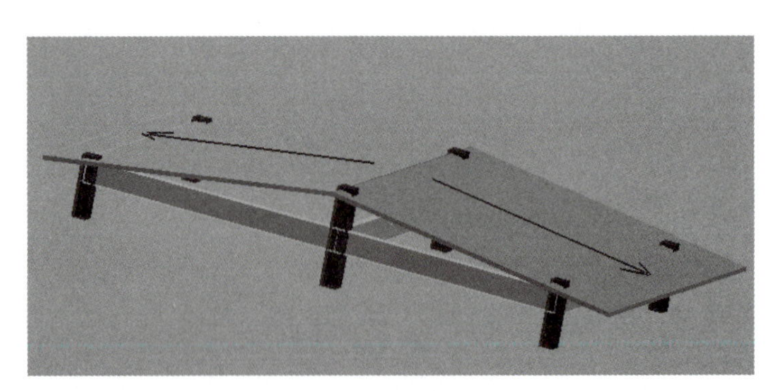

图8.17 斜板

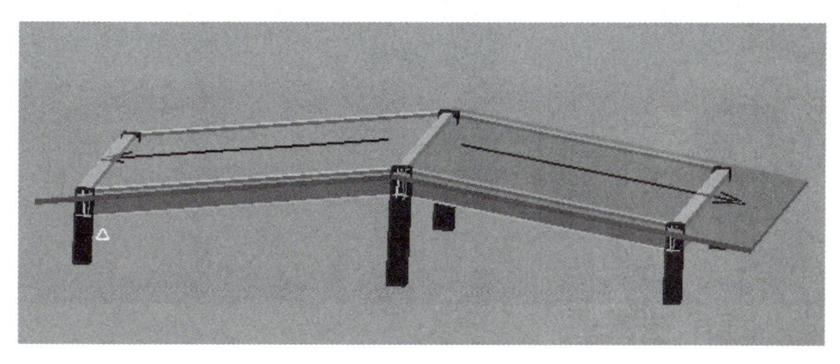

图8.18　三维查看斜板的效果

能力训练题

一、选择题

1. 软件中板受力钢筋的四种类型有：底筋、面筋、中间层筋和（　　）。
   A. 负筋　　B. 温度筋
   C. 分布筋　　D. 马凳筋
2. 软件中板的功能不包括（　　）。
   A. 合并板　　B. 定义斜板
   C. 查看板内钢筋　　D. 自动分割板
3. 自动生成最小板是按（　　）生成的。
   A. 支座轴线　　B. 支座中心线
   C. 支座外边线　　D. 支座内边线
4. 在绘制板中受力筋时，采用（　　）方法可以一次性将板中的面筋和底筋绘制出来。
   A. XY方向布置受力筋　　B. 平行边布置
   C. 两点布置　　D. 水平布置

二、技能操作题

绘制图纸工程中所有楼层的楼板及楼板钢筋，并计算其工程量。

任务9 剪力墙建模及算量

知识目标

- 掌握剪力墙的属性定义
- 掌握剪力墙的绘制方法
- 掌握剪力墙的钢筋输入方法
- 掌握剪力墙的智能布置和偏移绘制等命令的使用方法

技能目标

- 能够根据图纸准确定义剪力墙属性
- 学会绘制剪力墙
- 能够根据基础图纸信息准确完整地输入剪力墙的钢筋信息
- 能够对剪力墙进行二次编辑操作

素质目标

- 具有认真严谨的工作态度，严格按照图纸进行剪力墙部分属性定义和模型构建
- 具有规则意识，按照工程项目要求的清单和定额规则进行剪力墙部分算量
- 具有良好的沟通能力，能在对量过程中以理服人

任务说明

完成图纸（地下室外墙配筋图）负一层 DTQ1 和 DTQ2 的属性定义及图元绘制。

操作步骤

墙→新建剪力墙构件→根据图纸修改剪力墙属性→绘制剪力墙图元。

任务实施

9.1 定义剪力墙

楼层选择负一层，在导航树中，单击【墙】→【剪力墙】，在构件列表中单击【新建】→【新建外墙】，如图 9.1 所示。

修改“属性列表”，按照图纸信息“地下室外墙配筋表”输入DTQ1和DTQ2的属性信息，如图9.2、图9.3所示。

根据图纸分析可知，DTQ1和DTQ2的属性信息只有标高部分是不同的。

9.1 剪力墙的定义和绘制

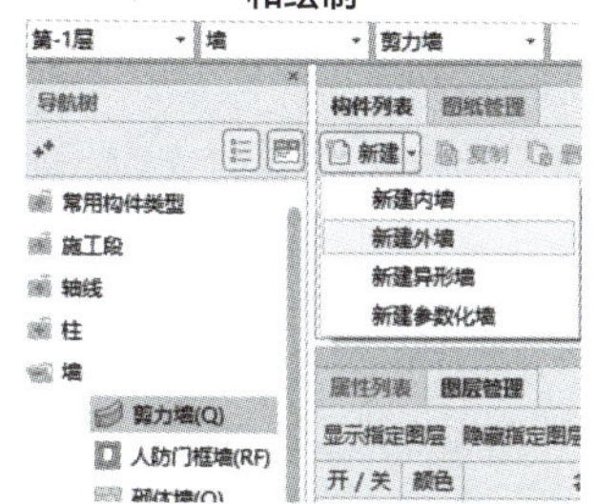

图9.1 新建外墙

	属性名称	属性值
1	名称	DTQ1
2	厚度(mm)	250
3	轴线距左墙皮...	(125)
4	水平分布钢筋	(2)Φ12@200
5	垂直分布钢筋	(2)Φ14@200
6	拉筋	Φ6@600×600
7	材质	预拌混凝土
8	混凝土类型	(预拌混凝土)
9	混凝土强度等级	(C35)
10	混凝土外加剂	(无)
11	泵送类型	(混凝土泵)
12	泵送高度(m)	
13	内/外墙标志	(外墙)
14	类别	混凝土墙
15	起点顶标高(m)	层顶标高
16	终点顶标高(m)	层顶标高
17	起点底标高(m)	层底标高
18	终点底标高(m)	层底标高

图9.2 DTQ1的属性列表

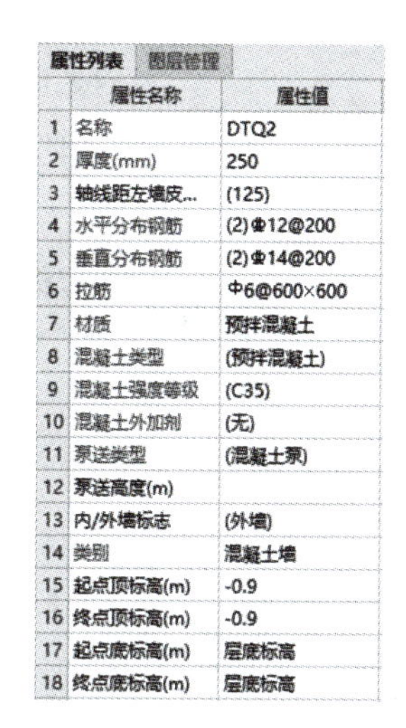

	属性名称	属性值
1	名称	DTQ2
2	厚度(mm)	250
3	轴线距左墙皮...	(125)
4	水平分布钢筋	(2)Φ12@200
5	垂直分布钢筋	(2)Φ14@200
6	拉筋	Φ6@600×600
7	材质	预拌混凝土
8	混凝土类型	(预拌混凝土)
9	混凝土强度等级	(C35)
10	混凝土外加剂	(无)
11	泵送类型	(混凝土泵)
12	泵送高度(m)	
13	内/外墙标志	(外墙)
14	类别	混凝土墙
15	起点顶标高(m)	-0.9
16	终点顶标高(m)	-0.9
17	起点底标高(m)	层底标高
18	终点底标高(m)	层底标高

图9.3 DTQ2的属性列表

① 当图纸上面有名称时，与图纸保持一致即可，如图9.4所示该名称在当前楼层的当前构件类型下是唯一的。

地下室外墙配筋表:

名称	标高	墙厚/mm	外侧水平分布筋	外侧垂直分布筋	内侧水平分布筋	内侧垂直分布筋	拉筋
DTQ1	基础顶~-0.100	250	Φ12@200	Φ14@200	Φ12@200	Φ14@200	Φ6@600X600
DTQ2	基础顶~-0.900	250	Φ12@200	Φ14@200	Φ12@200	Φ14@200	Φ6@600X600

图9.4 地下室外墙配筋表

② 厚度：根据图9.4输入即可，本工程厚度为250mm。

③ 轴线距左墙皮距离：剪力墙和梁构件是一样的，都属于线式构件，此条属性和梁构件一致。

④ 水平分布钢筋：按图纸信息为外侧钢筋和内侧钢筋双排布置，且均为Φ12@200，软件中的“(2)”表示双排钢筋布置，因此属性对应栏输入“(2)Φ12@200”即可。

⑤ 垂直分布钢筋：按图纸信息为外侧钢筋和内侧钢筋双排布置，且均为Φ14@200，软件中的“(2)”表示双排钢筋布置，因此属性对应栏输入“(2)Φ14@200”即可。

⑥ 拉筋：按照图纸输入即可。

⑦ 材质和混凝土类型：本工程使用预拌混凝土。

⑧ 混凝土强度等级：按照图纸结构设计总说明，地下室外墙为C35，如图9.5所示。

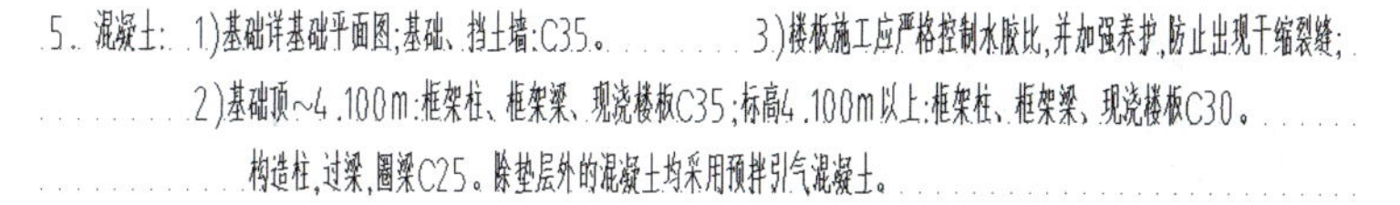

5. 混凝土: 1)基础详基础平面图;基础、挡土墙:C35。 3)楼板施工应严格控制水胶比,并加强养护,防止出现干缩裂缝;

2)基础顶~4.100m:框架柱、框架梁、现浇楼板C35;标高4.100m以上:框架柱、框架梁、现浇楼板C30。

构造柱,过梁,圈梁C25。除垫层外的混凝土均采用预拌引气混凝土。

图9.5 混凝土标号

⑨ 混凝土外加剂、泵送类型和泵送高度：默认软件设置即可。

⑩ 类别：分为混凝土墙、电梯井壁、短肢剪力墙、大刚模板墙，此处选择“混凝土墙”即可。

⑪ 起点顶标高和终点顶标高：起点和终点代表绘制剪力墙图元的方向，只要墙体顶部是水平状态，那么起点和终点的顶标高就是一致的，此处按照图纸应为层顶标高。

⑫ 起点底标高和终点底标高：起点和终点代表绘制剪力墙图元的方向，只要墙体底部是水平状态，那么起点和终点的底标高就是一致的，此处按照图纸应为层底标高。

9.2 绘制剪力墙

剪力墙定义完毕后，单击【建模】按钮，切换到绘图界面。以①～②轴与Ⓐ轴之间的DTQ1为例。

9.2.1 直线绘制

在建模界面，软件默认“直线”画法，通过构件列表选择要绘制的构件DTQ1，用鼠标捕捉Ⓐ轴与②轴的交点，直接单击鼠标左键，然后捕捉Ⓐ轴与①轴交点，单击鼠标左键，完成①～②轴与Ⓐ轴之间的DTQ1，如图9.6所示。

按照同样的方法，根据图纸中DTQ1和DTQ2的位置，绘制好所有的剪力墙。值得注意的是，DTQ2的位置只在Ⓐ轴下方和④轴上面，其余的剪力墙都是DTQ1。

图9.6 直线绘制剪力墙

9.2.2 剪力墙外边线和框架柱边平齐

剪力墙绘制完成以后，可以看到，采用直线绘制的剪力墙位于轴线的中间，但是图纸中剪力墙的外边线和框架柱是平齐的，需要采用“对齐”功能进行调整。

操作步骤为：鼠标左键单击选择刚刚绘制好的①～②轴与Ⓐ轴之间的DTQ1→右键选择“对齐”→鼠标左键单击选择框架柱外边线→单击选择剪力墙外边线→右键确定完成对齐操作，如图9.7、图9.8所示。

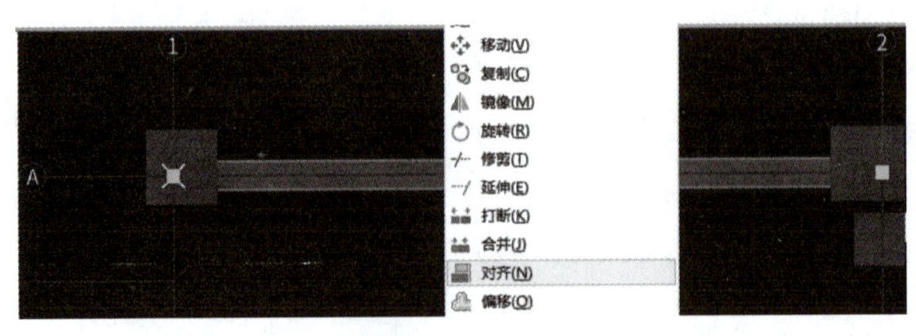

图9.7 对齐命令

图9.8 剪力墙边和柱边平齐

按照同样的方法，根据图纸中 DTQ1 和 DTQ2 的位置，调整好所有剪力墙的位置。

9.3 剪力墙建模及算量技能拓展

9.3.1 修改图元钢筋信息

（1）水平分布钢筋双排钢筋信息不同

在剪力墙的属性列表中打开水平分布钢筋后面的信息，图标显示为▭，里面有多种情况的钢筋布置说明，如图 9.9 所示。

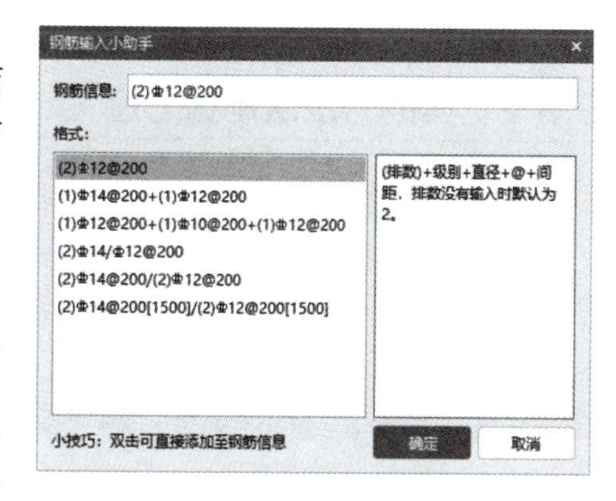

图9.9 钢筋输入窗口

① 第一种是本工程图纸使用的钢筋布置形式。

② 第二种为左右侧配筋不同，用“+”连接，“+”前表示左侧的配筋，“+”后表示右侧的配筋。左右侧指绘制剪力墙方向的左右两侧。

③ 第三种为三排或多排钢筋，“+”号最前为左侧钢筋，“+”号最后为右侧钢筋，中间为中间层钢筋。

④ 第四种为同排存在隔一布一的钢筋且间距相同时，钢筋信息用“/”隔开。同间距隔一布一时，间距表示需参考计算设置进行取值。

⑤ 第五种为同排存在隔一布一的钢筋且间距不同时，钢筋信息用“/”隔开。

⑥ 第六种为每排各种配筋信息的布置范围由设计指定，钢筋信息用“/”隔开。

⑦ 垂直分布钢筋和水平分布钢筋布置形式、方法一样，此处不再过多介绍。

（2）剪力墙身拉筋布置构造

剪力墙身拉筋布置构造有两种方式，一种为矩形布置，一种为梅花形布置，软件默认为矩形布置，工程图纸没有说明时，按照默认进行布置。如果需要修改，操作步骤为：【工程设置】→单击“钢筋设置”中的【计算设置】→【节点设置】→【剪力墙】→选择第 33 项，点击进行修改，如图 9.10、图 9.11 所示。

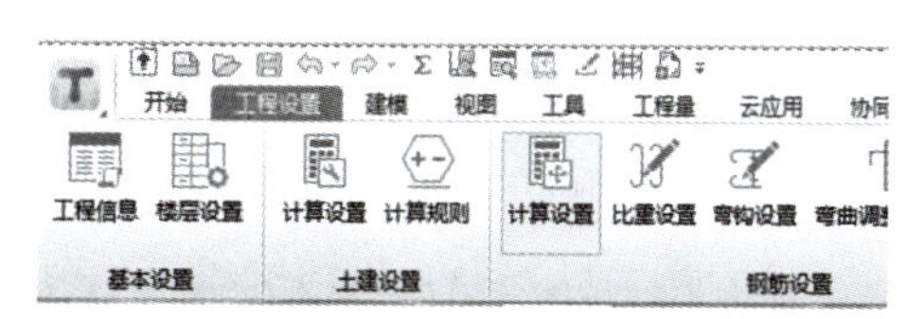

图9.10 计算设置

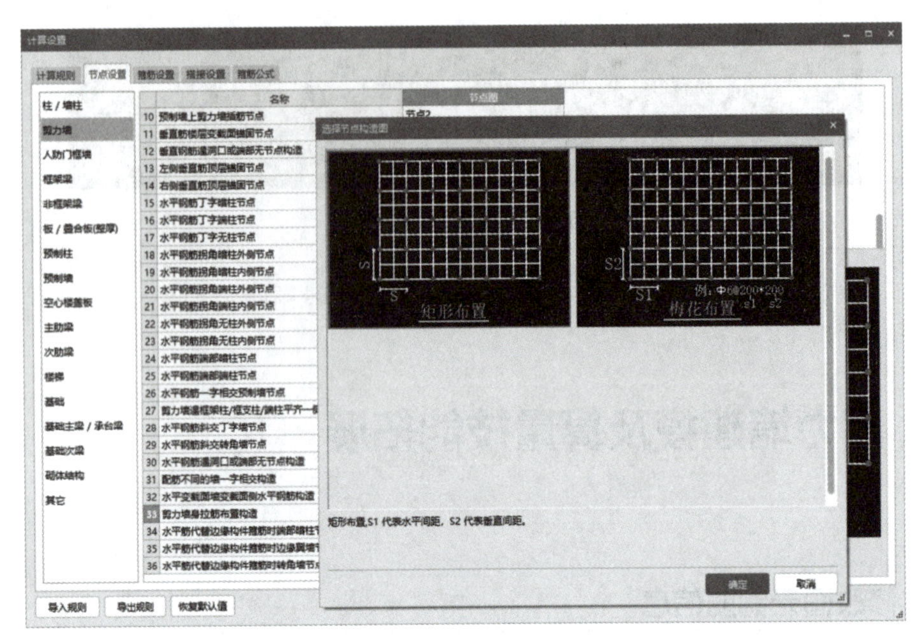

图9.11 剪力墙身拉筋布置构造

9.3.2 其他方法绘制剪力墙

（1）智能布置绘制剪力墙

若图中某条轴线上的剪力墙名称都相同，此时可以采用智能布置的方法来绘制。本工程中，Ⓜ轴和①轴上的剪力墙都是DTQ1，④轴上的剪力墙都是DTQ2，即可利用智能布置功能快速布置。以①轴上的DTQ1为例。

操作步骤为：在构件列表选择“DTQ1”→单击【建模】→“剪力墙二次编辑”→【智能布置】→选择“轴线”，如图9.12所示，然后单击①轴→右键确定，此时①轴上的DTQ1全部布置完成。

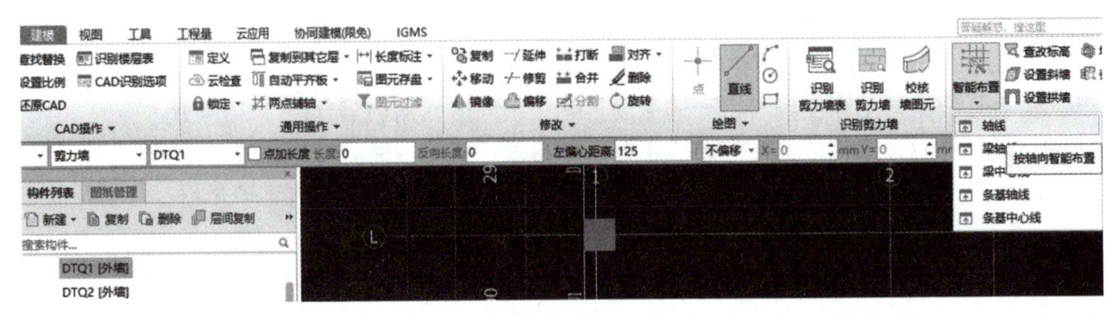

图9.12 智能布置

按照同样的方法，可以快速绘制Ⓜ轴上的DTQ1和④轴上的DTQ2。

此方法完成以后，也需要进行“对齐”操作。

（2）偏移绘制剪力墙

以①轴上的DTQ1为例，由于图纸中显示DTQ1不以①轴的轴线居中布置，为了减少后期使用“对齐”功能，加速建模速度，可以使用【Shift】键 + 鼠标左键，相对于基准点偏移绘制。

在建模窗口中选择直线绘制，把鼠标放在①轴与Ⓐ轴的交点处，显示为“+”，同时按下键盘上的【Shift】键和鼠标左键，弹出“请输入偏移值”对话框。由图可知，DTQ1的中心相对于①轴与Ⓕ轴交点向左偏移125mm，在对话框中输入“X=-125”，“Y=0”，表示水平方向向左偏移量为125mm，竖直方向偏移为0mm，如图9.13所示。单击【确定】按钮，鼠标单击选择①轴与Ⓜ轴垂点，右键确定，①轴上的DTQ1绘制完成，如图9.14所示。

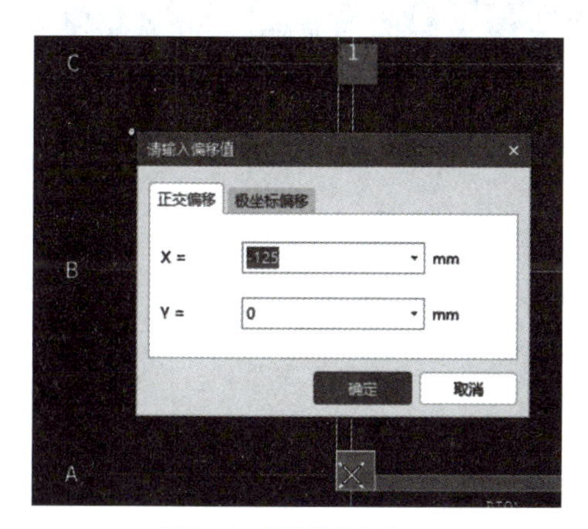

图9.13 偏移值输入窗口

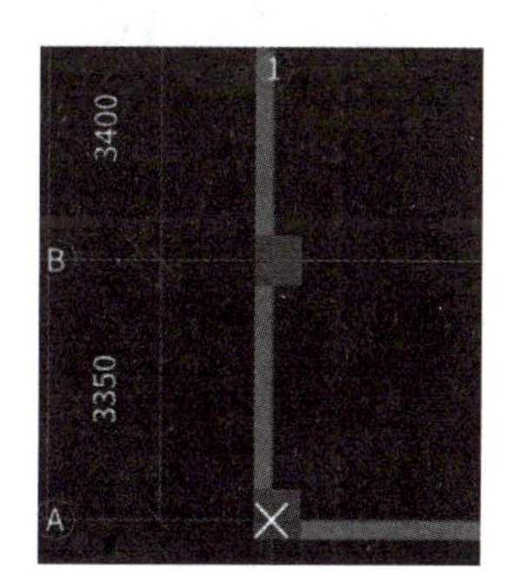

图9.14 布置剪力墙

按照同样的方法，根据图纸中DTQ1和DTQ2的位置，绘制好所有的剪力墙。这种方法绘制完成的剪力墙，由于本身的位置和图纸的位置一致，因此不再使用“对齐”功能。

能力训练题

一、选择题

1. 墙体的厚度模数可以在下列哪里调整？（　　）

   A. 计算设置　　B. 计算规则　　C. 标号设置　　D. 构件属性

2. 不属于墙的依附构件是（　　）。

   A. 墙　　B. 门窗　　C. 压顶　　D. 圈梁

3. 墙身第一根水平分布筋距基础顶面的距离是（　　）。

   A. 50mm　　B. 100mm

   C. 墙身水平分布筋间距　　D. 墙身水平分布间距/2

4. GTJ2021中剪力墙外侧钢筋与内侧钢筋直径不同时的输入方式是（　　）。

   A.（1）Φ12@200+（1）Φ10@200　　B.（1）Φ12-（1）Φ10@200

   C.（1）Φ12+（1）Φ10@200　　D.（1）Φ12@200-（1）Φ10@200

二、技能操作题

绘制图纸工程中地下一层的剪力墙和钢筋，并计算其工程量。

砌体墙建模及算量

知识目标

- 掌握砌体墙属性定义
- 掌握砌体墙的绘制方法
- 掌握砌体加筋的绘制方法
- 掌握构造柱的绘制方法
- 掌握圈梁的绘制方法
- 掌握虚墙、输入偏移值、点加长度等命令的使用方法

技能目标

- 能够依据定额和清单分析砌体墙工程量计算规则
- 能够根据图纸准确定义砌体墙、构造柱、圈梁的属性
- 会绘制砌体墙、构造柱、圈梁
- 能够根据图纸信息创建砌体加筋

素质目标

- 具有认真严谨的工作态度，严格按照图纸进行砌体墙模型的构建
- 具有规则意识，按照工程项目要求的清单和定额规则进行砌体墙工程量计算
- 具有良好的沟通能力和团队协作能力，能够团队合作高效快捷审核和校对工程量

任务说明

完成图纸（首层平面图 -0.100 ～ 4.200m）①～②轴与Ⓚ～Ⓜ轴之间办公室的砌体墙属性定义及图元绘制。

操作步骤

墙→砌体墙→新建内（外）墙→根据图纸修改砌体墙属性→绘制砌体墙图元。

任务实施

10.1 砌体墙建模及算量

10.1.1 定义墙

在导航树中，单击【墙】→【砌体墙】，在构件列表中单击【新建】→【新建外墙】，如图 10.1 所示新建砌体墙。

修改“属性列表”，按照图纸信息输入墙体属性信息，见图 10.2。

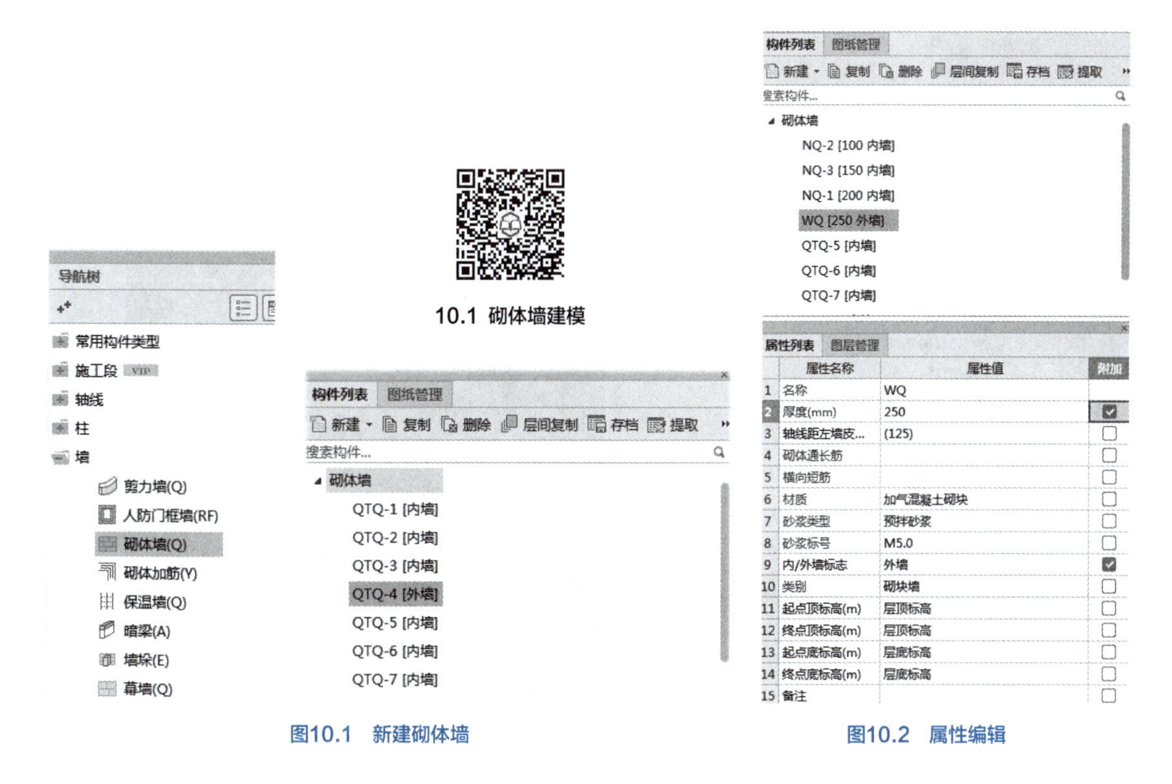

图10.1 新建砌体墙

图10.2 属性编辑

① 名称：本图未命名墙体名称，可按软件默认名称“QTQ-1”或改为“WQ”。同理新建内墙，区别墙厚，把名称改为“NQ-1”“NQ-2”。

② 厚度：本层外墙为 250mm 厚，“厚度”为 250mm。内墙厚 200mm，隔墙厚 100mm。为在构件列表中显示墙厚，可把“厚度”后面附加的“□”勾选上。

③ 材质：选择“加气混凝土砌块”。

④ 砂浆类型：选择“预拌砂浆”

⑤ 砂浆标号：选择“M5.0”。

⑥ 内 / 外墙标志：根据墙体位置选择“外墙”或“内墙”。为在构件列表中区分内外墙，可把“内 / 外墙标志”后面附加的“□”勾选上。

⑦“起点顶标高”与“终点顶标高”：都选择“层顶标高”。“起点底标高”与“终点底标高”都选择“层底标高”，其他不变。

10.1.2 绘制墙

砌体墙定义完毕后，单击【绘图】按钮，切换到绘图界面。墙的画法有两种，一种是采用“直线”绘制，另一种是采用“智能布置”绘制。

10.1.2.1 直线绘制

切换到绘图界面，软件默认“直线”画法，通过构件列表选择要绘制的构件 WQ，用鼠标捕捉Ⓜ轴与①轴的交点，直接单击鼠标左键，再捕捉Ⓚ轴与①轴交点，单击鼠标左键，就可完成①轴 WQ 的绘制，如图 10.3 所示。内墙同理。

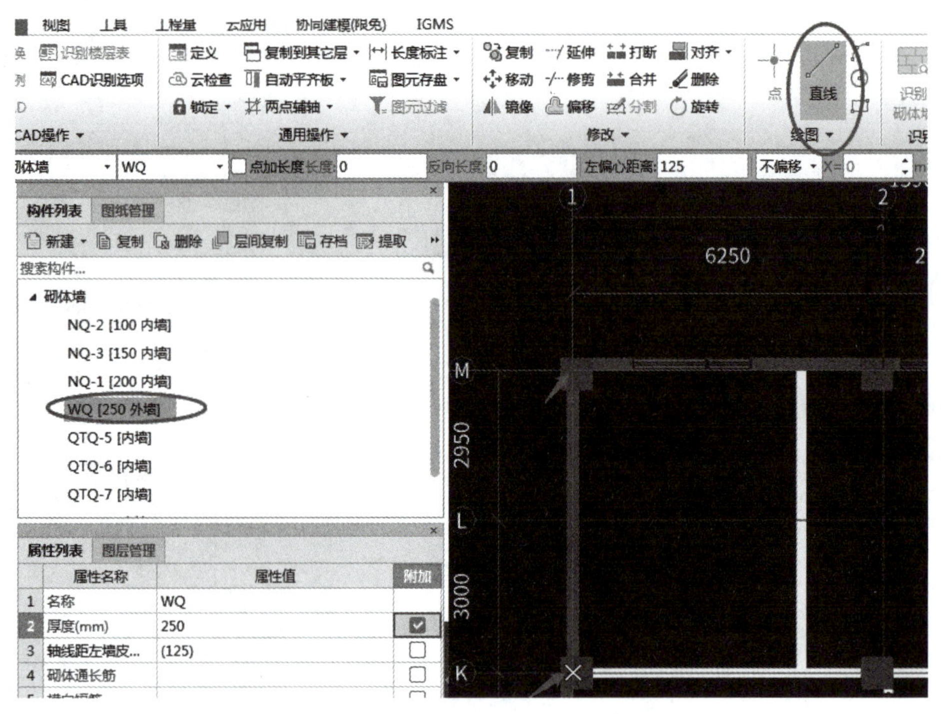

图10.3 直线绘制砌体墙

由于图纸中显示外墙中心线没有和定位轴线重合，而是外墙外侧与柱外边缘对齐，见图 10.4，因此需要对外墙进行偏移。

点击“修改”菜单中【对齐】命令，光标变成“□”后，鼠标先点击框架柱左边缘，再点击外墙 WQ 左边缘，然后点击鼠标右键，将外墙 WQ 与柱外边缘对齐。见图 10.5、图 10.6。

10.1.2.2 智能布置

以Ⓚ轴的内墙为例，介绍“智能布置”绘制墙体的方法。选择构件列表中的“NQ-1”，再单击【智能布置】下的“轴线”，选择Ⓚ轴，画出内墙。见图 10.7、图 10.8。

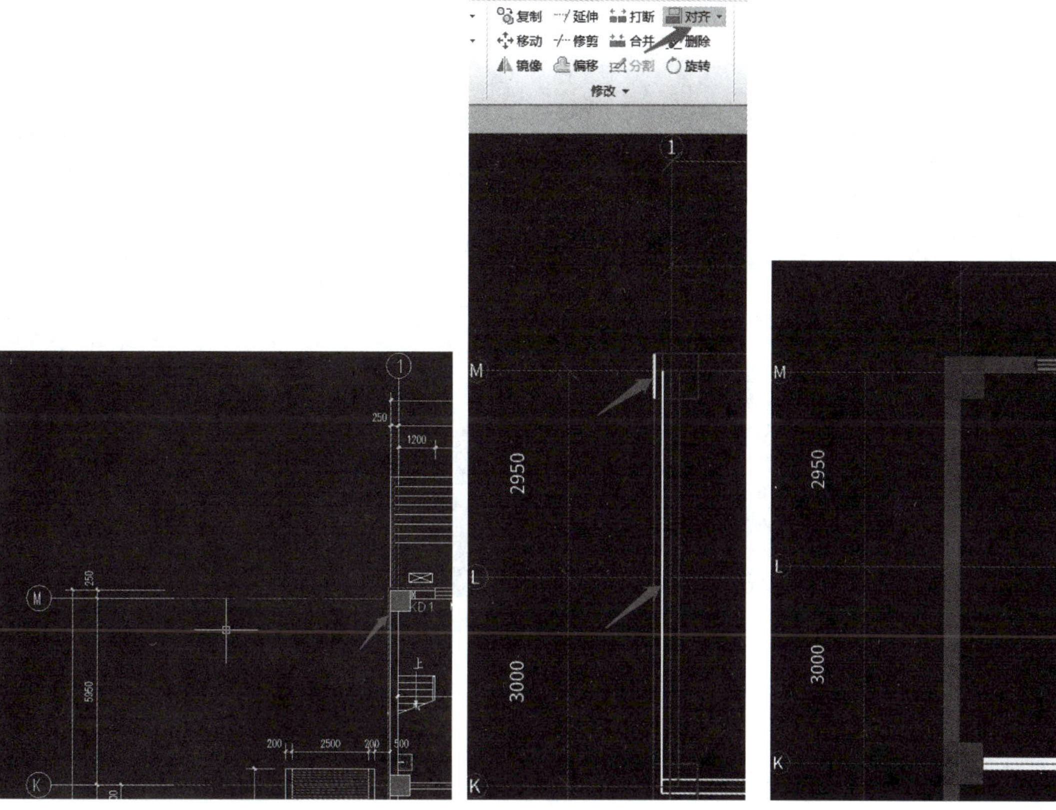

图10.4 墙与柱外边对齐　　图10.5 对齐命令　　图10.6 外墙WQ与柱外边缘对齐

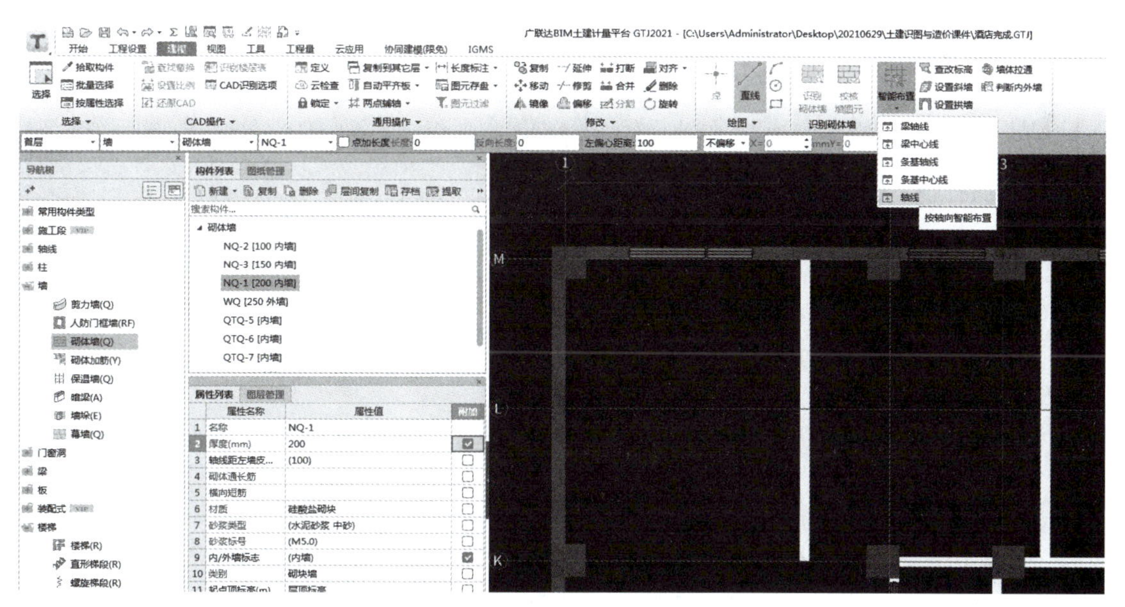

图10.7 “智能布置”下的“轴线”

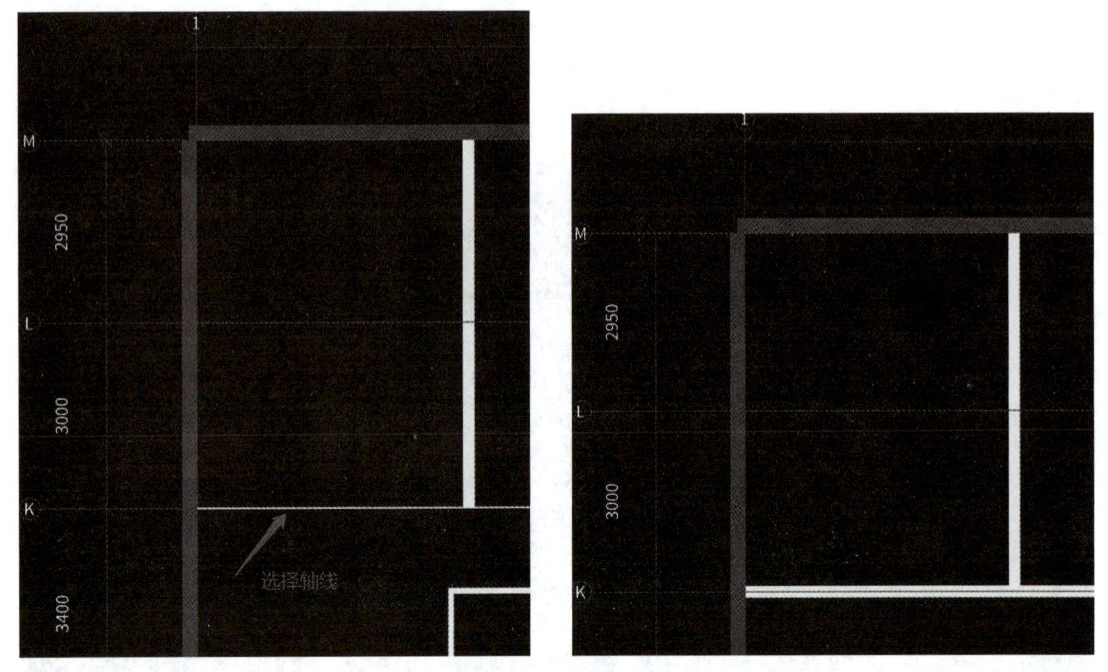

图10.8 选择轴线，布置内墙

10.1.3 砌体加筋的定义和绘制

（1）通长布置

这个图纸设计是沿墙贯通的，见图 10.9，就不用布置砌体加筋了，只需要在砌体墙的属性中设置通长筋 2Φ6@500 就可以，见图 10.10。

3）框架柱、构造柱与填充墙之间及填充墙与填充墙之间沿墙高每隔500mm高设置2Φ6拉筋，拉筋每边伸入墙内长度：
6、7度时宜沿墙全长贯通，8、9度时应全长贯通。

图10.9 砌体加筋的说明

（2）非通长布置的砌体加筋

① 针对于非通长布置的砌体加筋。选择导航树【墙】→【砌体加筋】，在构件列表中新建砌体加筋，见图 10.11。

② 弹出“选择参数化图形”对话框，根据图纸信息，选择相应的截面形状，并在右侧的预览图中修改尺寸参数，点击【确定】，见图 10.12。

③ 在属性列表中修改钢筋属性值，见图 10.13。

④ 布置砌体加筋。在绘图栏点击“点”，通过点布置的形式，在所需位置（例如，T形转角处）布置砌体加筋，见图 10.14。可以通过【F3】键，将图形进行左右镜像，见图 10.15。通过【Shift】+【F3】进行上下镜像，见图 10.16。

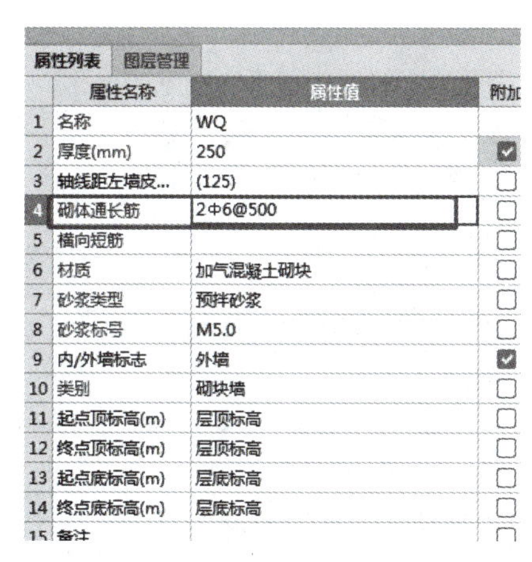

属性列表 图层管理

	属性名称	属性值	附加
1	名称	WQ	
2	厚度(mm)	250	☑
3	轴线距左墙皮...	(125)	☐
4	砌体通长筋	2Φ6@500	☐
5	横向短筋		☐
6	材质	加气混凝土砌块	☐
7	砂浆类型	预拌砂浆	☐
8	砂浆标号	M5.0	☐
9	内/外墙标志	外墙	☑
10	类别	砌块墙	☐
11	起点顶标高(m)	层顶标高	☐
12	终点顶标高(m)	层顶标高	☐
13	起点底标高(m)	层底标高	☐
14	终点底标高(m)	层底标高	☐
15	备注		☐

图10.10 砌体通长筋属性编辑

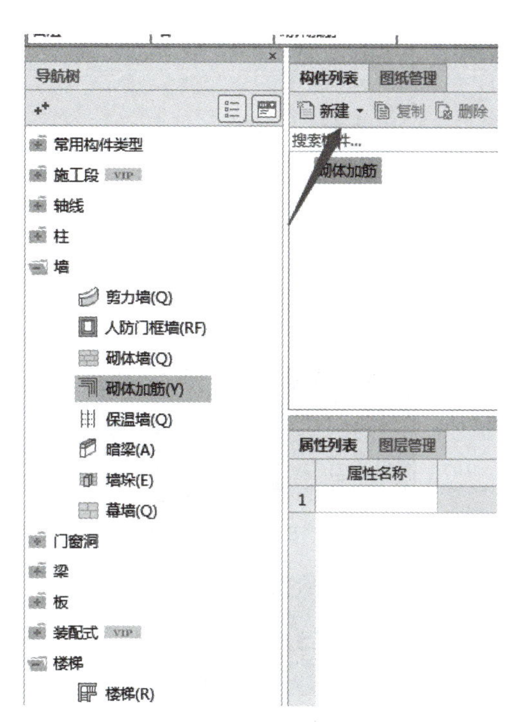

图10.11 新建非通长布置的砌体加筋

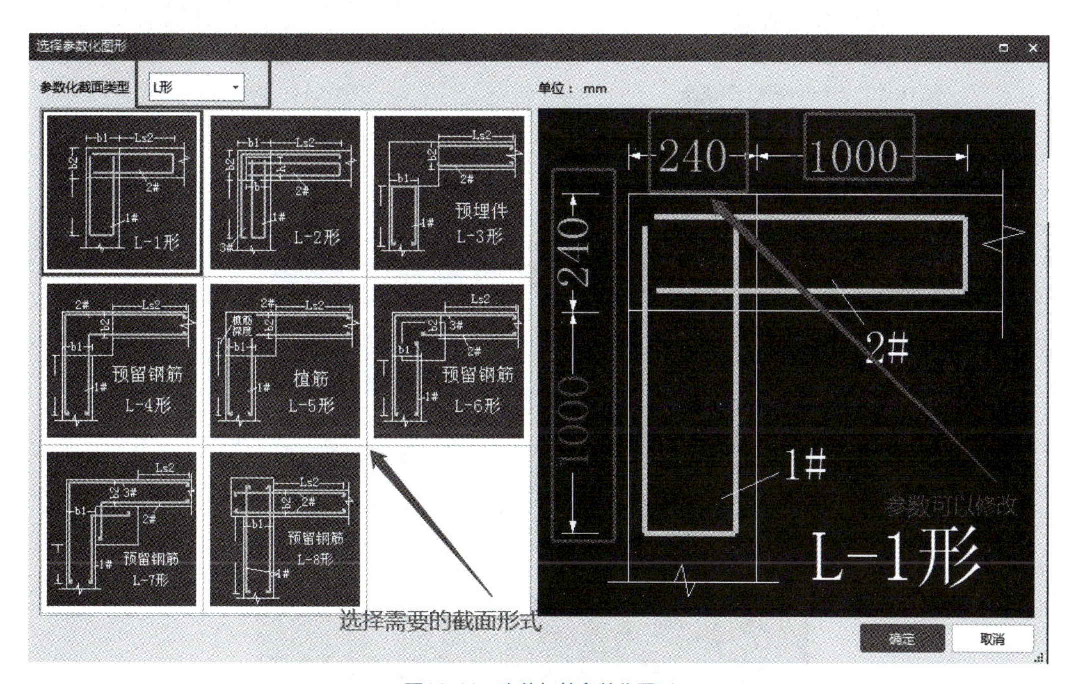

图10.12 砌体加筋参数化图形

⑤ 也可以进行智能布置，生成砌体加筋。点击绘图区上方【生成砌体加筋】图标，弹出“生成砌体加筋”对话框，根据不同位置的设置条件，选择砌体加筋截面样式，修改参数，可以“选择图元”或“选择楼层”进行砌体加筋布置，见图10.17。

属性列表 图层管理

	属性名称	属性值
1	名称	LJ-1
2	砌体加筋形式	L-1形
3	1#加筋	Φ6@500
4	2#加筋	Φ6@500
5	其它加筋	
6	备注	
7	+ 钢筋业务属性	
11	+ 显示样式	

图10.13 修改钢筋属性

图10.15 F3键左右镜像

图10.16 Shift+F3上下镜像

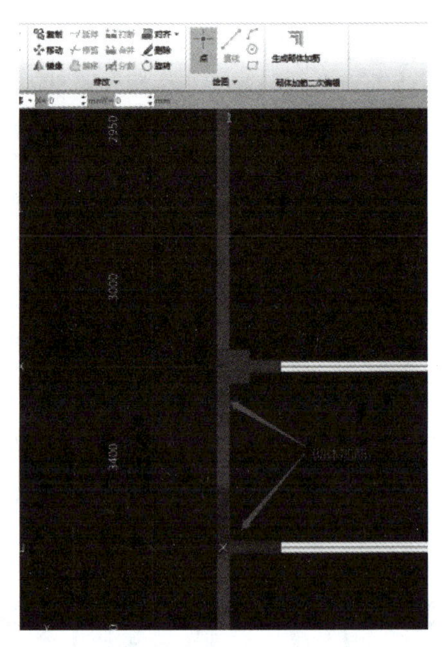

图10.14 点布砌体加筋

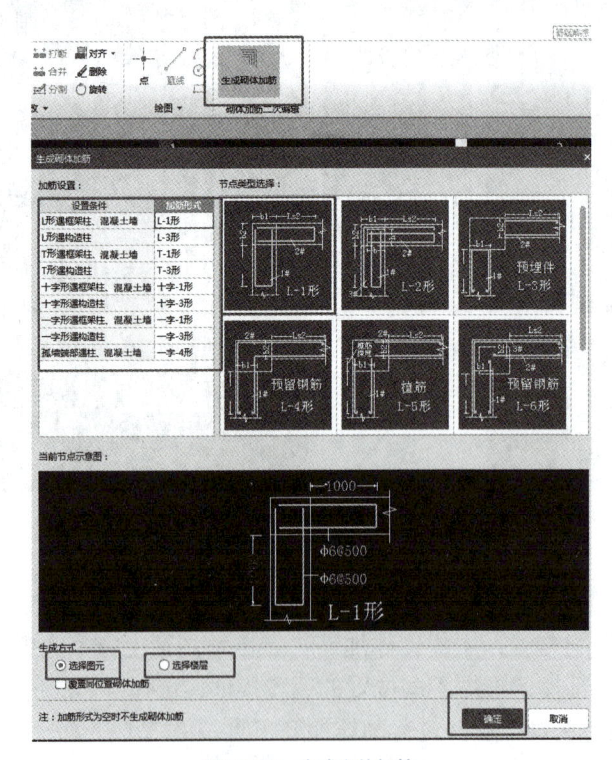

图10.17 生成砌体加筋

10.2 构造柱建模及算量

10.2.1 定义构造柱

① 在导航树中，单击【柱】→【构造柱】，在构件列表中单击【新建】→【新建矩形构造柱】，如图 10.18 所示。

② 修改“属性列表”，按照图纸信息输入构造柱属性信息，如图 10.19、图 10.20 所示。

10.2 构造柱建模

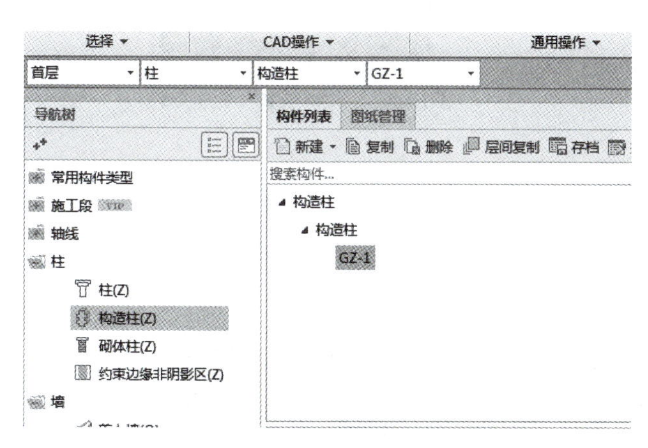

图10.18 新建构造柱

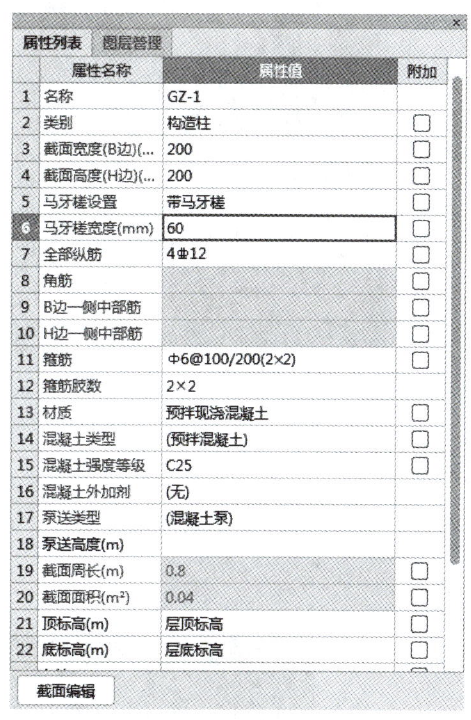

图10.19 构造柱属性编辑

4）女儿墙、水平通窗及玻璃幕墙下填充墙中加设构造柱，间距≤2m；填充墙在横纵墙交接处、楼电梯间四角及墙长大于层高两倍时墙中设置构造柱，墙长大于5m时，沿墙长每5m处设置构造柱（参见建筑平面图；楼梯间构造柱布置参见楼梯配筋图）除注明外，断面为墙厚×200mm，纵筋4⏀12，箍筋Φ6@100/200。构造柱钢筋绑扎完后，应先砌墙，后浇混凝土，在构造柱处，墙体中应留好拉接筋。门窗洞口≥1.8m时，洞口两侧增设构造柱，断面为墙厚×200mm，纵筋4⏀12，箍筋Φ6@100/200。

图10.20 构造柱图纸说明

10.2.2 布置构造柱

构造柱定义完毕后，开始布置构造柱。构造柱的布置方法这里介绍三种，一种是采用

“点”绘制，另一种是采用“智能布置”绘制，还有一种是利用“生成构造柱”绘制。

（1）点绘制

切换到绘图界面，利用“点”画法，通过构件列表选择要绘制的构件GZ-1，用鼠标捕捉纵横墙的交点，就可完成构造柱的绘制，如图10.21所示。

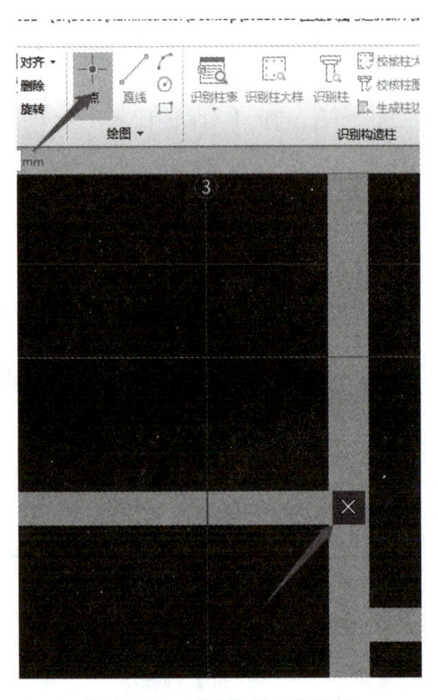

图10.21 “点”绘制构造柱

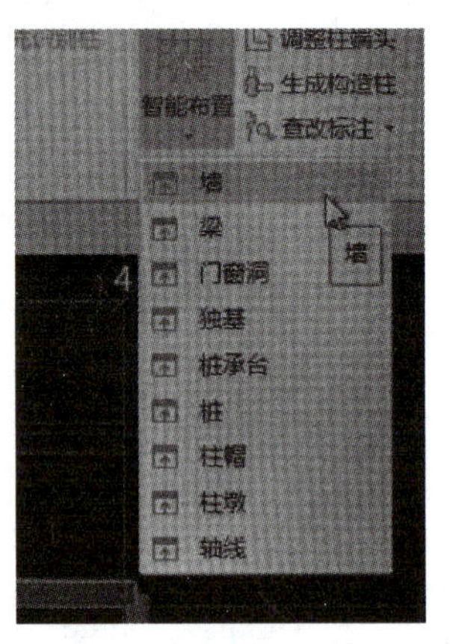

图10.22 “智能布置”下的“墙”

（2）智能布置

当图纸中构造柱数量较多时，可使用“智能布置”。选择构件列表中的GZ-1，再单击【智能布置】下的“墙”，见图10.22，选择需要布置构造柱的墙体，单击鼠标右键，画出构造柱，见图10.23。

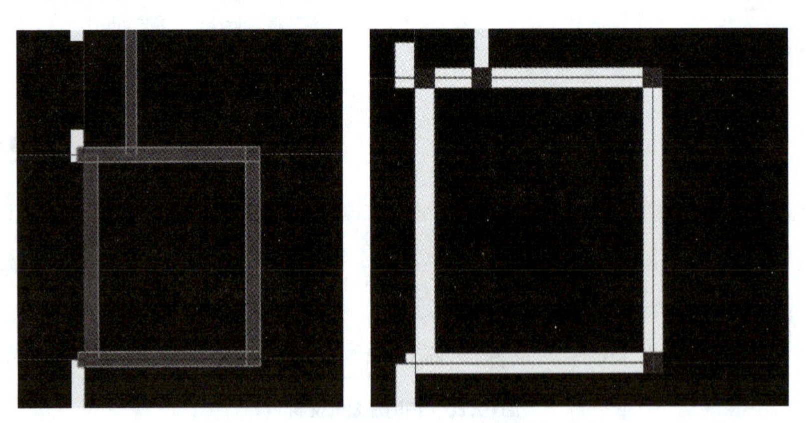

图10.23 “智能布置”绘制构造柱

（3）生成构造柱

也可以点击绘图区上方【生成构造柱】图标，根据图纸信息，填写构造柱属性，选择生成方式，如“选择楼层”，选择首层，点击【确定】，即完成当前楼层构造柱的设置，见图10.24。

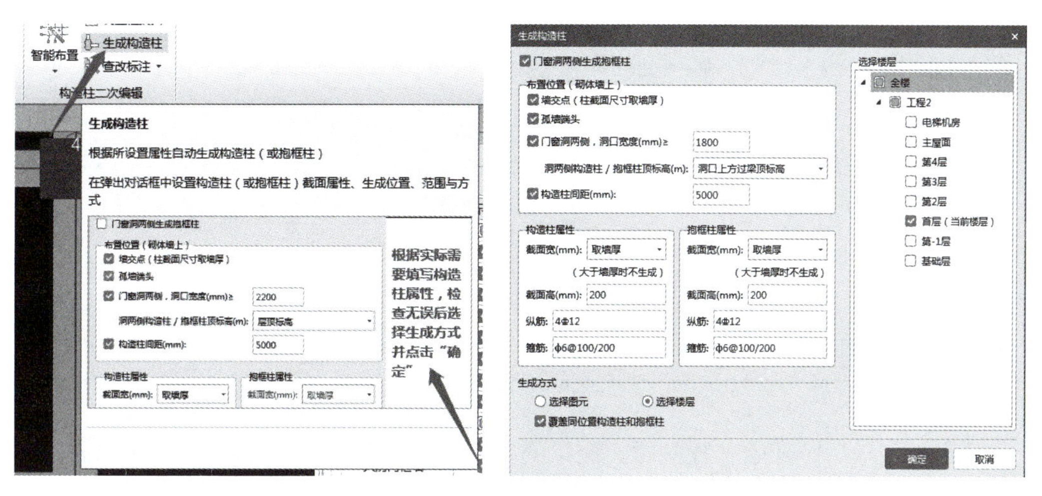

图10.24 生成构造柱

10.3 圈梁建模及算量

10.3.1 定义圈梁

① 在导航树中，单击【梁】→【圈梁】，在构件列表中单击【新建】→【新建矩形圈梁】，如图 10.25 所示。

② 修改“属性列表”，按照图纸信息输入圈梁属性信息，包括名称、截面尺寸、钢筋信息、混凝土类别和标号，起点和终点顶标高采用默认值，如图 10.26、图 10.27 所示。要注意，圈梁断面为“墙厚 ×150”，因此应根据不同的墙厚，新建多个圈梁。

10.3 圈梁建模

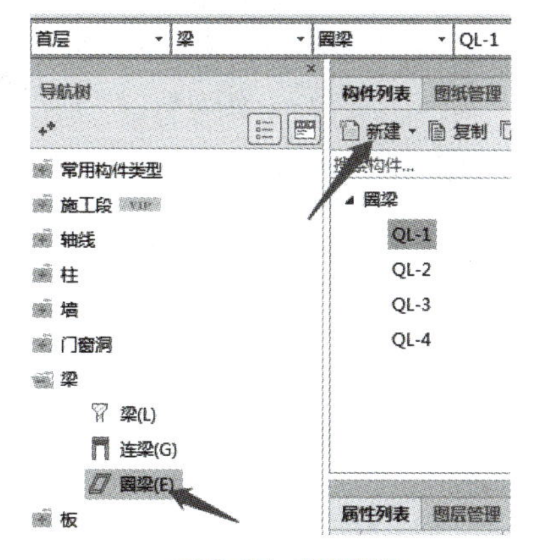

图10.25 新建圈梁

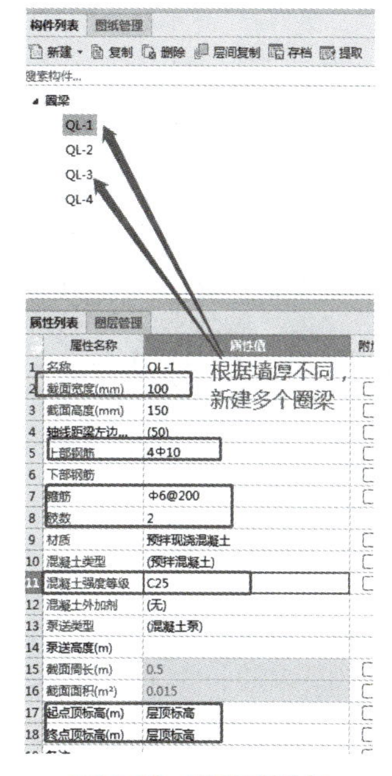

图10.26 圈梁属性编辑

6）填充墙高超过4m时，在墙半高处设置一道与柱连接且沿墙全长贯通的圈梁，断面为墙厚X150mm，纵筋4Φ10，箍筋Φ6@200（2）。

9）女儿墙压顶及水平通窗窗台设圈梁，除注明外，断面为120mmX墙厚，纵筋4Φ10，箍筋Φ6@250（2）。

图10.27 圈梁图纸说明

10.3.2 布置圈梁

圈梁定义完毕后，开始布置圈梁。圈梁的布置方法有三种，一种是采用“直线”绘制，另一种是采用“智能布置”绘制，还有一种是利用“生成圈梁”绘制。

（1）直线绘制

切换到绘图界面，利用“直线”画法，通过构件列表选择要绘制的构件 QL，用鼠标捕捉需要布置圈梁的墙体的两个端点，就可完成圈梁的绘制，如图 10.28 所示。

（2）智能布置

当图纸中圈梁数量较多时，可使用“智能布置”。选择构件列表中的 QL，再单击【智能布置】下的“墙中心线”，选择需要布置圈梁的墙体，单击鼠标右键，画出圈梁，见图 10.29。

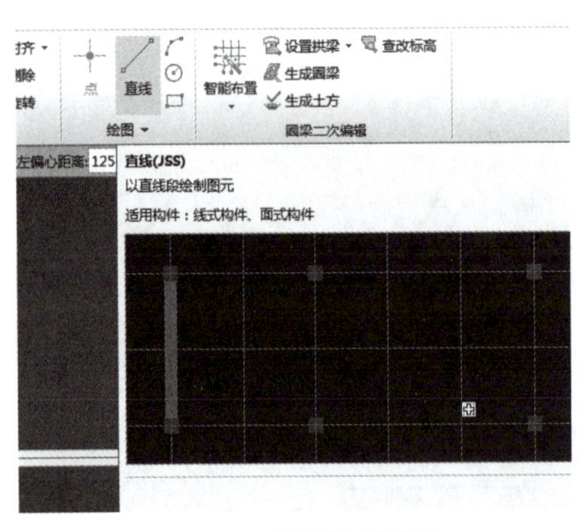

图10.28 “直线”绘制圈梁

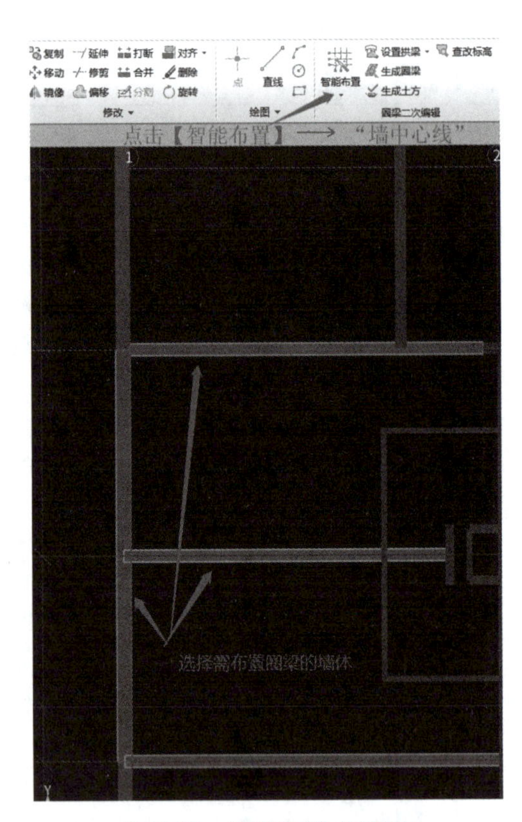

图10.29 “智能布置”绘制圈梁

（3）生成圈梁

也可以点击绘图区上方【生成圈梁】图标，根据图纸信息，填写圈梁属性，选择生成方式，如“选择楼层”，选择首层，点击【确定】，即完成当前楼层圈梁的设置，见图 10.30。

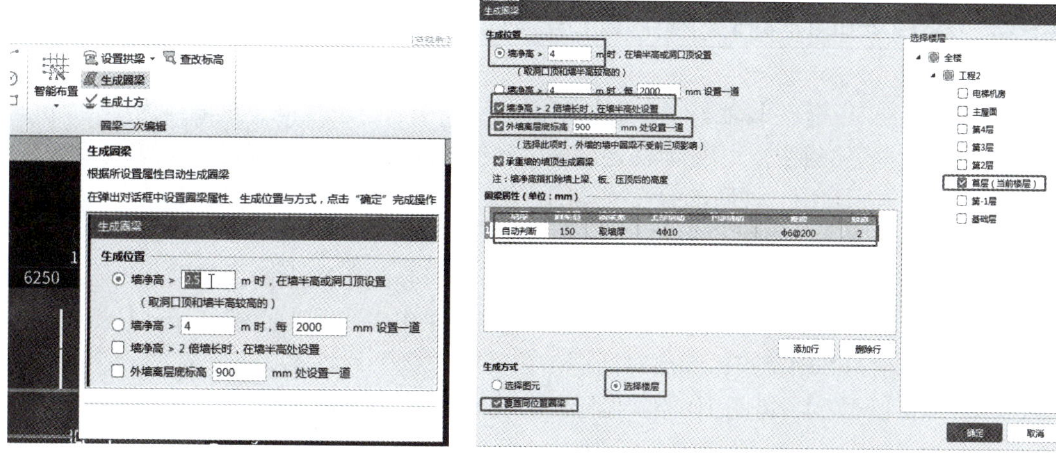

图10.30 生成圈梁

10.4 砌体墙建模及算量技能拓展

10.4.1 虚墙

砌体墙新建构件时，除了可以新建内墙、外墙，还可以新建虚墙。那么什么是虚墙呢?

虚墙在软件中只起分隔的作用，不与任何构件发生扣减关系，虚墙本身不计算工程量，多是在房间内使用，作用是将复杂的房间分隔成简单的房间，以便软件准确计算出房间内的装修工程量。

虚墙的定义和绘制方法同上述内外墙，在这里不再赘述，见图 10.31。

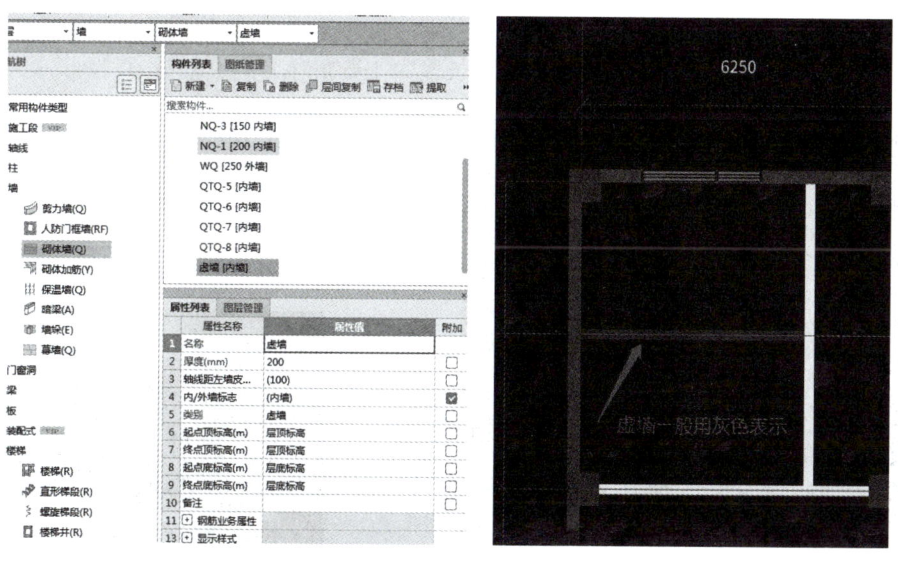

图10.31 创建虚墙

10.4.2 没有定位轴线内（隔）墙的绘制

本书案例工程中，Ⓙ～Ⓚ轴与①～②轴所围的房间中有一卫生间，其墙体为100mm厚的隔墙。隔墙没有定位轴线，因此无法通过捕捉定位轴线交点或者拾取定位轴线的方法绘制墙体。在这里给大家介绍一种新的绘制墙体的方法。

（1）输入偏移值绘制墙体

通过图纸尺寸，可以计算出M0821所在的隔墙中心线距离上面的Ⓚ轴1350mm，见图10.32。选择构件列表中的NQ-2(100mm)，"绘图"菜单中选择"直线"，按住【Shift】键，鼠标左键点击Ⓚ轴与②轴交点，弹出对话框，在其中"X="后填入"0"，在"Y="后填入"-1350"，点击【确定】，见图10.33。光标自动跳转到距离Ⓚ轴②轴交点以下1350mm处。

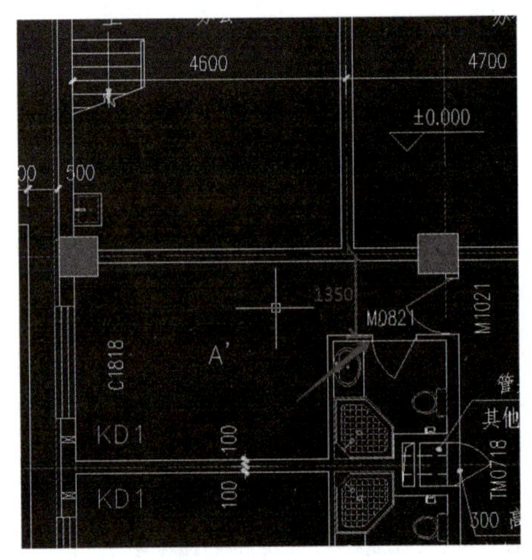

图10.32 确定隔墙位置

10.4 绘制砌体加筋

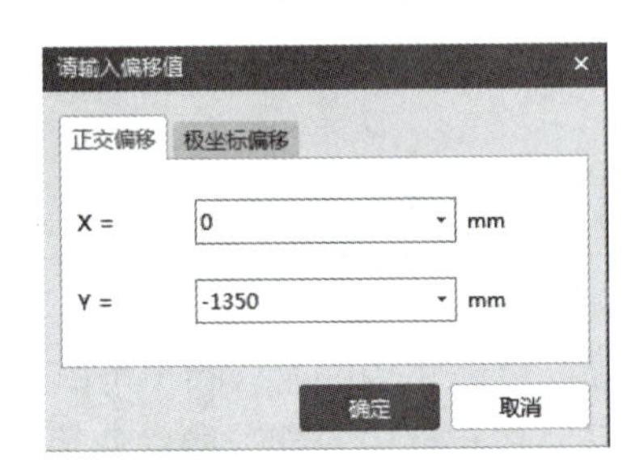

图10.33 输入偏移值

（2）设置"点加长度"，确定墙体长度

通过图纸"客房A'大样图"可以确定该面隔墙到墙中心线的长度为1950mm，见图10.34。

将工具栏下方的"点加长度"前面的"□"勾选上，后面的数值输入"1950"，再将绘图区下方的"正交"按钮打开，向左绘制出一面长度为1950mm的墙体，见图10.35、图10.36。

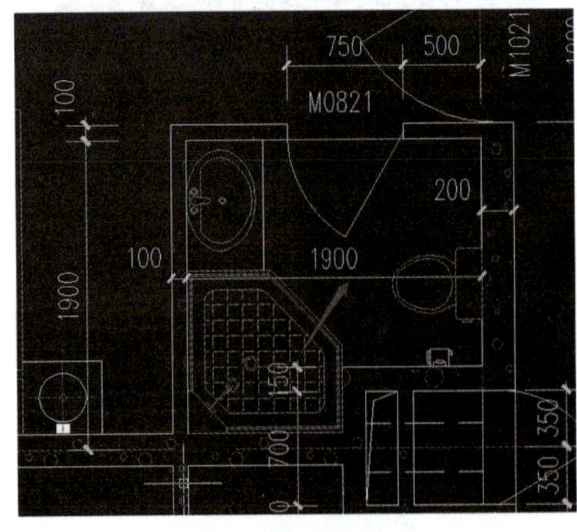

图10.34 确定隔墙长度

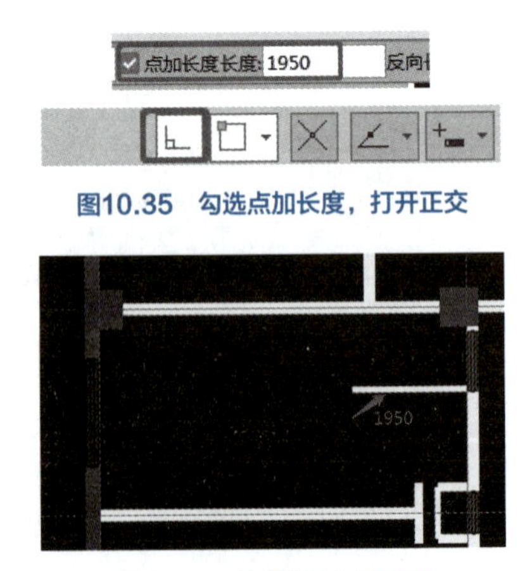

图10.35 勾选点加长度，打开正交

图10.36 绘制指定长度墙体

10.4.3 利用查改标高绘制尖顶山墙

如图 10.37 所示，已知山墙厚 200mm，加气混凝土砌块墙，长度 9.9m，最低处标高 2.95m，最高处标高 3.95m。

该山墙的绘图步骤如下。

10.5 尖顶山墙建模

① 楼层设置如图 10.38 所示。

图10.37 尖顶山墙

首层	编码	楼层名称	层高(m)	底标高(m)	相同层数	板厚(mm)	建筑面积(m²)
☐	2	第2层	3	2.95	1	120	(0)
☑	1	首层	3	-0.05	1	120	(0)
☐	0	基础层	3	-3.05	1	500	(0)

图10.38 楼层设置

② 新建砌块墙。导航树【墙】→【砌体墙】→构件列表“新建外墙”，进入属性编辑。

③ 属性编辑。墙厚为 200mm，材质为加气混凝土砌块，内外墙标志为外墙，“起点顶标高”与“终点顶标高”为“层顶标高”，“起点底标高”与“终点底标高”为“层底标高”。

④ 绘制墙体。利用“直线”绘图，绘制两段连续的墙体，长度均为 4950mm。

⑤ 查改标高。在绘图区上方，点击“查改标高”，如图 10.39 所示。点击中间的两个标高，都改成“3.950”，按回车键，再点击鼠标右键。切换到三维，可以看到，尖顶山墙创建完成。

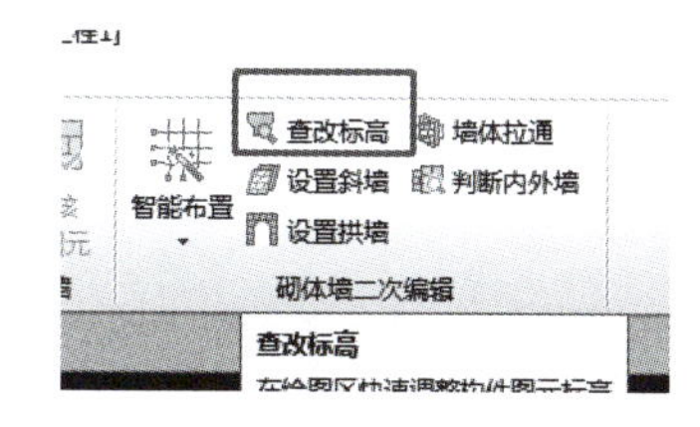

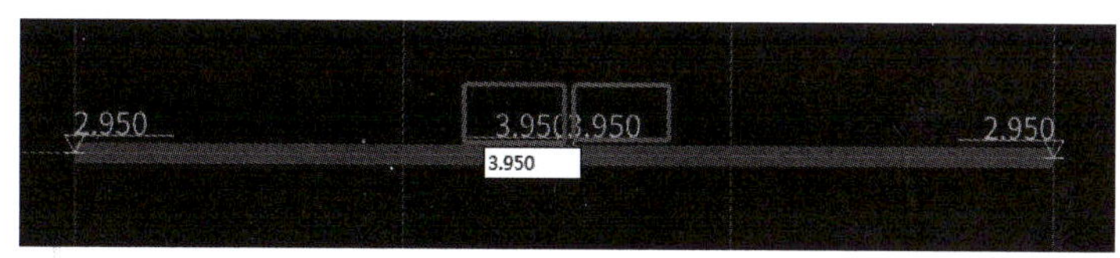

图10.39 查改标高

能力训练题

一、选择题

1. 以下哪个新建墙构件不汇总计算工程量？（　　）

　A. 砌体内墙　　B. 砌体外墙

　C. 虚墙　　D. 剪力墙

2. 以下哪种不是圈梁的布置方法？（　　）

　A. 直线绘制　　B. 点绘制

C. 智能布置　　D. 生成圈梁

3. 通过哪个键，可以将图形进行左右镜像？（　　）

A. F1　　B. F3

C. Ctrl+F1　　D. Shift+F3

4. 当一段墙体顶标高不同时，可以通过以下哪个命令进行修改？（　　）

A. 设置斜墙　　B. 查改标高

C. 对齐　　D. 偏移

二、技能操作题

绘制图纸工程中的砌体墙、圈梁、构造柱等构件，并计算其工程量。

任务 11

门窗洞口和过梁建模及算量

知识目标

- 掌握门窗洞各类构件属性定义
- 掌握门窗、飘窗、带形窗的绘制方法
- 掌握过梁构件的属性定义及绘制

技能目标

- 能够根据图纸准确定义门窗、飘窗、带形窗属性
- 会利用不同方法绘制门窗、飘窗、带形窗
- 能够根据图纸信息准确完整地输入过梁信息
- 能够利用多种方法绘制过梁

素质目标

- 具有认真严谨的工作态度，严格按照图纸进行模型构建，不能主观臆断
- 具有规则意识，按照工程项目要求的清单和定额规则进行算量
- 具有精益求精的精神，工程量计算的精度将直接影响工程造价确定的精度，数量计算要准确

任务说明

完成图纸（首层平面图 -0.100 ～ 4.200m）④轴与Ⓐ～Ⓕ轴之间砌体墙上门窗洞口及过梁的属性定义及图元绘制。

操作步骤

门窗洞→门（窗）→新建矩形门（窗）→根据图纸修改门（窗）属性→绘制门（窗）图元。

任务实施

11.1 门建模及算量

11.1.1 定义门

（1）新建矩形门

在导航树中，单击【门窗洞】→【门】，在构件列表中单击【新建】→【新建矩形门】如图 11.1 所示。

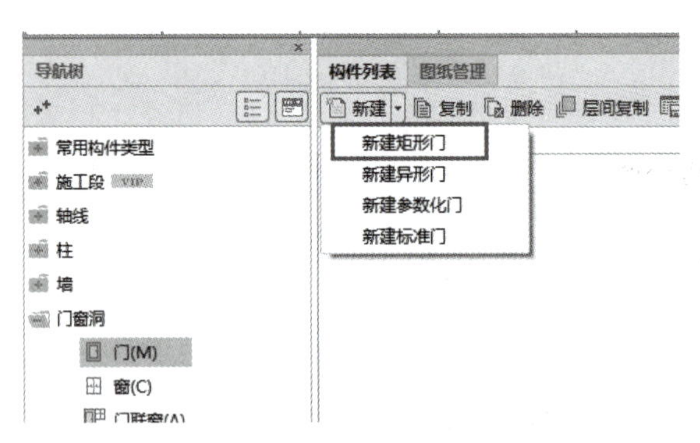

11.1 门窗洞口绘制

图11.1 新建矩形门

（2）修改属性列表

按照图纸信息输入门的属性信息，如图 11.2 所示。

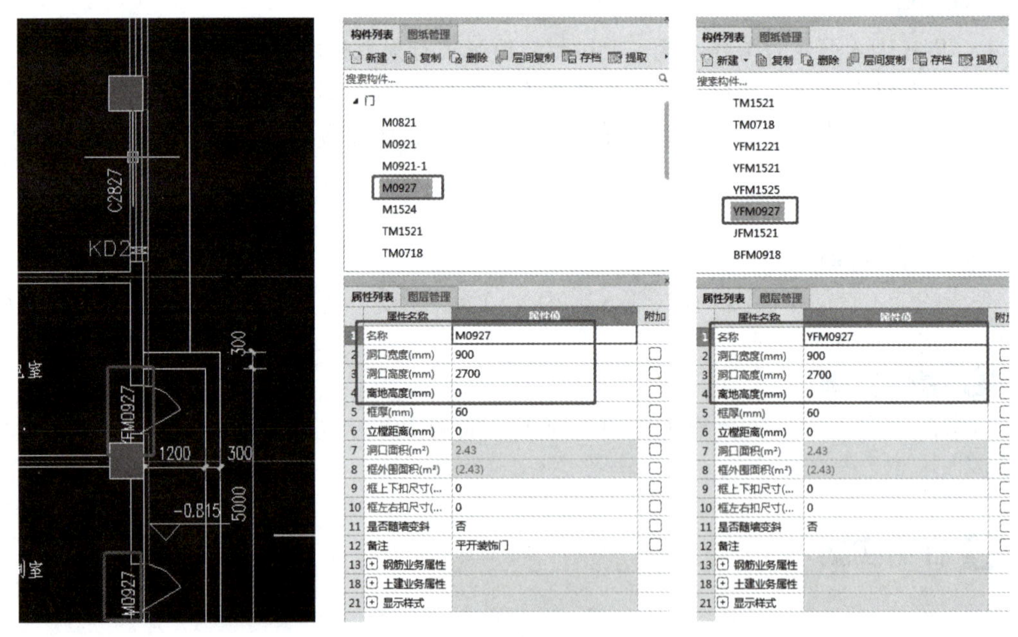

图11.2 门定义属性

① 名称：根据图纸信息，新建“M0927”和“YFM0927”。

② 洞口宽度：两个门均为 900mm。

③ 洞口高度：两个门均为 2700mm。

④ 离地高度：门的离地高度为 0mm。

⑤ 框厚：根据图纸中的门窗大样图确定，本图按默认值 60mm。

11.1.2 绘制门

门定义完毕后，选择新建好的门构件，绘制门。门窗洞构件属于墙的附属构件，因此，门窗洞构件必须绘制在墙上。门的布置方法有三种，一种是采用“点”绘制，另一种是采用“智能布置”绘制，还有一种是进行“精确布置”。

（1）点绘制门

切换到绘图界面，门最常用的是“点”画法。对于计算工程量来说，墙扣减门窗洞口面积，只要门窗绘制在墙上即可，一般对位置要求不用很精确，因此一般直接用点绘制即可。点绘制时，将绘图区下方状态栏中的“动态输入”打开，见图 11.3。

图11.3 打开动态输入

通过构件列表选择要绘制的构件“M0927”，将鼠标放在④轴上Ⓐ～Ⓑ轴之间的墙体上，键盘输入门距Ⓑ轴的距离“1900”，按回车，就可完成 M0927 的绘制，如图 11.4 所示。

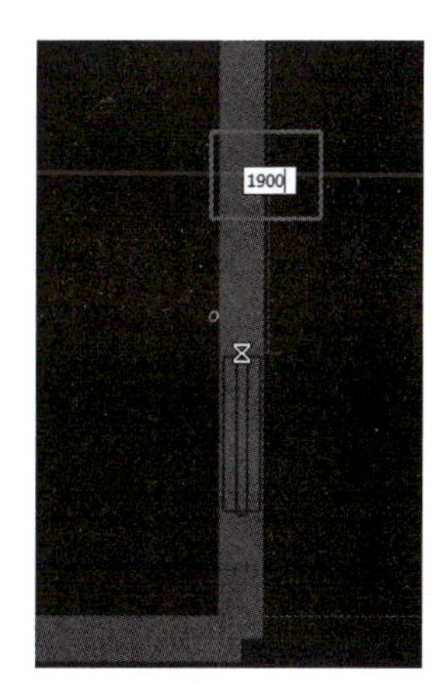

图11.4 点绘制门

（2）智能布置门

当门处于墙段中点的位置时，也可使用智能布置。还用 M0927 举例说明，假设 M0927 在Ⓐ轴和Ⓑ轴之间墙段中点的位置，选择构件列表中的“M0927”，再单击【智能布置】下的【墙段中点】，鼠标左键选择需布置门的墙段，再单击右键，即可在墙段中央布置门构件，见图 11.5。

（3）精确布置门

选择门构件“YFM0927”，鼠标左键选择参考点Ⓑ轴和④轴交点，在输入框中输入偏移值“500”，按回车，如图 11.6 所示。

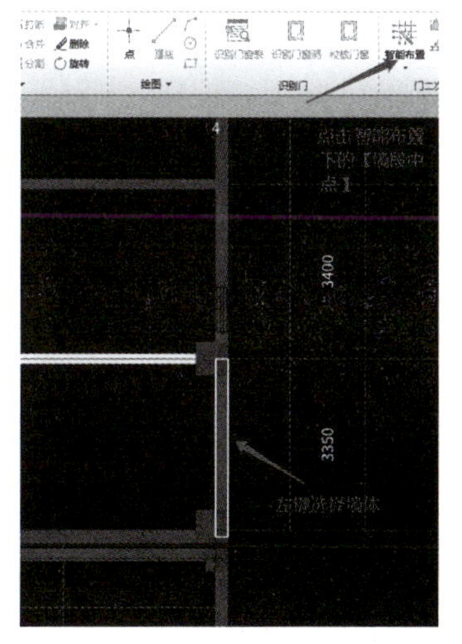

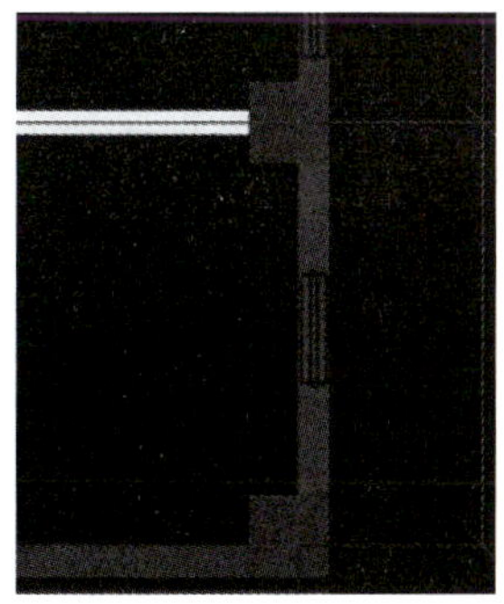

图11.5 在墙段中点智能布置门

图11.6 精确布置门

11.2 窗建模及算量

11.2.1 定义窗

① 在导航树中，单击【门窗洞】→【窗】，在构件列表中单击【新建】→【新建矩形窗】，如图 11.7 所示。

② 修改“属性列表”，按照图纸信息输入窗的属性信息，如图 11.8 所示。

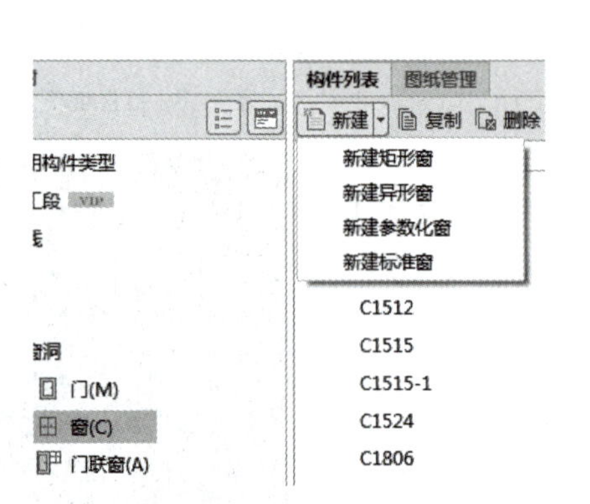

图11.7 新建矩形窗

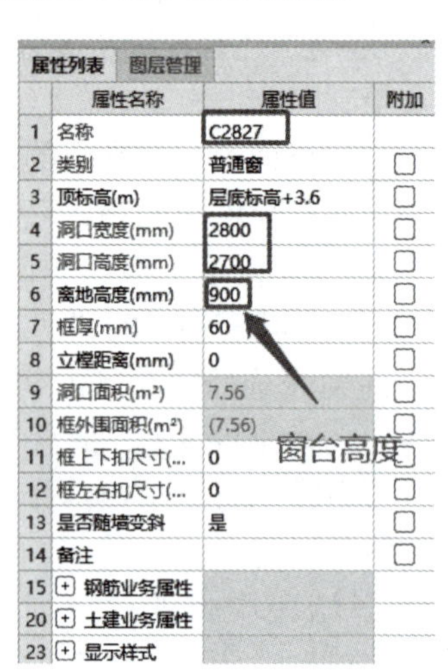

图11.8 矩形窗定义属性

11.2.2 绘制窗

窗的布置方法也有三种，一种是采用“点”绘制，另一种是采用“智能布置”绘制，还有一种是进行“精确布置”。做法同门，在这里不再赘述。

11.3 过梁建模及算量

完成门窗的建模及算量后，要在门窗洞口的上方布置过梁。过梁建模及算量操作步骤：在导航树中单击【门窗洞】→【过梁】→【新建】→【新建矩形过梁】→根据图纸修改过梁属性→绘制过梁图元。

11.3.1 分析图纸

结施中说明“门窗洞口上应按图集 12G07 设置过梁。当图集无过梁做法时，过梁可按图四施工”，根据图 11.9 可知，本项目过梁区分洞口宽度，其截面高度和配筋也不相同。

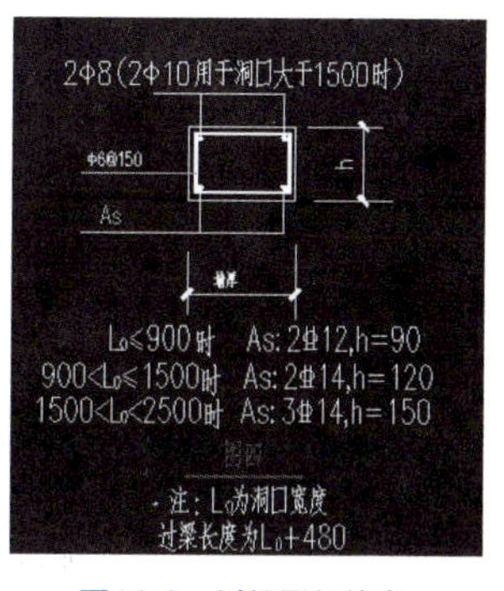

图11.9 过梁图纸信息

11.3.2 定义过梁

① 在导航树中，单击【门窗洞】→【过梁】，在构件列表中单击【新建】→【新建矩形过梁】。图纸中有三种形式的过梁，因此，需新建 3 个过梁构件。

② 修改“属性列表”，按照图纸信息修改过梁属性信息，如图 11.10 所示。注意：本图纸规定，过梁两端深入墙内的长度均为 240mm。如果图纸中未说明，各边深入长度可取 250mm。

属性列表 图层管理

	属性名称	属性值	附加
1	名称	GL-1	
2	截面宽度(mm)		
3	截面高度(mm)	90	
4	中心线距左墙...	(0)	
5	全部纵筋		
6	上部纵筋	2Φ8	
7	下部纵筋	2⌀12	
8	箍筋	Φ6@150(2)	
9	胶数	2	
10	材质	预拌现浇混凝土	
11	混凝土类型	(预拌混凝土)	
12	混凝土强度等级	C25	
13	混凝土外加剂	(无)	
14	泵送类型	(混凝土泵)	
15	泵送高度(m)		
16	位置	洞口上方	
17	顶标高(m)	洞口顶标高加过...	
18	起点伸入墙内...	240	
19	终点伸入墙内...	240	
20	长度(mm)	(480)	
21	截面周长(m)	0.18	

属性列表 图层管理

	属性名称	属性值	附加
1	名称	GL-2	
2	截面宽度(mm)		
3	截面高度(mm)	120	
4	中心线距左墙...	(0)	
5	全部纵筋		
6	上部纵筋	2Φ8	
7	下部纵筋	2⌀14	
8	箍筋	Φ6@150(2)	
9	胶数	2	
10	材质	预拌现浇混凝土	
11	混凝土类型	(预拌混凝土)	
12	混凝土强度等级	C25	
13	混凝土外加剂	(无)	
14	泵送类型	(混凝土泵)	
15	泵送高度(m)		
16	位置	洞口上方	
17	顶标高(m)	洞口顶标高加过...	
18	起点伸入墙内...	240	
19	终点伸入墙内...	240	
20	长度(mm)	(480)	
21	截面周长(m)	0.24	

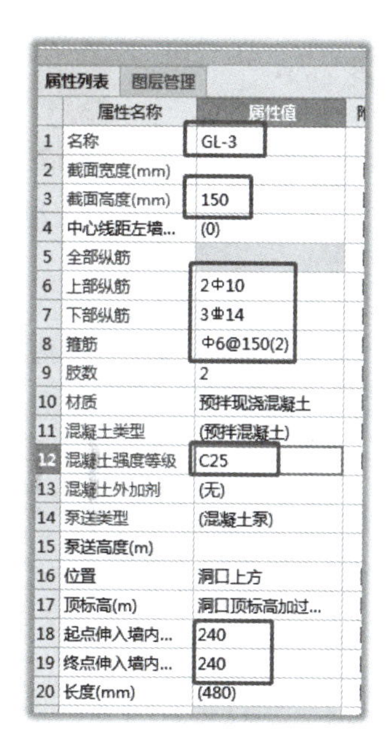

属性列表 图层管理

	属性名称	属性值	附加
1	名称	GL-3	
2	截面宽度(mm)		
3	截面高度(mm)	150	
4	中心线距左墙...	(0)	
5	全部纵筋		
6	上部纵筋	2Φ10	
7	下部纵筋	3⌀14	
8	箍筋	Φ6@150(2)	
9	胶数	2	
10	材质	预拌现浇混凝土	
11	混凝土类型	(预拌混凝土)	
12	混凝土强度等级	C25	
13	混凝土外加剂	(无)	
14	泵送类型	(混凝土泵)	
15	泵送高度(m)		
16	位置	洞口上方	
17	顶标高(m)	洞口顶标高加过...	
18	起点伸入墙内...	240	
19	终点伸入墙内...	240	
20	长度(mm)	(480)	

图11.10 过梁属性编辑

11.3.3 绘制过梁

过梁的布置方法有三种，一种是“点”布置，另一种是“智能布置”，还有一种是“生成过梁”。当过梁数量、规格比较多时，利用“点”绘图速度较慢，不推荐。这里重点介绍“智能布置”和“生成过梁”这两种方法。

（1）智能布置

选择“GL-1”→【智能布置】→“按门窗洞口宽度”布置→“布置条件”为 0～900mm→点击【确定】，即完成 GL-1 的图元绘制，如图 11.11 所示。

选择“GL-2”→【智能布置】→“按门窗洞口宽度”布置→“布置条件”为 901～1500mm→点击【确定】，即完成 GL-2 的图元绘制，如图 11.12 所示。

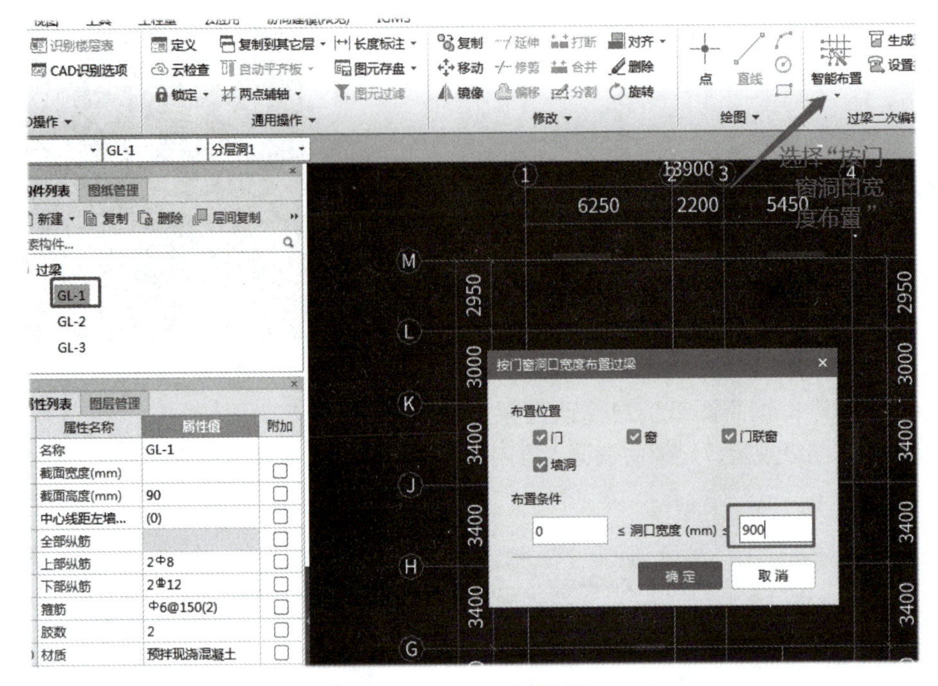

图11.11 GL-1布置条件

11.2 过梁绘制

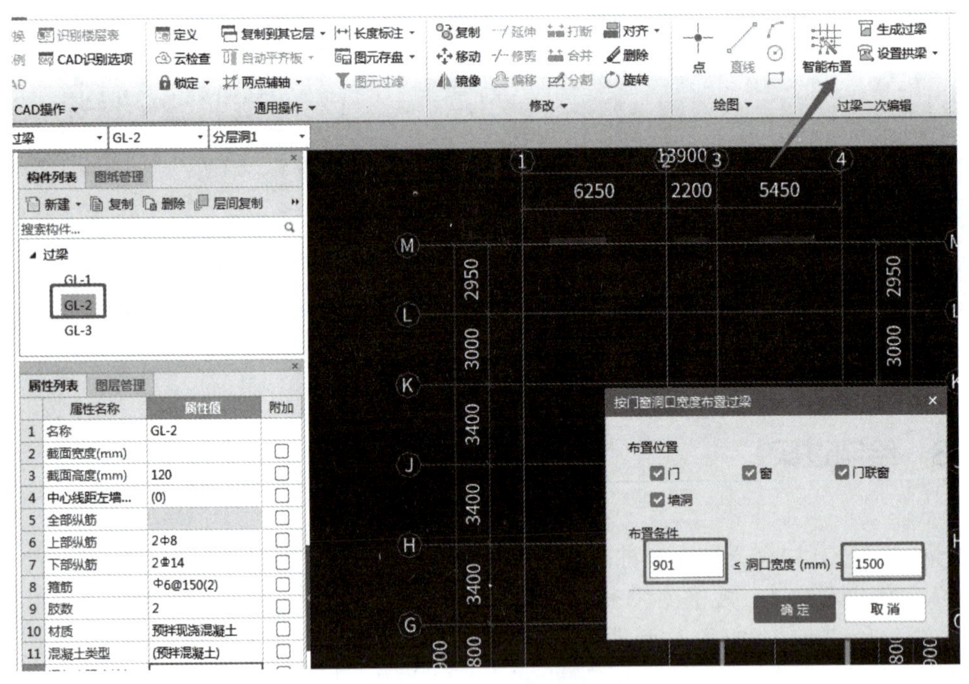

图11.12 GL-2布置条件

选择"GL-3"→【智能布置】→"按门窗洞口宽度"→"布置条件"为1501～2500mm→点击【确定】，即完成GL-3的图元绘制，如图11.13所示。

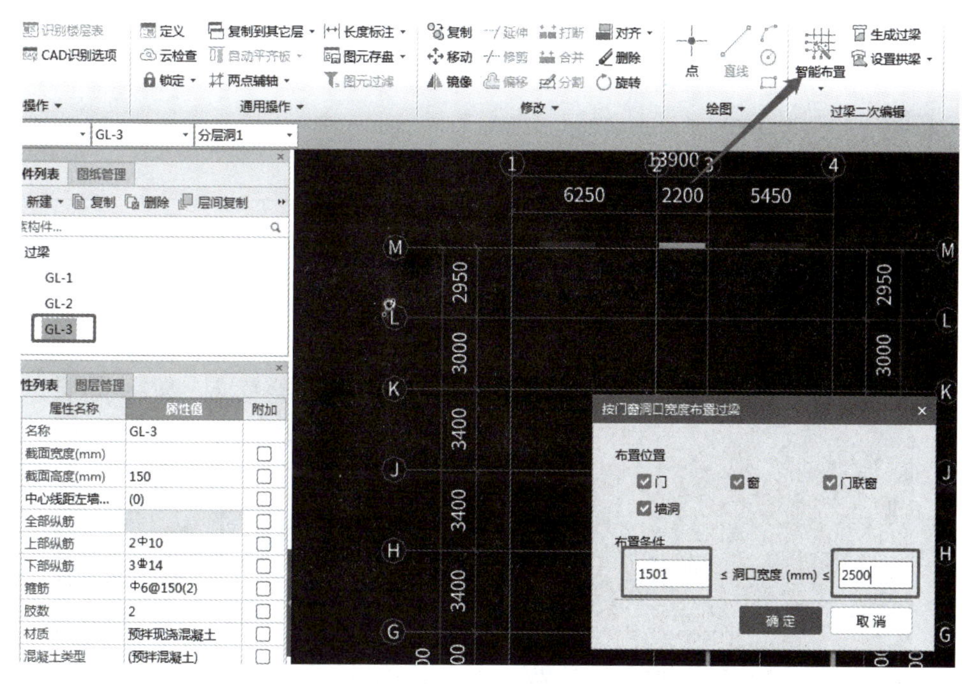

图11.13 GL-3布置条件

（2）生成过梁

使用“生成过梁”命令，可以不必新建过梁构件。点击【生成过梁】，弹出对话框，按图 11.14 所示，把布置位置勾选，填写过梁布置条件，选择“首层（当前楼层）”，即可一次性完成过梁布置。

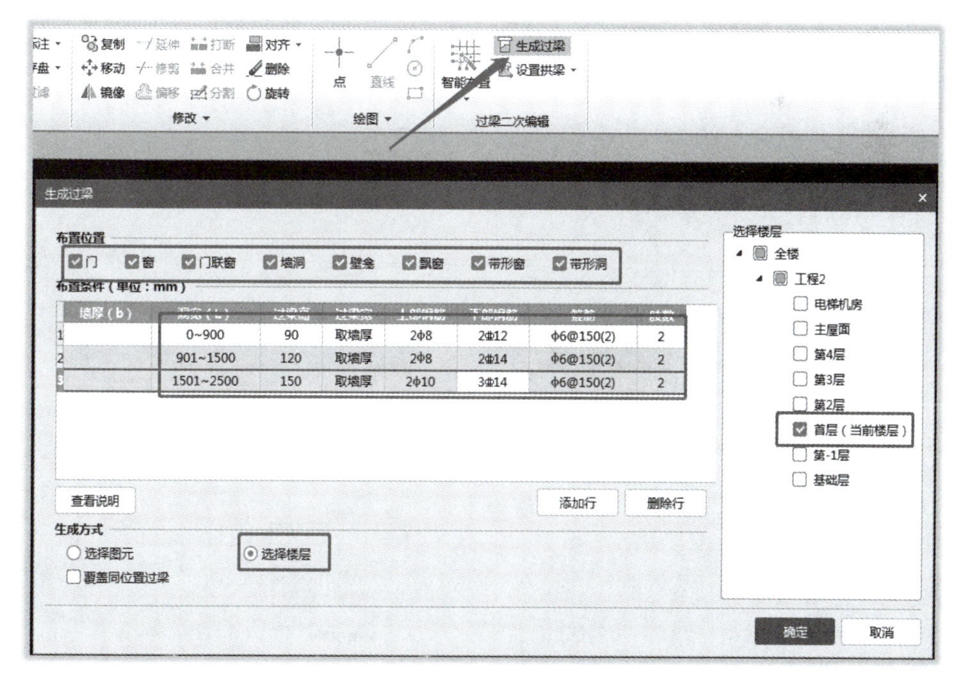

图11.14 生成过梁

11.4 门窗洞口和过梁建模及算量技能拓展

11.4.1 转角窗的定义和绘制

① 如图 11.15 所示，在平面图中有一转角窗，窗台处标高为 0.300m，窗顶处标高为 3.000m。转角窗用带形窗来创建。带形窗也需要附着在墙体上。

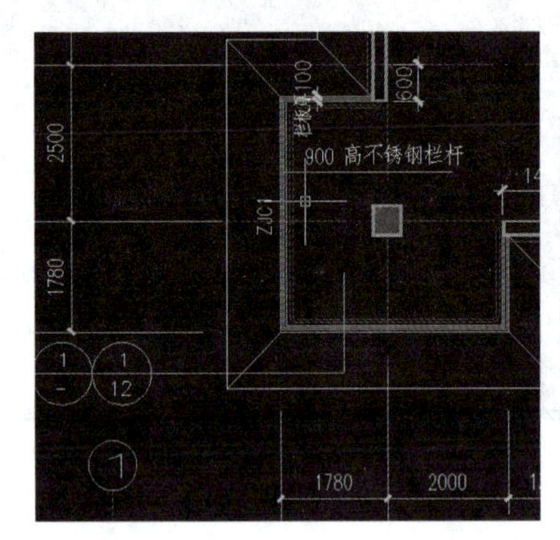

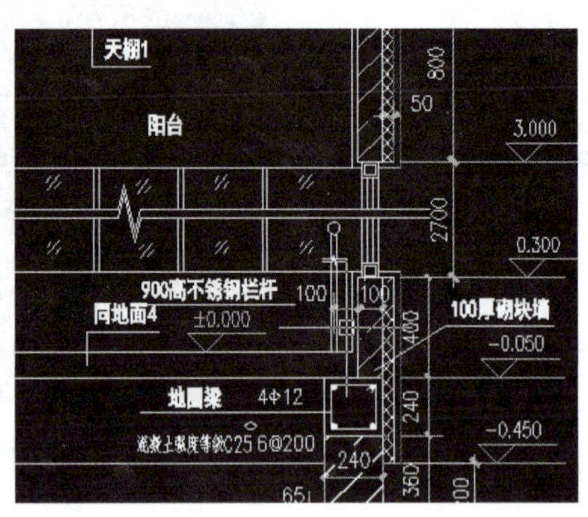

图11.15 飘窗图纸信息

② 新建带形窗。在导航树中，单击【门窗洞】→【带形窗】，在构件列表中单击【新建】→【新建带形窗】，如图 11.16 所示。

③ 修改“属性列表”，按照图纸信息输入带形窗的属性信息，如图 11.17 所示。将“起点顶标高”和“终点顶标高”改为“3”，“起点底标高”和“终点底标高”改成“0.3”。

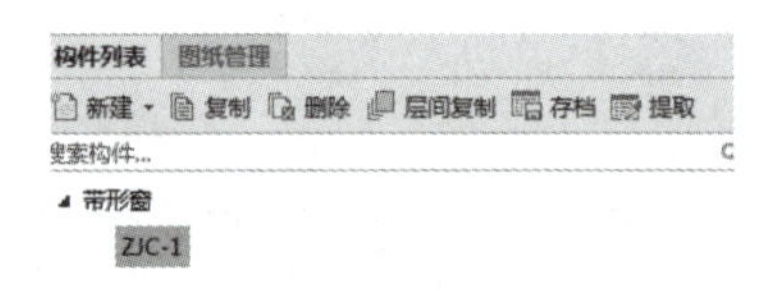

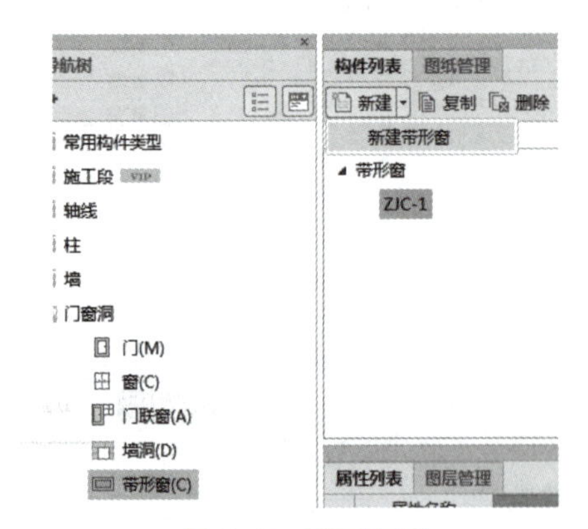

图11.16 新建带形窗

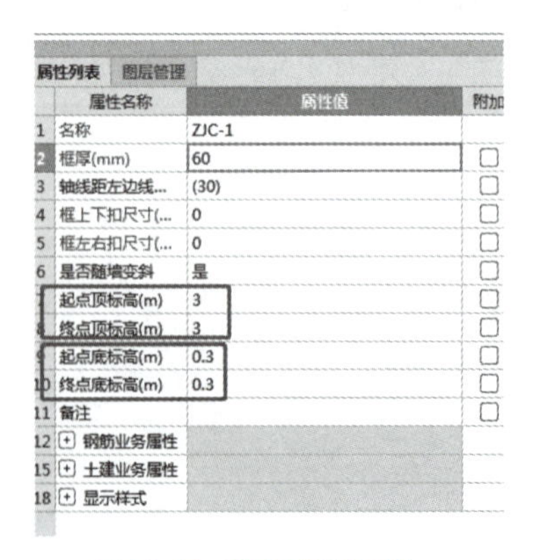

	属性名称	属性值	附加
1	名称	ZJC-1	
2	框厚(mm)	60	□
3	轴线距左边线...	(30)	□
4	框上下扣尺寸(...	0	□
5	框左右扣尺寸(...	0	□
6	是否随墙变斜	是	□
7	起点顶标高(m)	3	□
8	终点顶标高(m)	3	□
9	起点底标高(m)	0.3	□
10	终点底标高(m)	0.3	□
11	备注		□
12	⊞ 钢筋业务属性		
15	⊞ 土建业务属性		
18	⊞ 显示样式		

图11.17 带形窗定义属性

④ 绘制转角窗。选择【智能布置】→【墙】，选择墙体，右键单击，完成转角窗的布置。见图 11.18。

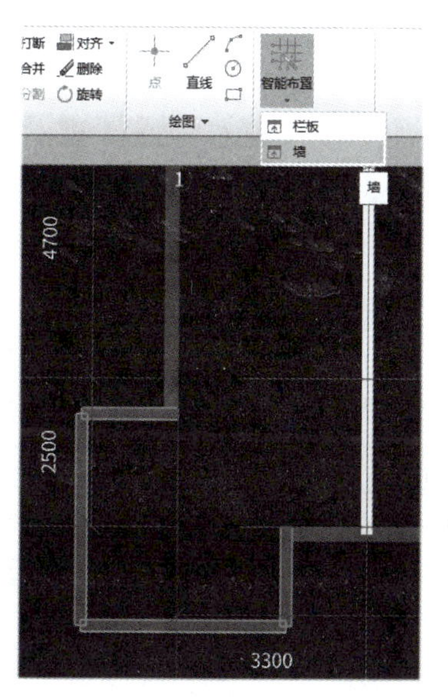

图11.18 智能布置转角窗

11.4.2 飘窗的定义和绘制

① 如图 11.19 所示，在平面图中有一飘窗，窗台处标高为 0.600m，窗顶处标高为 3.000m。飘窗也需要附着在墙体上。

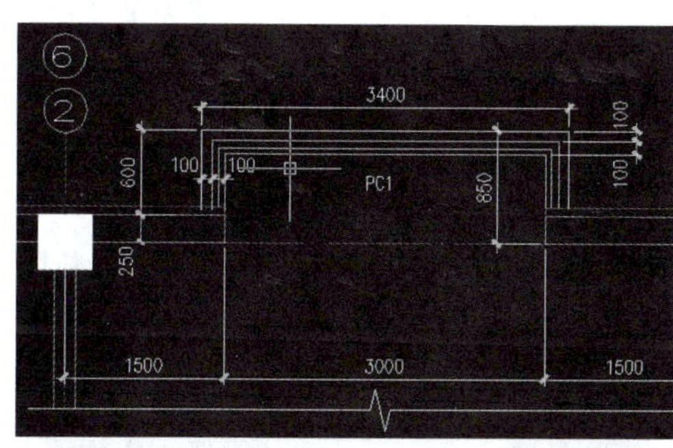

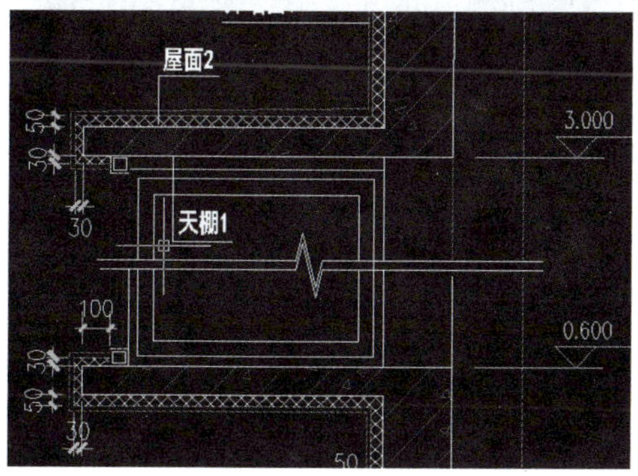

图11.19 飘窗图纸信息

11.3 参数化飘窗绘制

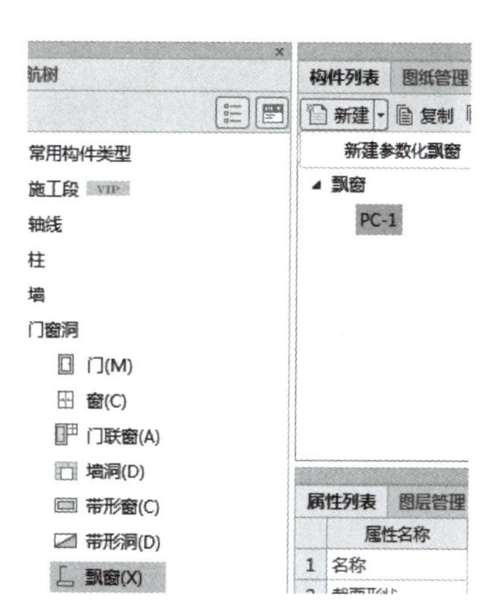

图11.20 新建参数化飘窗

② 新建飘窗。在导航树中，单击【门窗洞】→【飘窗】，在构件列表中单击【新建】→【新建参数化飘窗】，如图 11.20 所示。

这时，弹出对话框“选择参数化图形”，选“矩形飘窗”图形，并根据图纸信息，将飘窗参数进行调整，如图 11.21 所示。

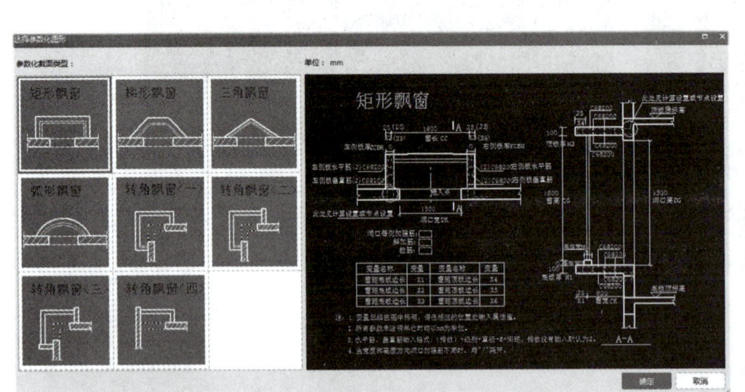

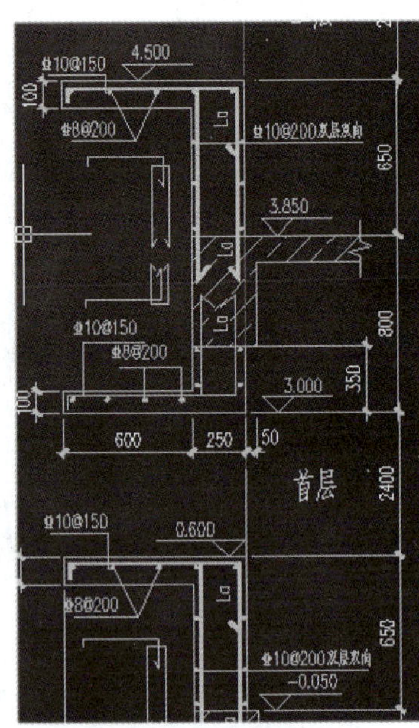

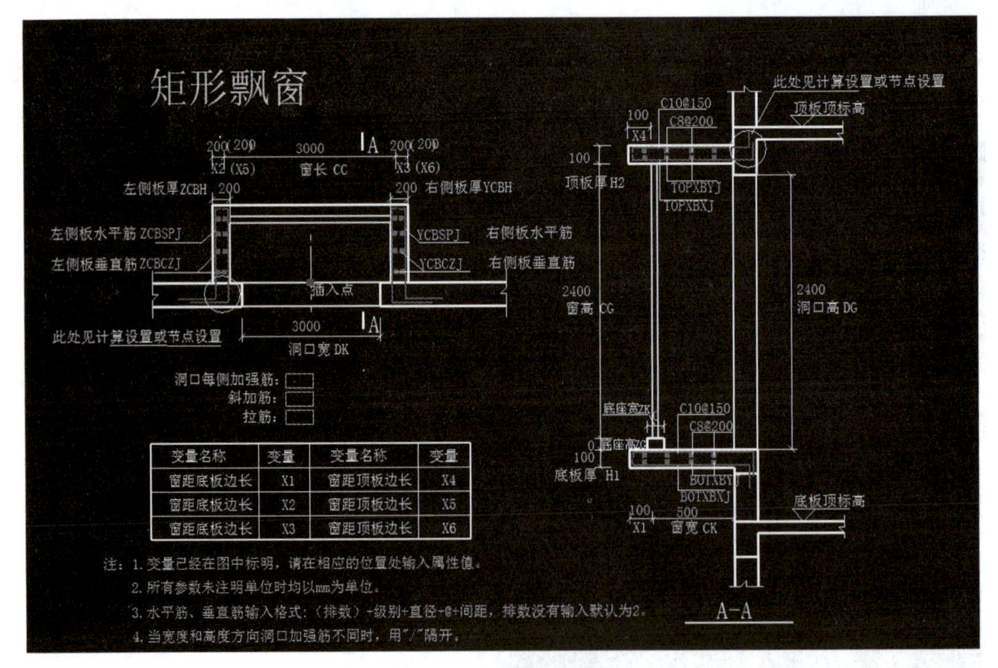

图11.21 编辑参数化飘窗

③ 修改“属性列表”，飘窗“离地高度”为 650mm，如图 11.22 所示。

④ 绘制飘窗。选择【精确布置】→捕捉②号轴线交点→输入“1500”→回车，完成飘窗的布置，见图 11.23。

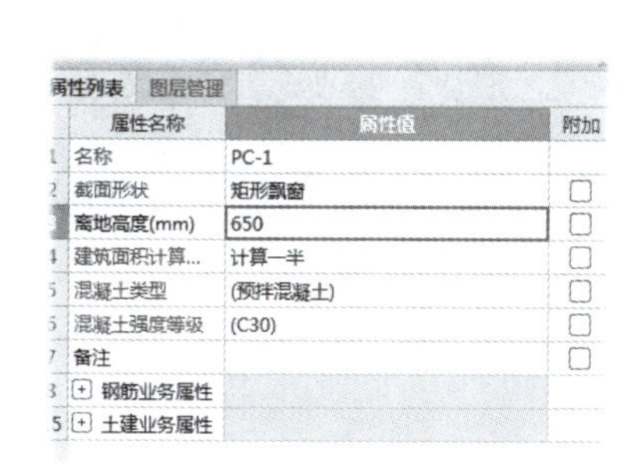

图11.22 飘窗属性编辑

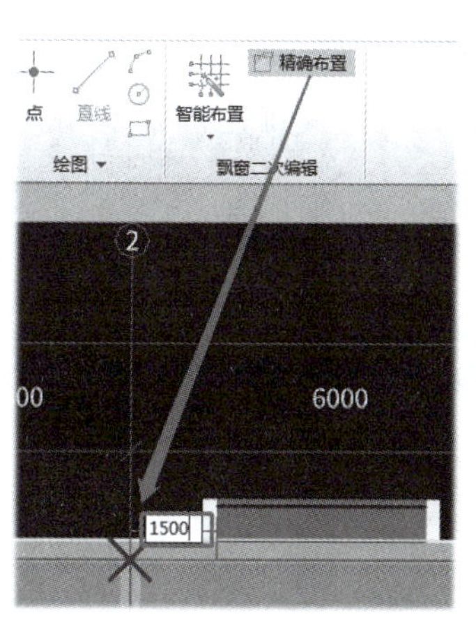

图11.23 “精确布置”绘制飘窗

能力训练题

一、选择题

1. 在GTJ2021中，门窗属性定义中的“立樘距离”是指（　　）。

   A. 门窗框中心线与墙中心间的距离

   B. 门窗框中心线与轴线间的距离

   C. 门窗框外边线与墙中心线间的距离

   D. 门窗框外边线与轴线间的距离

2. 当门窗位于墙段中点，利用哪种方法布置更便捷？（　　）

   A. 点绘制　　　　B. 精确布置

   C. 智能布置　　　　D. 直线绘制

3. 当窗台高度为700mm时，从哪里设定窗台高度？（　　）

   A. 属性列表立樘距离　　　　B. 属性列表离地高度

   C. 属性列表洞口高度　　　　D. 立樘位置

二、技能操作题

绘制图纸工程中所有门窗（含门窗上的过梁）构件，并计算其工程量。

任务12

装饰装修工程建模及算量

知识目标

- 掌握装修构件属性定义
- 掌握房间添加依附构件的方法
- 掌握外墙保温的属性定义和绘制方法

技能目标

- 能够根据图纸准确定义装饰构件
- 能够通过给房间添加依附构件布置装修
- 能够根据图纸信息创建外墙保温

素质目标

- 具有认真严谨的工作态度，图纸中的项目，要认真反复清查，不得漏项和余项或重复计算
- 具有规则意识，按照工程项目要求的清单和定额规则进行算量
- 践行工匠精神，对算量任务要具备精雕细琢、精益求精的精神理念

任务说明

① 完成图纸首层A′客房及卫生间楼地面、踢脚、墙面、天棚、吊顶等装饰构件的定义。

② 建立图纸首层A′客房的房间单元，添加依附构件并绘制。

③ 外墙保温层计算。

操作步骤

装修→楼地面（踢脚、墙面、吊顶、房间等）→新建构件→根据图纸修改构件属性→绘制构件图元。

任务实施

12.1 分析图纸

分析案例工程图纸中的建施-3工程做法。按装饰做法划分，首层有三种类型的房间：

类别①包括门厅、客房、门市、营业厅、会议室、站长室、财务室、走廊等房间；类别②包括卫生间；类别③包括楼梯间、水箱间。装饰做法有内墙 4、内墙 6、踢脚 3、吊顶 5、吊顶 15、楼地面②、③、④等。具体做法参照图 12.1、图 12.2。

室内装修做法明细表

编号	房间名称	内墙面	踢脚或墙裙	顶棚	备注
①	门厅、客房 门市、营业厅 会议室、站长室 财务室、走廊 地下室、储藏间	12J1－内墙4 石膏抹灰砂浆墙面 12J1－涂304	12J1－踢3－B 面砖踢脚	12J1－棚5 装饰石膏板吊顶	内墙面应选用经过技术鉴定的混凝土界面处理剂
②	卫生间	12J1－内墙6－BF 釉面砖墙面		12J1－棚15 铝合金方形板吊顶	地砖的品种、颜色由甲方自定 走廊吊顶高度在梁下250mm
③	楼梯间 水箱间	12J1－内墙4 石膏抹灰砂浆墙面 12J1－涂304	12J1－踢3－B 面砖踢脚	12J1－顶2 12J1－涂304	

图12.1　室内装修做法明细表

楼地面	②	用于: 门厅、客房 门市、营业厅 会议室、站长室 财务室、走廊	2. 20厚1:3干硬性水泥砂浆结合层 3. 素水泥浆结合层一遍 4. 50厚C15焦渣混凝土（上下配ø3双向@50钢丝网片中间敷散热管） 5. 0.2厚真空镀铝聚酯薄膜 6. 20厚挤塑聚苯乙烯泡沫塑料板（密度35Kg/m³） 7. 1.5厚合成高分子防水涂料防潮层 8. 素水泥浆一道 9. 现浇钢筋混凝土楼板，表面清理平整干净.	100厚/310厚
	③	用于: 卫生间	1. 10厚防滑地砖铺实拍平，水泥砂浆擦缝 2. 20厚1:3干硬性水泥砂浆结合层 3. 1.5厚合成高分子防水涂料 4. 50厚C15焦渣混凝土（上下配ø3双向@50钢丝网片，中间敷散热管）找坡1% 5. 0.2厚真空镀铝聚酯薄膜 6. 20厚挤塑聚苯乙烯泡沫塑料板 7. 1.5厚合成高分子防水涂料防潮层四周翻起150高 8. 20厚1:3水泥砂浆找平层 9. 素水泥浆一道 10. 现浇钢筋混凝土楼板，表面清理平整干净.	（120厚）
	④	用于: 配电间 控制室	1. 10厚地砖铺实拍平，稀水泥砂浆擦缝 2. 20厚1:3干硬性水泥砂浆结合层 3. 素水泥浆结合层一遍 4. 50厚C15焦渣混凝土（上下配ø3双向@50钢丝网片） 5. 20厚挤塑聚苯乙烯泡沫塑料板（密度35Kg/m³） 6. 1.5厚合成高分子防水涂料防潮层	（100厚）

图12.2　楼地面构造

12.2　装修构件属性定义

12.2.1　楼地面的属性定义

① 在导航树中，单击【装修】→【楼地面】，在构件列表中单击【新建】→【新建楼地面】，如图 12.3 所示。

② 根据图 12.2，客房使用“楼地面②”，卫生间使用“楼地面③”。新建两个楼地面，修改“属性列表”，按照图纸信息输入楼地面属性信息。

根据《全国统一建筑装饰装修工程消耗量定额 河北省消耗量定额》(2012) 中楼地面的计算规则“块料面层按设计图示尺寸以净面积计算”，见图 12.4。因此属性列表中的“块料厚度”均取“0”。

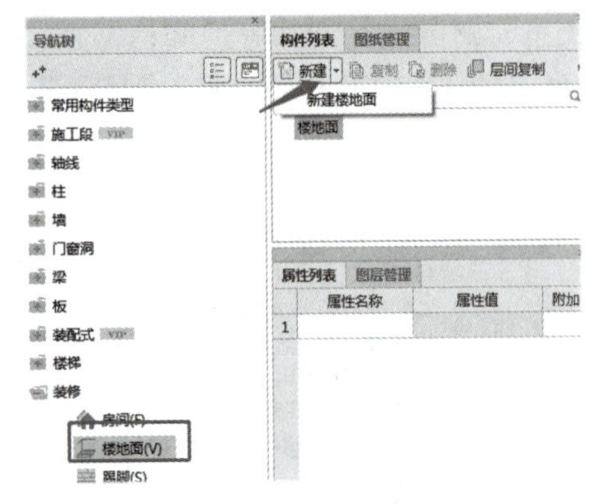

图12.3　新建楼地面

三、块料面层、橡塑面层和其他材料面层按设计图示尺寸以净面积计算，不扣除 0.1 m²以内的孔洞所占的面积，门洞、空圈、暖气包槽和壁龛的开口部分的工程并入相应的面层计算。块料面层拼花部分按实贴面积计算。

图12.4　块料面层楼地面定额计算规则

由于卫生间等有水的房间地面需计算防水，DM-3 是卫生间楼地面，“是否计算防水”填“是”。根据图纸建筑设计说明 8.4 条，卫生间楼地面低于相邻楼地面 20mm，见图 12.5。DM-3“顶标高”改为“层底标高 -0.02”。具体属性设置见图 12.6。

8.4 卫生间等有防水要求的房间室内楼、地面低于相邻楼、地面20mm

图12.5　卫生间地面图纸说明

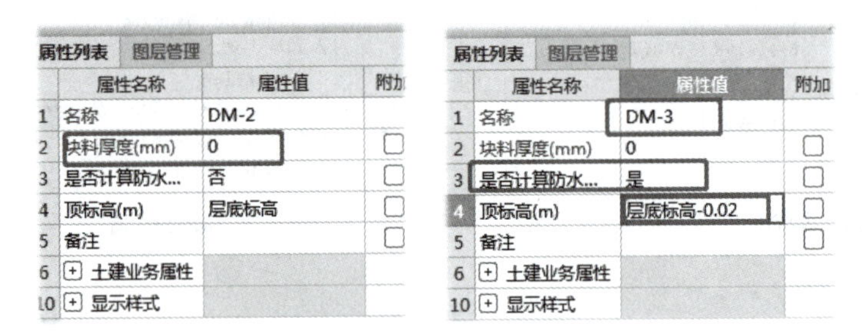

图12.6　楼地面属性编辑

12.1 楼地面装修绘制

12.2.2　踢脚的属性定义

① 在导航树中，单击【装修】→【踢脚】，在构件列表中单击【新建】→【新建踢脚】。根据图 12.1，客房采用“踢 3-B 面砖踢脚”，卫生间没有踢脚，新建“踢脚 3”。

② 修改“属性列表”，按照图纸信息输入踢脚线属性信息。

根据《全国统一建筑装饰装修工程消耗量定额 河北省消耗量定额》(2012) 中踢脚线的计算规则“踢脚线按实贴面积计算”，见图 12.7。本图中没规定踢脚线的高度，假设踢脚线高度为 150mm，将属性列表中“高度”设置为“150”,“块料厚度”设置为“0”，见图 12.8。

12.2 内墙面装修绘制

八、踢脚线按不同用料及做法以“m²”计算。整体面层踢脚线不扣除门洞口及空圈处的长度，但侧壁部分亦不增加，垛、柱的踢脚线工程量合并计算。其他面层踢脚线按实贴面积计算。

图12.7　踢脚线定额计算规则

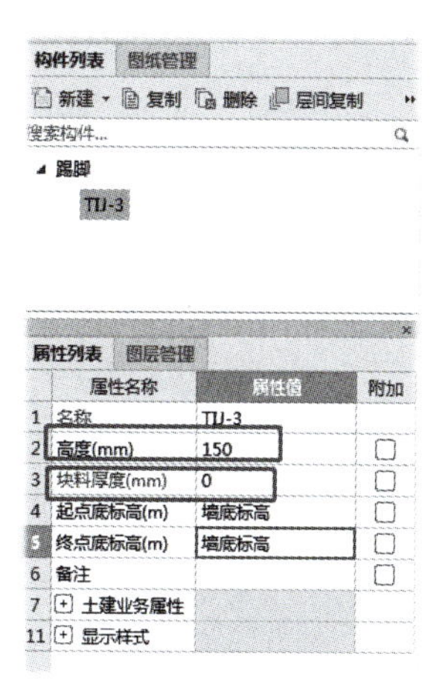

图12.8　踢脚线属性定义

12.2.3　内墙面的属性定义

① 在导航树中，单击【装修】→【墙面】，在构件列表中单击【新建】→【新建内墙面】。根据图 12.1，客房采用“内墙 4”，卫生间采用“内墙 6”，新建“内墙 4”“内墙 6”。

② 修改“属性列表”，按照图纸信息输入内墙面属性信息。

根据《全国统一建筑装饰装修工程消耗量定额 河北省消耗量定额》(2012)中内墙面的计算规则“内墙面抹灰面积按主墙间的图示净长尺寸乘以内墙抹灰高度计算”“粘贴块料面层按图示尺寸以实贴面积计算”，见图 12.9。

根据图 12.1，客房内墙面采用的是“石膏抹灰砂浆”，卫生间墙面采用的是“釉面砖”。不论是抹灰墙面还是块料镶贴墙面，其工程量均计算面积。因此，“内墙 4”和“内墙 6”属性列表中“块料厚度”均设置为“0”，见图 12.10。

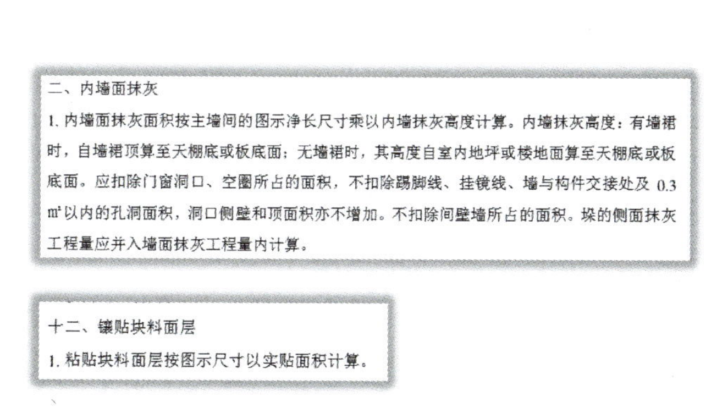

二、内墙面抹灰

1. 内墙面抹灰面积按主墙间的图示净长尺寸乘以内墙抹灰高度计算。内墙抹灰高度：有墙裙时，自墙裙顶算至天棚底或板底面；无墙裙时，其高度自室内地坪或楼地面算至天棚底或板底面。应扣除门窗洞口、空圈所占的面积，不扣除踢脚线、挂镜线、墙与构件交接处及 0.3 m² 以内的孔洞面积，洞口侧壁和顶面积亦不增加。不扣除间壁墙所占的面积。垛的侧面抹灰工程量应并入墙面抹灰工程量内计算。

十二、镶贴块料面层

1. 粘贴块料面层按图示尺寸以实贴面积计算。

图12.9　内墙面装饰定额计算规则

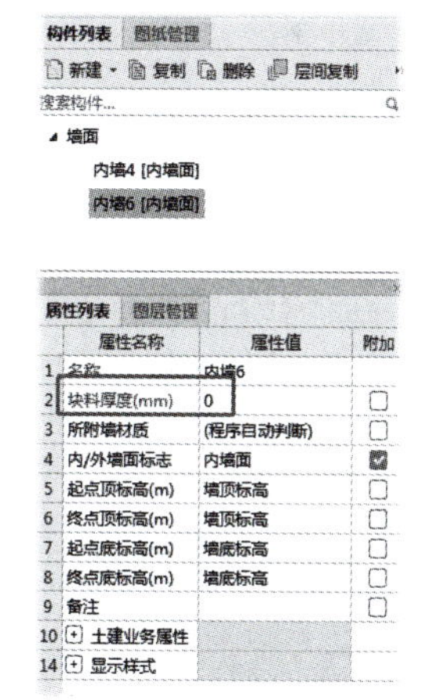

图12.10　内墙面属性定义

12.2.4　吊顶的属性定义

① 在导航树中，单击【装修】→【吊顶】，在构件列表中单击【新建】→【新建吊顶】。

根据图 12.1，客房和卫生间分别采用吊顶 5 和吊顶 15，新建“DD5”“DD15”。

② 修改“属性列表”，输入吊顶属性信息。

根据《全国统一建筑装饰装修工程消耗量定额 河北省消耗量定额》(2012) 中吊顶的计算规则“按主墙间净空面积计算”，见图 12.11。图纸中未对吊顶离地高度作出说明，假设吊顶高度在梁下 250mm 处，梁高 450mm，首层的层高为 4.2m，可计算出，吊顶的离地高度均为 3500mm，其属性设置见图 12.12。

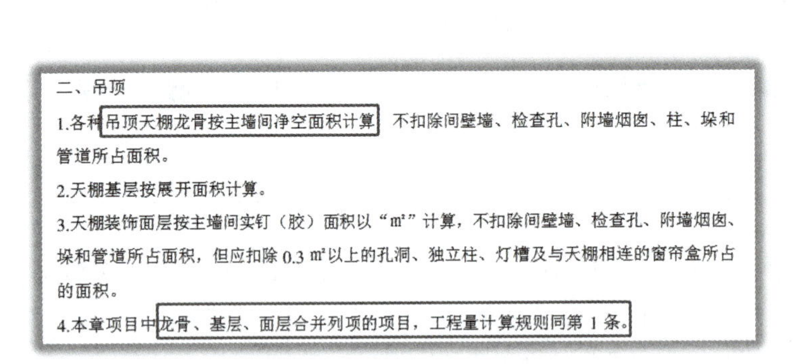

二、吊顶

1.各种吊顶天棚龙骨按主墙间净空面积计算，不扣除间壁墙、检查孔、附墙烟囱、柱、垛和管道所占面积。

2.天棚基层按展开面积计算。

3.天棚装饰面层按主墙间实钉（胶）面积以“m²”计算，不扣除间壁墙、检查孔、附墙烟囱、垛和管道所占面积，但应扣除 0.3 m² 以上的孔洞、独立柱、灯槽及与天棚相连的窗帘盒所占的面积。

4.本章项目中龙骨、基层、面层合并列项的项目，工程量计算规则同第 1 条。

图12.11 吊顶工程量定额计算规则

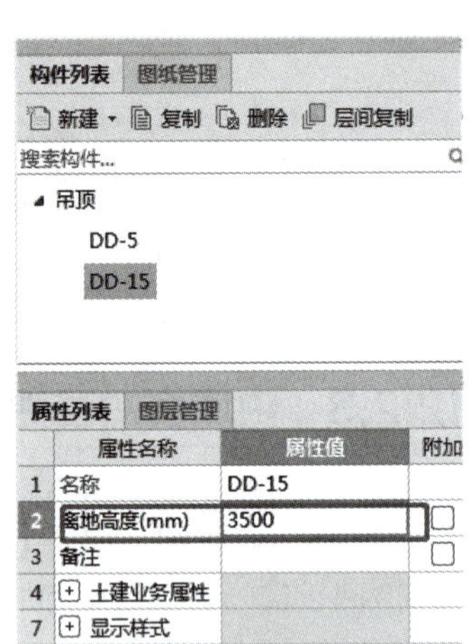

图12.12 吊顶属性定义

12.3 房间属性定义及绘制

12.3.1 房间的属性定义

在导航树中，单击【装修】→【房间】，在构件列表中单击【新建】→【新建房间】。根据图 12.1，新建“客房 A'”和“卫生间”。

12.3.2 通过“添加依附构件”，建立房间中的装修构件

左键双击房间构件【客房 A'】→“构件类型”选择“楼地面”→点击【添加依附构件】→“构件名称”选择“DM-2”，将客房的楼地面进行了添加，见图 12.13。

按照上述方法，依次添加客房和卫生间的楼地面、踢脚、墙面、吊顶等依附构件。见图 12.14、图 12.15。

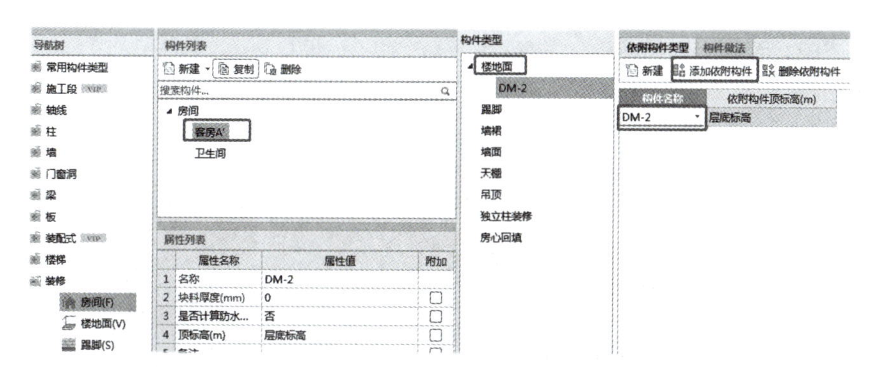

图12.13 房间添加楼地面

12.3 房间布置装修

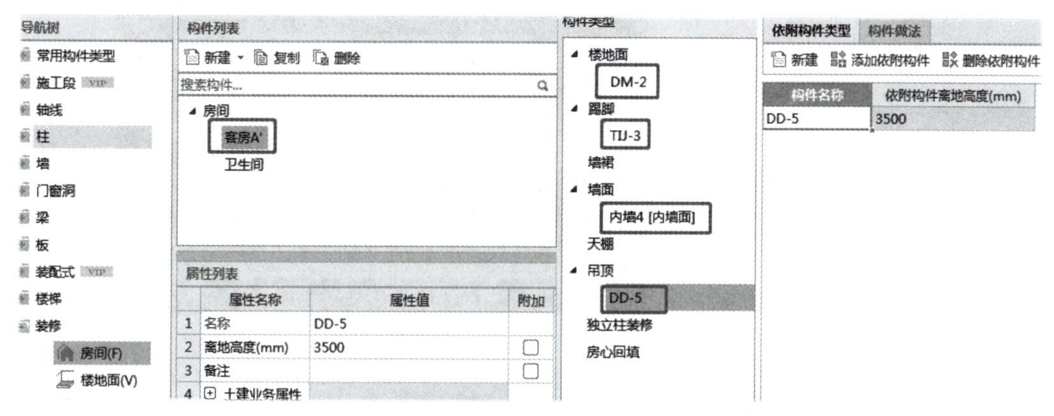

图12.14 客房添加依附构件

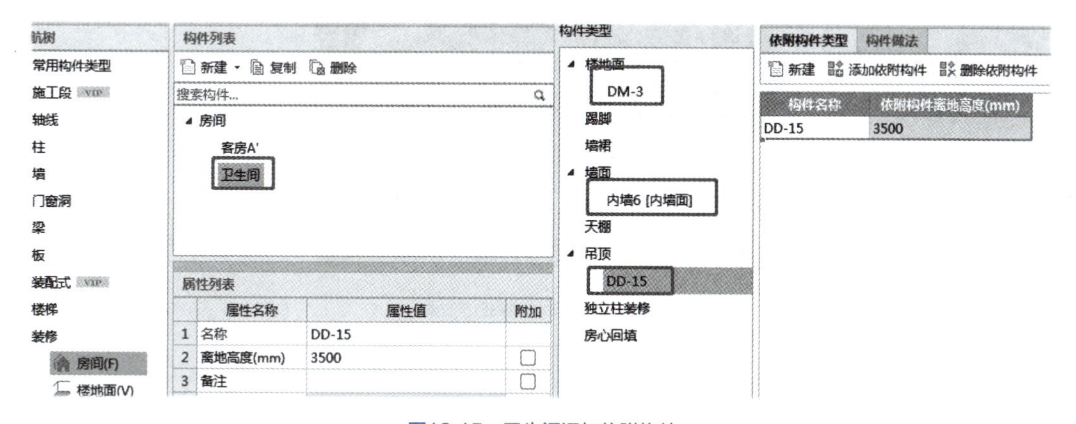

图12.15 卫生间添加依附构件

12.3.3 房间的绘制

“点”绘制房间。按照建筑施工图中的首层平面图，选择软件中创建好的房屋构件，在需要布置装修的房间处单击，就可将房间中的装修自动布置上去。特别注意的是，绘制房间前，要确定房间是闭合的，如果房间有开口，要在开口处补画一道虚墙，虚墙不计入墙体工程量，见图12.16。绘制好的房间，切换到三维查看效果，见图12.17。

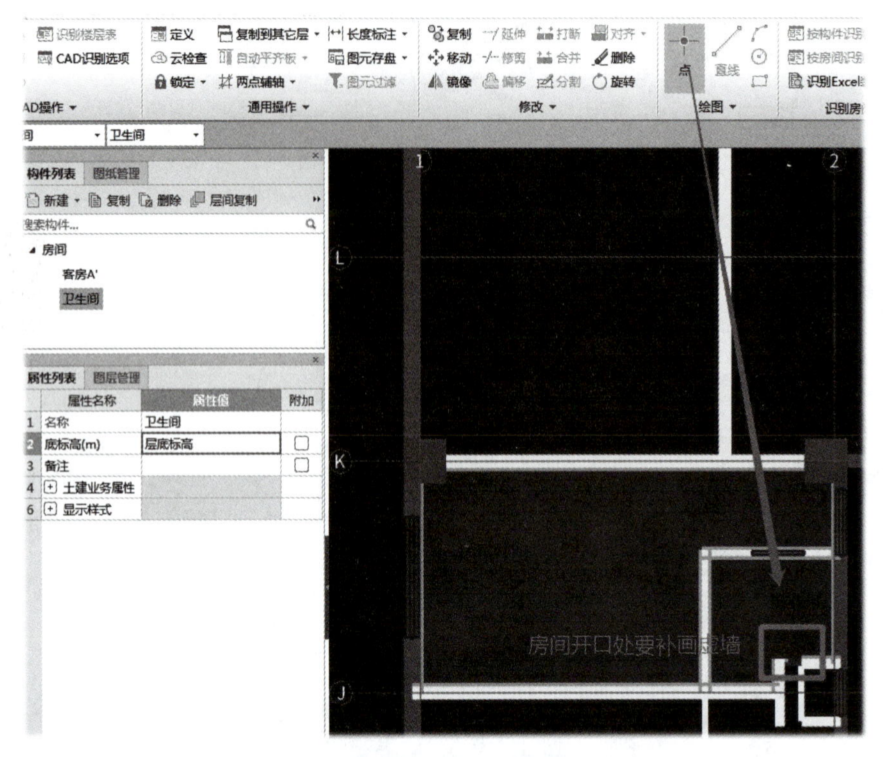

图12.16 “点”布置房间

图12.17 房间装修三维效果

12.4 外墙保温层计算

12.4.1 分析图纸

分析案例工程图纸中的建筑施工图设计说明“10. 节能设计”可知，外墙外侧做 80mm 厚的保温层，见图 12.18。

外 墙 (包括非玻璃幕墙)	东	250mm加气混凝土砌块+80mm厚防火岩棉保温板
	南	250mm加气混凝土砌块+80mm厚防火岩棉保温板
	西	250mm加气混凝土砌块+80mm厚防火岩棉保温板
	北	250mm加气混凝土砌块+80mm厚防火岩棉保温板

图12.18　外墙保温设置图纸说明

12.4.2　外墙面保温属性定义及绘制

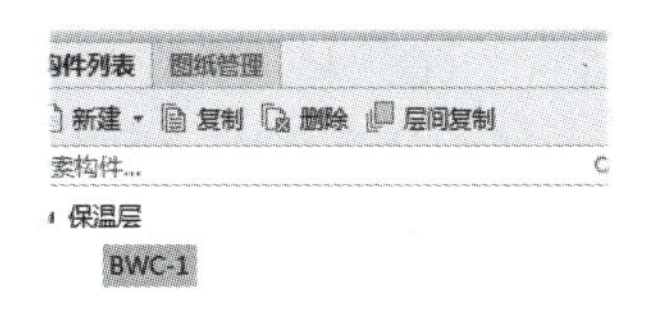

① 在导航树中，单击【其它】→【保温层】，在构件列表中单击【新建】→【新建保温层】。

② 修改“属性列表”，见图12.19。“厚度”输入“80”，“材质”下拉菜单中选择相应的保温材料，由图12.18可知，采用的是岩棉，材质库中没有，可以不用调整，套做法时再设置。

思考：外墙保温层是否影响建筑面积？

③ 选择【智能布置】→【外墙外边线】→弹出对话框，选择“首层（当前楼层）”，点击【确定】。完成对首层外墙保温层的布置。可切换到三维查看布置效果，见图12.20。

图12.19　外墙保温属性定义

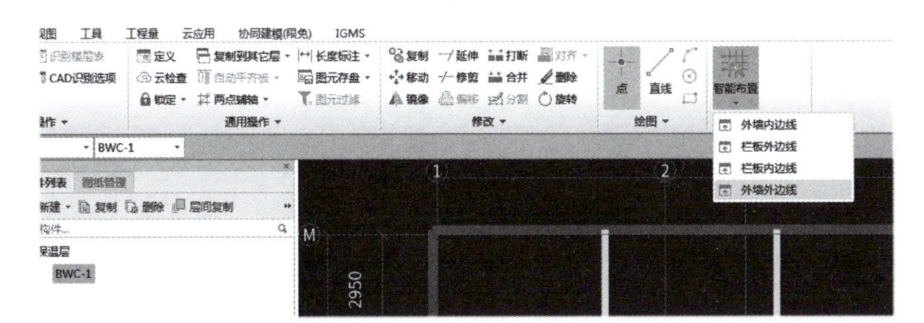

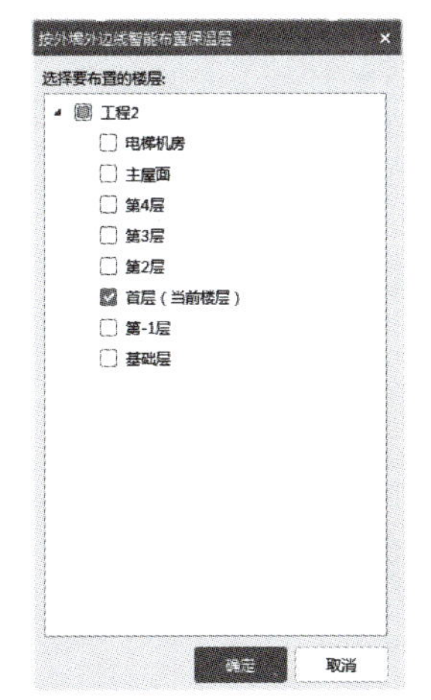

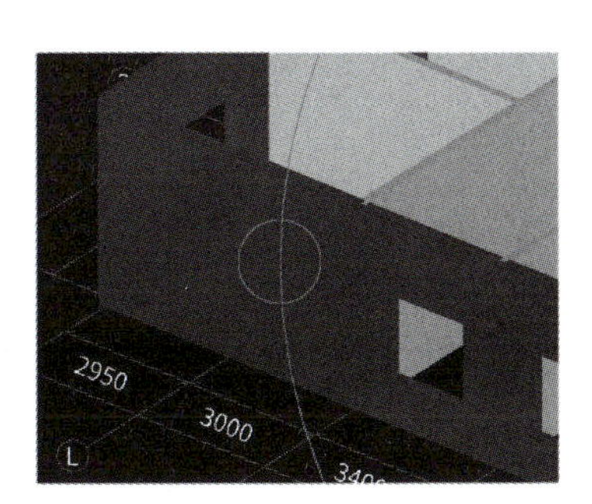

图12.20　智能布置外墙保温

12.4 外墙保温绘制

能力训练题

一、选择题

1. 定义房间属性的时候，“吊顶高度”指（　　）。【单选题】
   A. 楼地面到吊顶底的距离　　B. 楼地面到屋面板底的距离
   C. 楼地面到吊顶顶的距离　　D. 楼地面到屋面板顶的距离
2. 对于软件计算的外墙面抹灰面积，下列说法正确的是（　　）。【多选题】
   A. 扣减门窗洞口面积，但不增加门窗侧壁面积
   B. 增加突出墙面柱和垛侧壁的面积
   C. 扣除飘窗贴墙面积，并扣底板和顶板贴墙面积
   D. 其高度从正负零开始计算，不包括室内外高差部分

二、问答题

1. 楼地面构件绘图时布置不上，可能是什么原因？
2. 天棚构件绘图时布置不上，可能是什么原因？

三、技能操作题

完成图纸工程中所有装饰装修工程的绘制及工程量计算。

其他构件建模及算量

知识目标

- 掌握其他构件属性定义
- 掌握建筑面积、平整场地、雨篷、栏板、屋面、台阶、散水及栏杆等的绘制方法
- 掌握女儿墙的定义方法和常用的绘制方法
- 掌握台阶中设置台阶踏步边和屋面设置卷边高度等命令的使用方法

技能目标

- 能够根据图纸确定其他构件有哪些
- 学会绘制其他构件的方法
- 能够根据基础图纸信息准确完整地输入其他构件的属性信息
- 能够对其他构件进行二次编辑操作

素质目标

- 具有认真严谨的工作态度，严格按照图纸进行其他构件的属性定义和模型构建
- 具有规则意识，按照工程项目要求的清单和定额规则进行其他构件部分算量
- 具有良好的沟通能力，能在对量过程中以理服人

任务说明

完成图纸中建筑面积、平整场地、雨篷、栏板、屋面、台阶、散水和栏杆的属性定义及图元绘制。

操作步骤

（1）建筑面积

建筑面积→新建建筑面积→根据图纸修改建筑面积属性→绘制建筑面积图元。

（2）平整场地

平整场地→新建平整场地→根据图纸修改平整场地属性→绘制平整场地图元。

（3）雨篷、栏板和屋面

雨篷→新建雨篷→根据图纸修改雨篷属性→绘制雨篷图元。

栏板→新建栏板→根据图纸修改栏板属性→绘制栏板图元。

屋面→新建屋面→根据图纸修改屋面属性→绘制屋面图元。

（4）台阶

台阶→新建台阶→根据图纸修改台阶属性→绘制台阶图元。

（5）散水

散水→新建散水→根据图纸修改散水属性→绘制散水图元。

（6）栏杆

栏杆→新建栏杆→根据图纸修改栏杆属性→绘制栏杆图元。

任务实施

13.1 建筑面积的定义与绘制

13.1.1 定义建筑面积

在导航树中，单击【其它】→【建筑面积】，在构件列表中单击【新建】→【新建建筑面积】，见图 13.1。以首层建筑面积为例。

修改“属性列表”，按照图纸信息输入建筑面积属性信息，如图 13.2 所示。

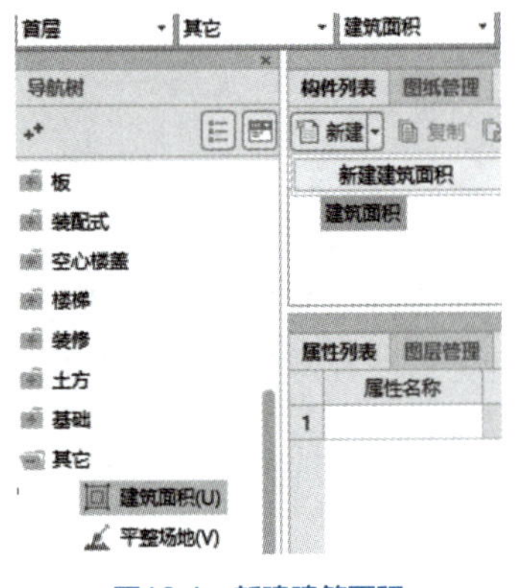

图13.1 新建建筑面积

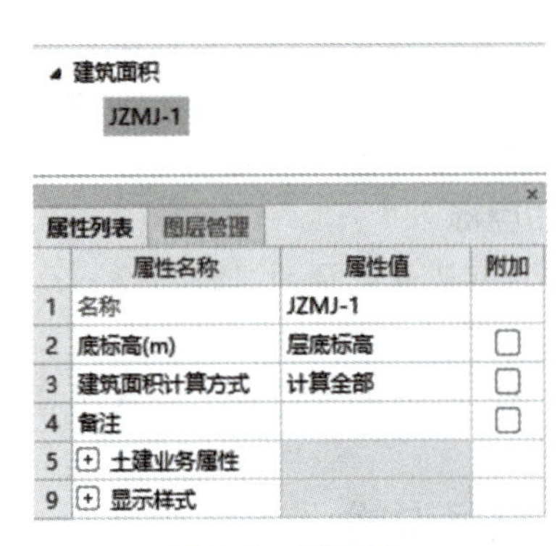

	属性名称	属性值	附加
1	名称	JZMJ-1	
2	底标高(m)	层底标高	☐
3	建筑面积计算方式	计算全部	☐
4	备注		☐
5	+ 土建业务属性		
9	+ 显示样式		

图13.2 属性列表

① 名称：由于工程图纸中没有名称，按照软件默认的即可。

② 底标高：按照软件默认即可。

③ 建筑面积计算方式：计算方式有三种，“计算全部”“计算一半”和“不计算”。根据《建筑工程建筑面积计算规范》（GB/T 50353—2013）可知，建筑物的建筑面积应按自然层外墙结构外围水平面积之和计算。结构层高在 2.20m 及以上的，应计算全面积；结构层高在 2.20m 以下的，应计算 1/2 面积。根据图纸分析，首层建筑面积选择“计算全部”。

13.1.2 绘制建筑面积

建筑面积绘制属于面式构件绘制，因此可以“直线”绘制也可以“点”绘制，还可以“矩形”绘制。

“点”绘制时，软件自动搜寻建筑物的外墙外边线，如果能找到外墙外边线形成的封闭区域，则在这个区域内自动生成“建筑面积”。

如果软件找不到外墙外边线围成的封闭区域，则给出错误提示，那么可以使用直线绘制或者矩形绘制选择外墙外边线的封闭空间即可。

本工程已经自动校验过外墙外边线，所以这里采用“点”绘制画法。操作步骤如下：

选择“建模”界面→“绘图”工具栏选择“点”→鼠标左键单击首层外墙外边线封闭区域中的任意位置，建筑面积绘制完成，如图 13.3、图 13.4 所示。

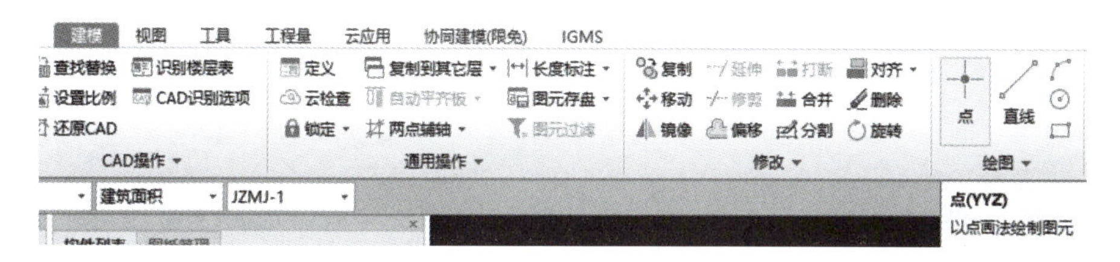

图13.3 “点”绘制建筑面积

13.1 建筑面积与平整场地工程量计算

① 地下室、半地下室应按其结构外围水平面积计算。结构层高在 2.20m 及以上的，应计算全面积；结构层高在 2.20m 以下的，应计算 1/2 面积。

② 出入口外墙外侧坡道有顶盖的部位，应按其外墙结构外围水平面积的 1/2 计算面积。

③ 在主体结构内的阳台，应按其结构外围水平面积计算全面积；在主体结构外的阳台，应按其结构底板水平投影面积计算 1/2 面积。

④ 建筑物的外墙外保温层，应按其保温材料的水平截面积计算，并计入自然层建筑面积。

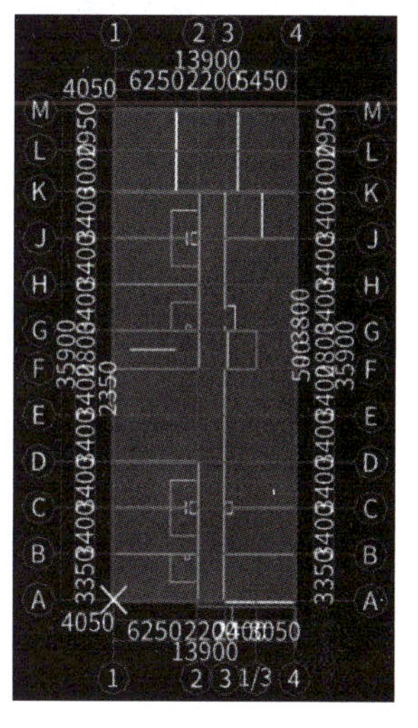

图13.4 布置建筑面积

13.2 平整场地的定义与绘制

13.2.1 定义平整场地

在导航树中，单击【其它】→【平整场地】，在构件列表中单击【新建】→【新建平整场地】，如图 13.5 所示。

修改“属性列表”，按照图纸信息输入平整场地属性信息，如图 13.6 所示。

① 名称：由于工程图纸中没有名称，按照软件默认的即可。

② 场平方式：按照施工方案进行选择，本工程使用人工。

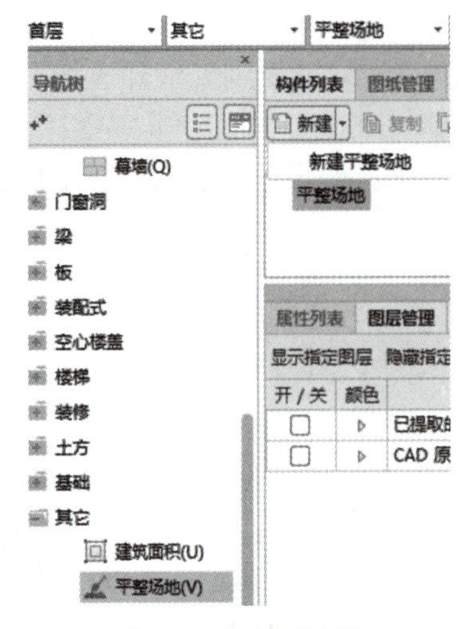

图13.5 新建平整场地

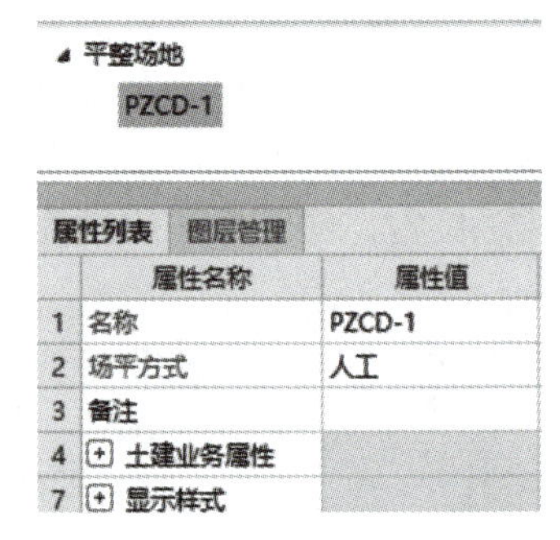

图13.6 平整场地的属性列表

13.2.2 绘制建筑面积

平整场地绘制属于面式构件绘制，因此可以“直线”绘制也可以“点”绘制，建议采用点式画法。这里采用智能布置法，点击【智能布置】，选“外墙轴线”即可，如图 13.7 所示。

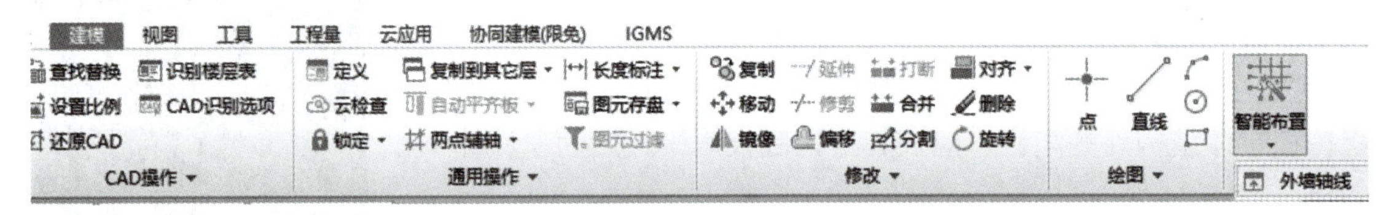

图13.7 智能布置

值得注意的是，当在图形中选择“建筑面积”时，它是延伸到外墙外边线的，而当选择“平整场地”构件时，它是延伸到外墙轴线的。所以，采用智能布置时，不要忘记将平整场地的边延伸到外墙外边线。

13.3 雨篷、栏板和屋面的定义与绘制

13.3.1 定义雨篷

在导航树中，单击【其它】→【雨篷】，在构件列表中单击【新建】→【新建雨篷】，如图 13.8 所示。以首层①轴左侧雨篷板为例。

修改“属性列表”，按照图纸信息输入雨篷属性信息，如图 13.9 所示。

① 名称：按照软件默认的即可。

② 板厚：按照案例工程图纸“标高 4.10m 楼板平法施工图”分析，板厚为 100mm。

③ 顶标高：按照案例工程图纸“标高 4.10m 楼板平法施工图”分析，顶标高为首层层顶标高。

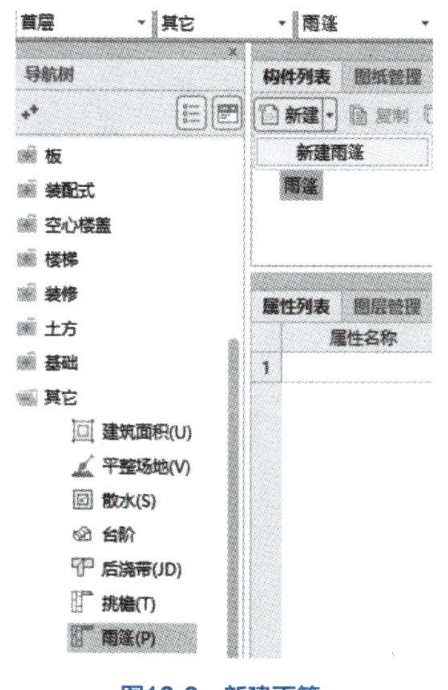

图13.8 新建雨篷

雨篷

YP-1

属性列表 图层管理

	属性名称	属性值
1	名称	YP-1
2	板厚(mm)	100
3	材质	预拌现浇混凝土
4	混凝土类型	(预拌混凝土)
5	混凝土强度等级	(C20)
6	顶标高(m)	层顶标高
7	备注	
8	+ 钢筋业务属性	
11	+ 土建业务属性	
18	+ 显示样式	

图13.9 雨篷的属性列表

13.2 挑檐工程量计算

13.3.2 绘制雨篷

雨篷属于面式构件，因此可以使用“点”绘制、“直线”绘制和“矩形”绘制。但由于雨篷板外边缘没有封闭，因此不能采用“点”绘制，本工程采用“直线”绘制。操作步骤如下。

采用平行辅轴，以①轴为基线，向左偏移 4750mm，生成第一条辅轴，如图 13.10 所示；然后以Ⓔ轴为基线，分别向上和向下分别偏移 4175mm，生成第二条和第三条辅助轴线；在导航树中选择“辅助轴线”，在“辅助轴线”模块下采用“延伸”命令，让这三条辅助轴线相交，如图 13.11 所示。

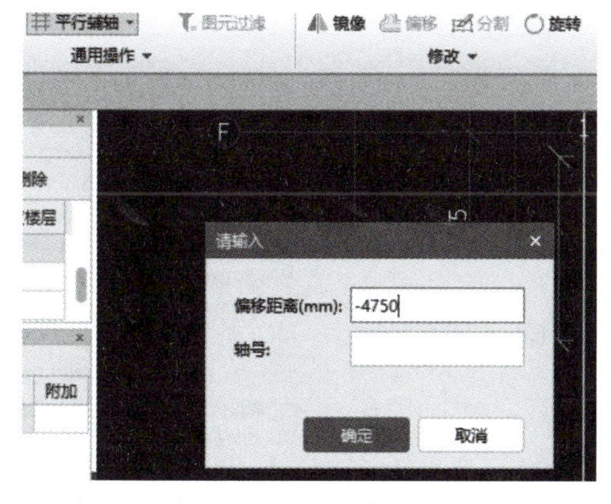

图13.10 偏移距离输入窗口

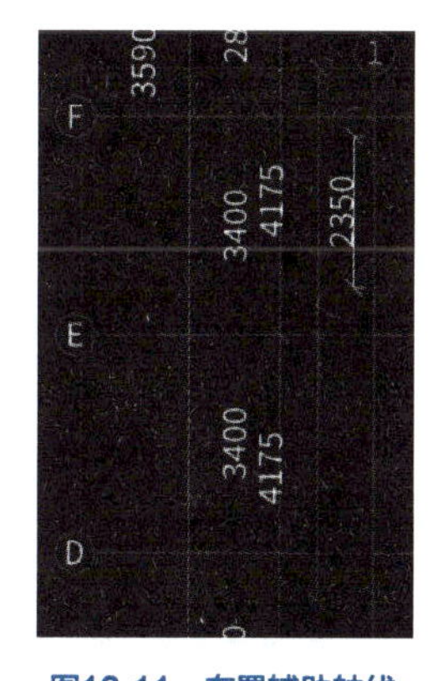

图13.11 布置辅助轴线

绘制完成的三条辅轴和①轴形成的区域就是雨篷所在的位置，回到雨篷建模界面，采用

“矩形”布置，任意点击选择一个封闭区域的一个顶点，然后点击连接对角线的另一个顶点，右键确定，绘制完成，如图 13.12 ～图 13.14 所示。

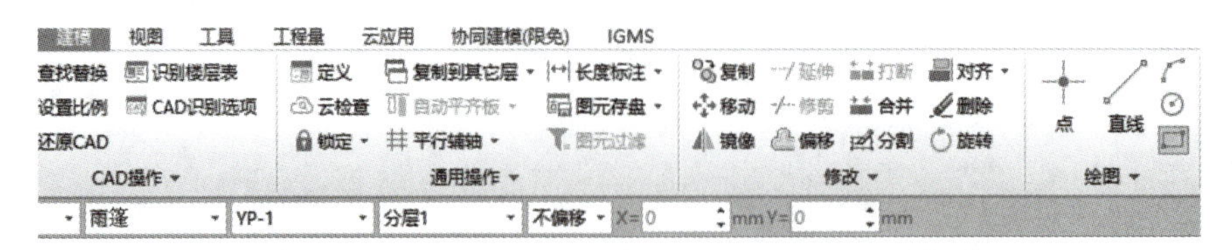

图13.12 “矩形”布置雨篷

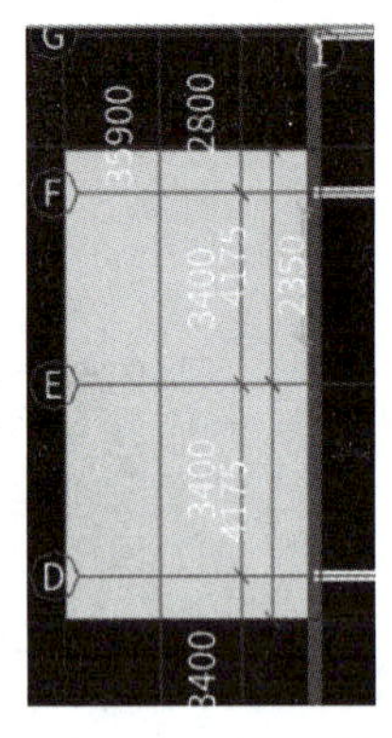

图13.13 布置雨篷

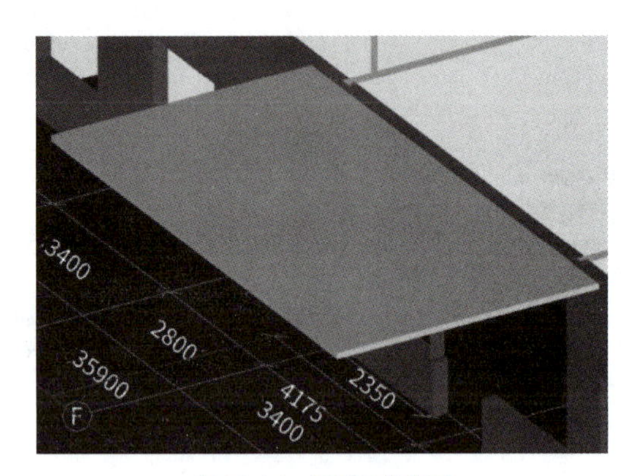

图13.14 雨篷三维效果

需要注意的是，这里绘制的雨篷是没有钢筋工程量的，雨篷的钢筋工程量需要在工程量中的表格输入完成，输入方法和前面章节中的楼梯的输入方法是一致的，这里不再介绍。

13.3.3 定义栏板

在导航树中，单击【其它】→【栏板】，在构件列表中单击【新建】→【新建矩形栏板】，如图 13.15、图 13.16 所示。以首层①轴左侧雨篷板上栏板为例。

修改栏板“属性列表”，按照图纸信息输入栏板属性信息，如图 13.17 所示。

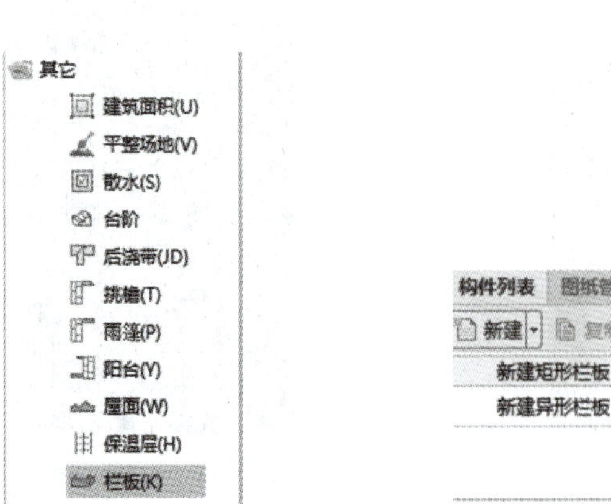

图13.15 导航树

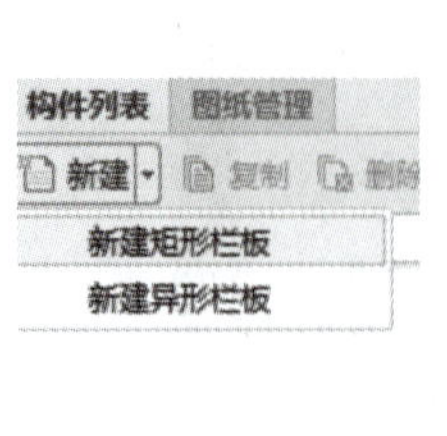

图13.16 新建矩形栏板

属性列表 图层管理

	属性名称	属性值
1	名称	LB-YP
2	截面宽度(mm)	150
3	截面高度(mm)	700
4	轴线距左边线距离...	(75)
5	水平钢筋	(2)⌀8@200
6	垂直钢筋	(2)⌀8@150
7	拉筋	
8	材质	预拌现浇混凝土
9	混凝土类型	(预拌混凝土)
10	混凝土强度等级	(C20)
11	截面面积(m²)	0.105
12	起点底标高(m)	层顶标高
13	终点底标高(m)	层顶标高

图13.17 栏板属性列表

① 名称：软件默认生成“LB-1”“LB-2”，因为工程中的栏板比较多，为了区分栏板的位置，因此本案例采用“LB-YP”表示雨篷栏板。

② 截面宽度：按照案例工程图纸“标高 4.10m 楼板平法施工图”分析，为 150mm。

③ 截面高度：按照案例工程图纸“标高 4.10m 楼板平法施工图”分析，为 700mm。

④ 水平钢筋：按案例工程图纸信息双排布置，且均为 ⌀8@200，软件中的“(2)”表示双排钢筋布置，因此属性对应栏输入“(2) ⌀8@200”即可。

⑤ 垂直钢筋：按案例工程图纸信息双排布置，且均为 ⌀8@150，软件中的“(2)”表示双排钢筋布置，因此属性对应栏输入“(2) ⌀8@150”即可。

⑥ 拉筋：按照案例工程图纸分析，栏板无拉筋，此处不输入任何信息。

⑦ 材质本工程使用预拌现浇混凝土。混凝土类型：为预拌混凝土。

⑧ 起点底标高和终点底标高：按照图纸分析，栏板底标高为雨篷板的顶标高，因此选择“层顶标高”。

13.3.4 绘制栏板

栏板属于线式构件，一般采用“直线”绘制。

① 操作步骤为：在栏板“建模”界面→选择构件列表中对应的栏板→“绘图”工具栏中选择“直线”→鼠标左键单击雨篷板的任意一个顶点，顺时针或者逆时针选择雨篷板所有的顶点，直至回到起点，右键确定，如图 13.18 所示。

② 此时栏板的位置和工程图纸有偏差，使用“偏移”功能进行调整，操作步骤如下：选中刚刚绘制好的所有栏板→右键选择“偏移”或者在工具栏中选择“偏移”→鼠标向内拖动，在输入窗口中输入“225”，回车绘制完成，如图 13.19 所示。

③ 栏板顶点多余部分进行修改，采用“移动”功能即可，如图 13.20、图 13.21 所示。

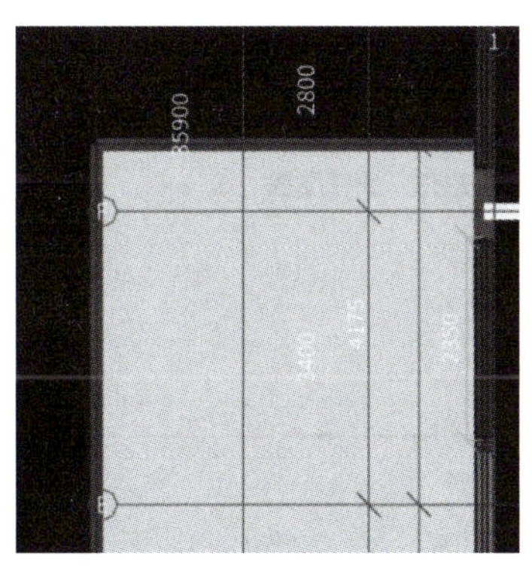

图13.18 布置栏板

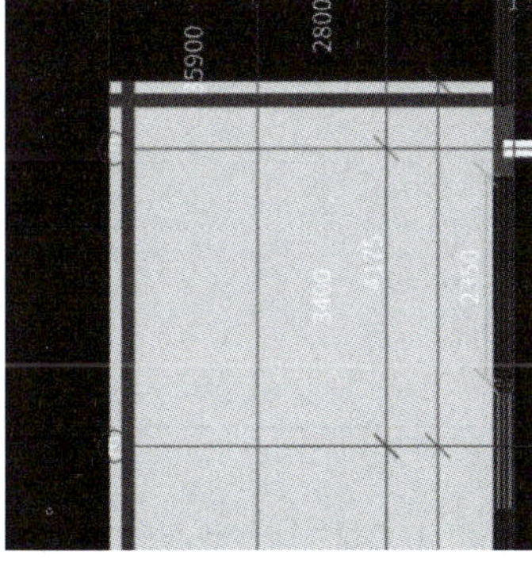

图13.19 偏移栏板

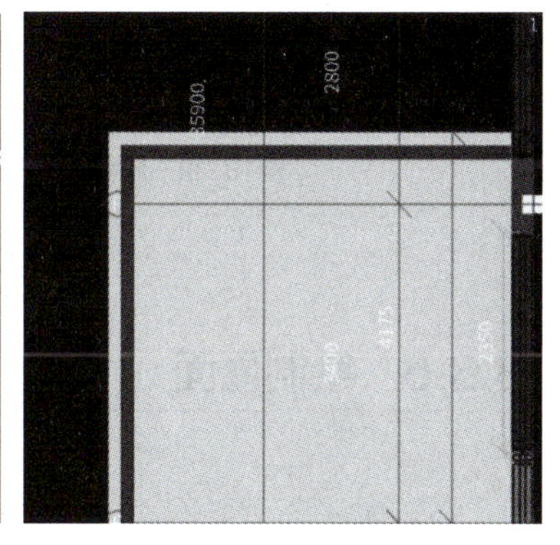

图13.20 修改栏板

图13.21 栏板的三维效果

13.3.5 定义屋面

在导航树中，单击【其它】→【屋面】，在构件列表中单击【新建】→【新建屋面】。以三层标高 10.1m 处②轴左侧和Ⓐ～Ⓕ轴之间屋面为例。

修改“属性列表”，按照案例工程图纸中“工程做法”“门窗表“门窗大样”屋面信息（图 13.22）输入属性列表，如图 13.23 所示。

类型	编号	使用部位	构造说明
屋面	①	用于：屋面—结构标高： 10.10m 13.20m 16.10m 17.20m	1. 20mm厚1:3 水泥砂浆保护层 2. 2mm厚石油沥青卷材隔离层 3. 4mm厚高聚物改性沥青防水卷材一道 4. 30mm厚C20 细石混凝土找平层 5. 70mm厚防火岩棉保温层 6. 20mm厚1:2.5水泥砂浆找平层 7. 1:8 水泥憎水型膨胀珍珠岩找2%坡，最薄处30mm厚 8. 钢筋混凝土屋面板

图13.22 屋面属性

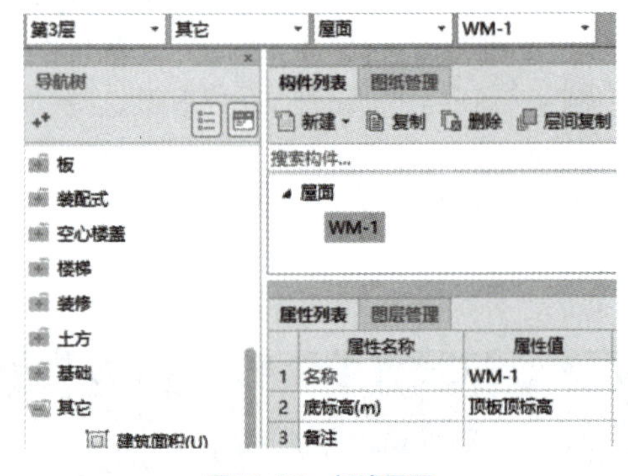

图13.23 新建屋面

13.3.6 绘制屋面

屋面属于面式构件，可以使用“点”绘制、“直线”绘制和“矩形”绘制。由于本工程三层局部为屋顶，需设置屋面，因此采用“直线”绘制或者“矩形”绘制更为合适，本案例采用“直线”绘制。

① 操作步骤：在屋面“建模”界面→选择构件列表中对应的屋面→“绘图”工具栏中选择“直线”→鼠标左键单击②轴左侧和Ⓐ～Ⓕ轴屋面板的任意一个顶点，顺时针或者逆时针选择区域内屋面板所有的顶点，直至回到起点，右键确定，如图 13.24 所示。

② 如果需要设置屋面防水卷边，操作步骤为：在屋面“建模”界面→“屋面二次编辑”中选择“设置防水卷边”(图13.25)→鼠标左键选中刚刚布置好的屋面→右键确定，弹出“设置防水卷边”对话框（图13.26）→输入工程中要求的高度，本案例输入“250”,【确定】即可，如图13.27所示。

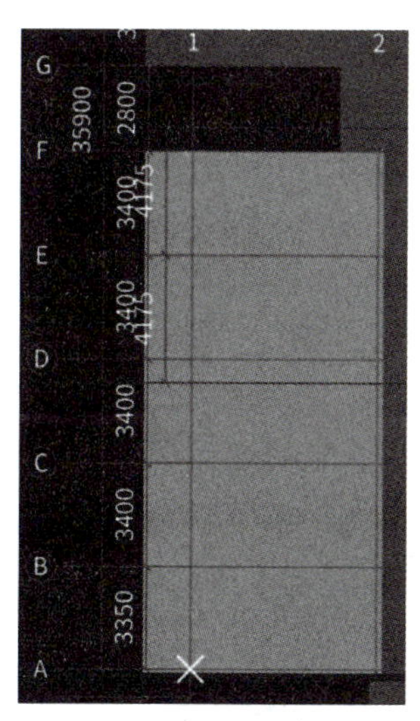

图13.24 布置屋面

13.3 屋面工程量计算

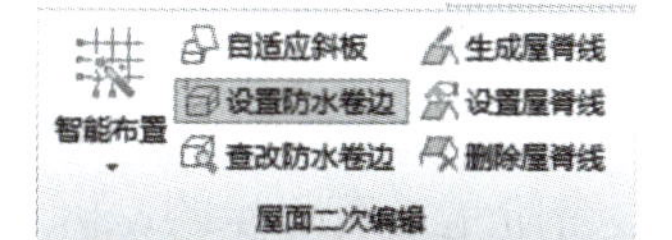

图13.25 设置防水卷边

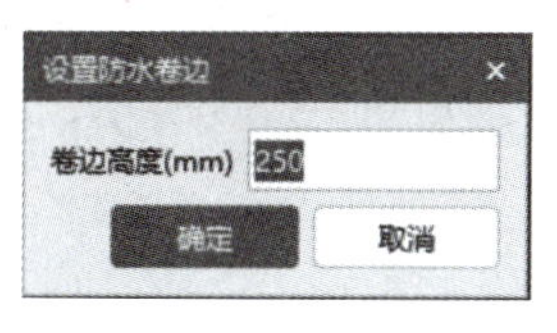

图13.26 卷边高度设置

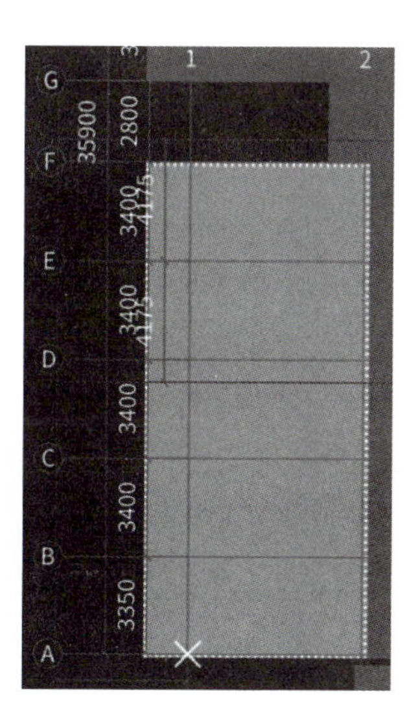

图13.27 防水卷边

13.4 台阶的定义与绘制

13.4.1 定义台阶

在导航树中，单击【其它】→【台阶】，在构件列表中单击【新建】→【新建台阶】，修改台阶“属性列表”，按照案例工程图纸“首层平面图”信息输入台阶属性信息，如图13.28所示。下面以首层①轴左侧大门口外台阶为例。

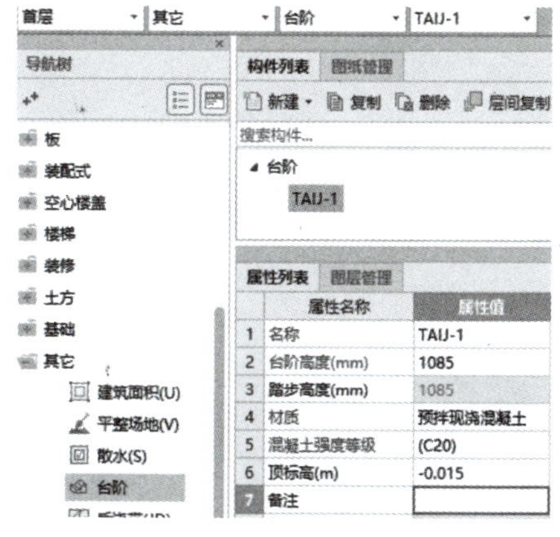

图13.28 新建台阶

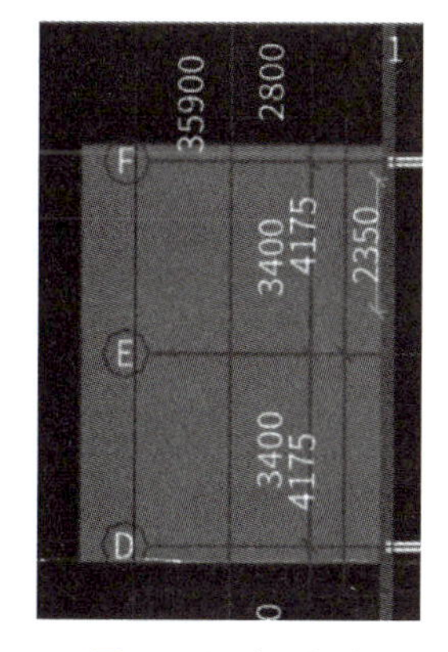

图13.29 布置台阶

① 名称：按照软件默认的即可。

② 台阶高度：按照案例工程图纸“首层平面图”分析，高度为台阶顶部标高 -0.015m 减去室外地坪标高 -1.1m，总高度为 1085mm。

③ 顶标高：按照案例工程图纸“首层平面图”分析，顶标高为 -0.015m。

13.4.2 绘制台阶

台阶属于面式构件，可以使用“点”绘制、“直线”绘制和“矩形”绘制。

台阶定义完毕后，回到“建模”界面进行绘制。本案例工程选用“矩形”绘制，根据案例工程图纸点击相关轴线交点，使用【Shift】键 + 鼠标左键输入偏移值，确定后完成台阶绘制，如图 13.29 所示。此时，台阶是没有踏步的，再点击“台阶二次编辑”中的“设置踏步边”，选中刚刚布置好的台阶最左侧边界线，弹出“设置踏步边”对话框，根据案例工程图纸分析，台阶总宽度为 2100mm，有 7 个踏步，因此，“踏步个数”输入“7”，“踏步宽度”输入“300”，点击【确定】即可，如图 13.30 所示，三维效果如图 13.31 所示。

13.4 台阶工程量计算

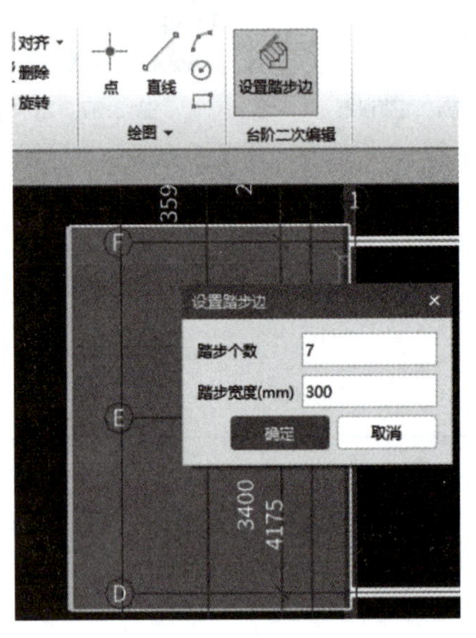

图13.30 设置踏步边

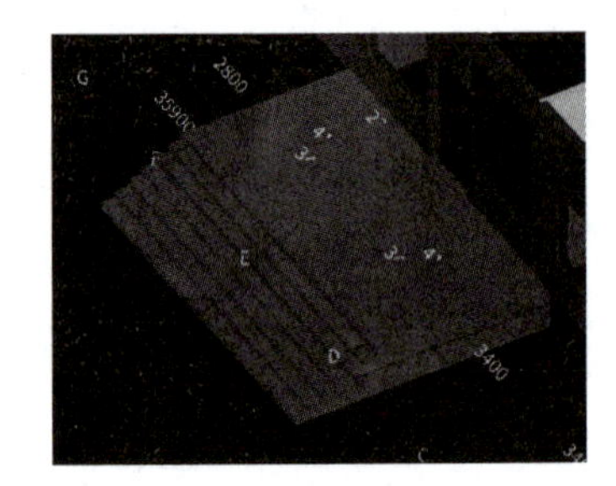

图13.31 台阶的三维效果

13.5 散水的定义与绘制

13.5.1 定义散水

在导航树中，单击【其它】→【散水】，在构件列表中单击【新建】→【新建散水】，如图 13.32 所示。以案例工程图纸中“首层平面图”的散水为例。

修改“属性列表”，按照案例工程图纸信息输入散水属性信息，如图 13.33 所示。

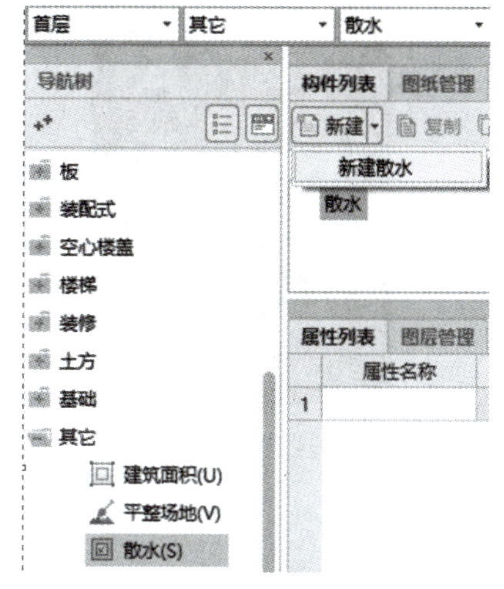

图13.32 新建散水

散水
SS-1

属性列表　图层管理

	属性名称	属性值
1	名称	SS-1
2	厚度(mm)	100
3	材质	预拌现浇混凝土
4	混凝土强度等级	(C20)
5	底标高(m)	-1.1
6	备注	
7	+ 钢筋业务属性	
10	+ 土建业务属性	
13	+ 显示样式	

图13.33 散水的属性列表

13.5 散水工程量计算

① 名称：按照软件默认的即可。

② 厚度：由于散水工程量计算的是面积，所以和厚度没有关系，此处不用调整，按照软件默认即可。

③ 底标高：按照案例工程图纸“首层平面图”分析，散水底标高应为室外地坪标高，此处为 -1.1m。

13.5.2 绘制散水

散水属于面式构件，可以采用“点”绘制、“直线”绘制、“矩形”绘制和“智能布置”绘制。

散水定义完毕后，回到“建模”界面进行绘制。本案例工程采用“智能布置”绘制，即先将外墙进行延伸或收缩处理，让外墙与外墙形成封闭区域，操作步骤如下。

在散水“建模”界面→选择构件列表中对应的散水→“散水二次编辑”中选择“智能布置”（图 13.34）→鼠标左键拉框选中Ⓐ~Ⓜ轴和①~④轴之间的外墙→右键确认，弹出“设置散水宽度”对话框→对话框中输入“900”，如图 13.35 所示，点击【确定】即可，绘制完成，如图 13.36 所示。

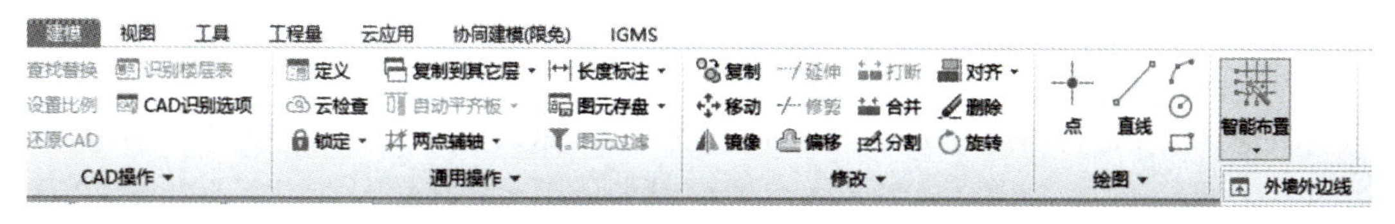

图13.34 智能布置

值得注意的是，对有台阶及坡道部分，可用分割的方式处理。如果不做分割，软件也会自动进行工程量的扣减。

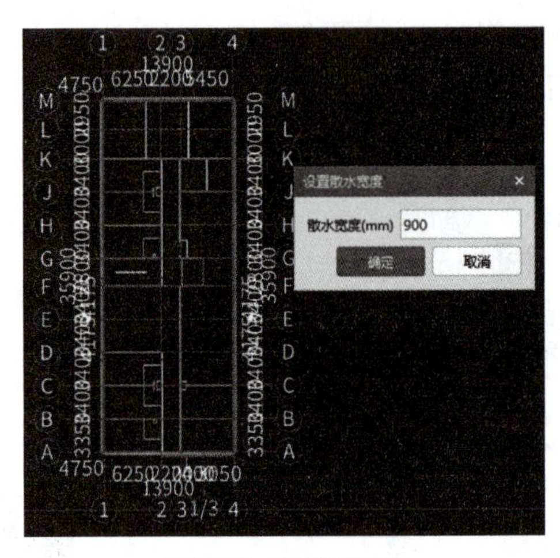

图13.35 设置散水宽度

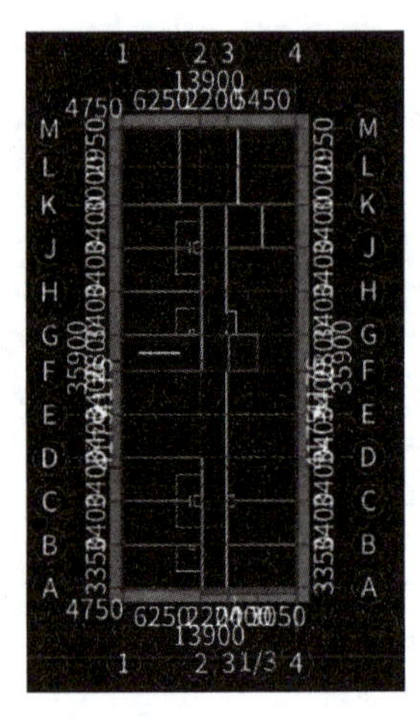

图13.36 布置散水

13.6 栏杆的定义与绘制

13.6.1 定义栏杆

在导航树中，单击【其它】→【栏杆扶手】，在构件列表中单击【新建】→【新建栏杆扶手】。以案例工程图纸“首层平面图”①轴左侧台阶两边栏杆为例。

修改“属性列表”，按照案例工程图纸信息输入栏杆扶手的属性信息，如图 13.37 所示。

① 名称：本工程多处位置有栏杆，使用“LGFS-TJ”表示台阶栏杆。

② 材质、类别、扶手截面形状、扶手半径、栏杆截面形状、栏杆半径：根据案例工程图纸设置。

③ 高度和间距：按照案例工程图纸进行设置。

④ 起点底标高和终点底标高：起点和终点代表栏杆绘制的方向，因为栏杆位于台阶的顶面，因此标高设置为“台阶顶标高”。

⑤ 栏杆的工程量主要计算长度，对于高度和间距影响不大，除了标高信息需要进行调整，其他属性也可以按照软件默认。

图13.37 新建栏杆

13.6.2 绘制栏杆

栏杆属于线式构件，可以采用“点”绘制、“直线”绘制和“智能”绘制。

本案例工程中栏杆采用“直线”绘制方法。根据案例工程图纸“首层平面图”中台阶栏杆的位置采用直线的方法绘制完成即可。

13.7 其他构件建模及算量技能拓展

① 当某一层建筑面积计算规则不一样时，有几个区域就要建立几个建筑面积属性，利用虚墙的方法分别进行绘制。

② 台阶绘制后，还要根据实际图纸设置台阶起始边。

③ 涉及一些在软件中不容易建模或软件中没有的构件，可以通过表格输入的方式计算其工程量。

④ 压顶的定义与绘制。

13.7.1 定义压顶

在导航树中，单击【其它】→【压顶】，在构件列表中单击【新建】→【新建矩形压顶】，如图 13.38 所示。下面以主屋面女儿墙压顶为例。

修改“属性列表”，按照案例工程图纸“结构设计说明”输入压顶的属性信息，要注意的是，“其它”构件中压顶的钢筋信息是需要在工程量“表格输入”里面完成的，或者也可以在属性列表中“钢筋业务属性”中的“其他钢筋”里面输入，与楼梯构件一致，这里不再介绍压顶钢筋工程量，如图 13.39 所示。

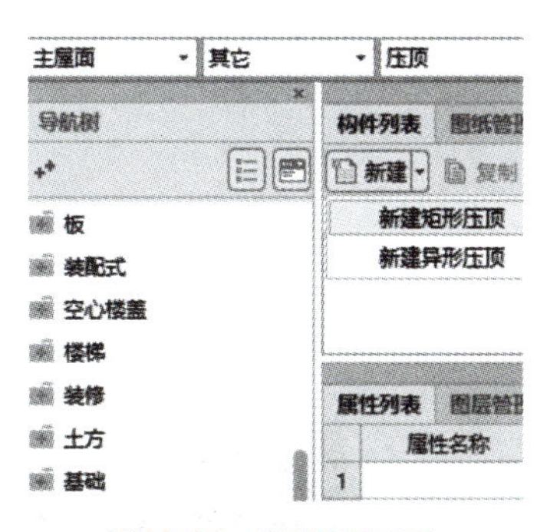

图13.38 新建矩形压顶

	属性名称	属性值
1	名称	YD-1
2	截面宽度(mm)	120
3	截面高度(mm)	200
4	轴线距左边线...	(60)
5	材质	预拌现浇混凝土
6	混凝土类型	(预拌混凝土)
7	混凝土强度等级	(C20)
8	截面面积(m²)	0.024
9	起点顶标高(m)	墙顶标高
10	终点顶标高(m)	墙顶标高

图13.39 压顶的属性列表

结合案例工程图纸可知，压顶截面尺寸为 120mm×200mm，混凝土强度等级图纸未做说明，按 C20 处理，因为压顶的位置是在女儿墙的墙顶，所以起点、终点顶标高均设置为“墙顶标高”。

13.7.2 绘制压顶

压顶定义完毕后，回到“建模”界面进行绘制，可利用“智能布置”中按“墙中心线”

进行布置即可。

13.7.3 圈梁绘制压顶

压顶构件也有可用圈梁构件来代替，可以直接解决有压顶钢筋工程量的输入问题，但要注意名称的定义和套用压顶的清单与定额项目。

在导航树中，单击【梁】→【圈梁】，在构件列表中单击【新建】→【新建矩形圈梁】如图 13.40 所示。下面仍以主屋面女儿墙压顶为例。

修改“属性列表”，按照案例工程图纸“结构设计说明”输入压顶的属性信息，要注意的是，这里可以直接输入压顶的钢筋信息，不用在“表格输入”里面重复输入，如图 13.41 所示。

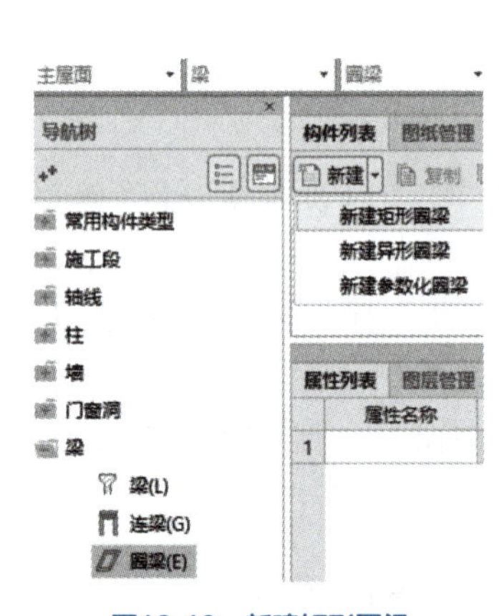

图13.40 新建矩形圈梁

属性列表 图层管理

	属性名称	属性值
1	名称	女儿墙压顶
2	截面宽度(mm)	120
3	截面高度(mm)	200
4	轴线距梁左边...	(60)
5	上部钢筋	2⌀10
6	下部钢筋	2⌀10
7	箍筋	⌀6@250
8	肢数	2
9	材质	预拌现浇混凝土
10	混凝土类型	(预拌混凝土)
11	混凝土强度等级	(C20)
12	混凝土外加剂	(无)
13	泵送类型	(混凝土泵)
14	泵送高度(m)	
15	截面周长(m)	0.64
16	截面面积(m²)	0.024
17	起点顶标高(m)	层顶标高
18	终点顶标高(m)	层顶标高

图13.41 属性列表

9)女儿墙压顶及水平通窗窗台设圈梁，除注明外，断面120mm×墙厚，纵筋4⌀10，箍筋⌀6@250(2)。

图13.42 女儿墙属性

属性列表中名称采用汉字输入的方式，清楚明了，工程量更好提取，截面尺寸和信息按照图 13.42 填写即可。

压顶定义完毕后，回到“建模”界面进行绘制，可利用“智能布置”中按“墙中心线”进行布置即可，操作步骤如下。

在圈梁的“建模”界面→“圈梁二次编辑”中的“智能布置”→“墙中心线”→鼠标左键选择所有的女儿墙→右键确认，绘制完成，如图 13.43 所示。

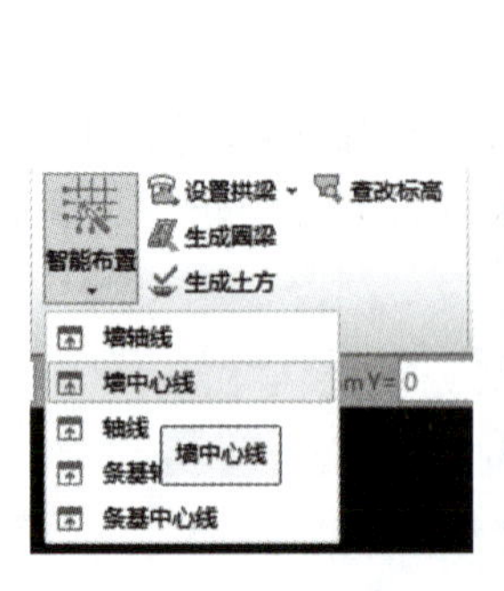

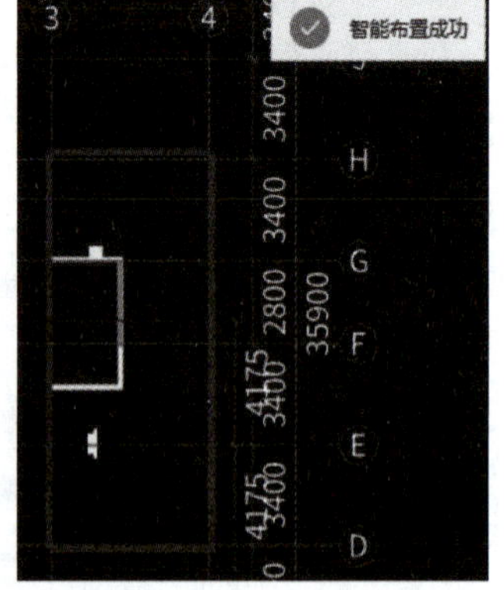

图13.43 智能布置压顶

一、选择题

1. 计算建筑面积时，下列描述不正确的工程量清单计算规则是（　　）。

A. 建筑物顶部有围护结构的楼梯间，层高不足2.20m的不计算

B. 建筑物大厅内层高不足2.20m的回廊，按其结构底板水平面积的1/2计算

C. 有永久性顶盖的室外楼梯，按自然层水平投影面积的1/2计算

D. 建筑物内的变形缝应按其自然层合并在建筑物面积内计算

2.《建筑工程建筑面积计算规范》中，以下需要计算建筑面积的是（　　）。

A. 建筑物内的变形缝　　B. 建筑物内的设备管道夹层

C. 建筑物内分隔的单层房间　　D. 屋顶水箱

3. 单层建筑物高度在（　　）m 及以上者应计算全面积；高度不足（　　）m 者应计算 1/2 面积。

A. 2.00　　B. 2.10

C. 2.20　　D. 2.30

4. 下面有关建筑面积在软件中处理说法不正确的是（　　）。

A. 建筑面积的原始面积工程量是指绘制的建筑面积多边形的面积，即画多大就是多大

B. 建筑面积的面积工程量是指计算面积再扣减天井、加阳台、楼梯等建筑面积；其中计算面积与构件属性中“建筑面积计算方式”关联

C. 软件中阳台、雨篷、楼梯要计算的建筑面积，与构件属性中“建筑面积计算方式”关联，同时需要在阳台、雨篷、楼梯范围内绘制建筑面积

D. 净空超过2.10m的部位应计算全部面积，净空在1.20～2.10m的部位应计算1/2面积，净空不足1.20m的部位不应计算面积，在软件中，顶层斜屋面的建筑面积可以按2.10m、1.20m进行分段计算

二、技能操作题

绘制图纸工程中的散水、雨篷、台阶、楼梯、挑檐、屋面等构件，并计算其工程量。

表格输入

知识目标

- 掌握参数输入法计算钢筋工程量的方法
- 掌握直接输入法计算钢筋工程量的方法

技能目标

- 能够根据图纸，采用表格参数输入计算钢筋工程量
- 能够根据图纸，采用表格直接输入计算钢筋工程量

素质目标

- 具有认真严谨的工作态度，严格按照图纸进行图形参数设置和模型创建
- 具有规则意识，按照工程项目要求的清单和定额规则进行算量
- 具备统筹规划、结合实际、灵活机动的能力，利用表格计算工程量时，如参数一致，可以通过修改构件数量或复制到其他楼层，一次建模，多次应用。

任务说明

① 通过参数输入法计算 1# 楼梯间负一层楼梯钢筋工程量。

② 通过直接输入法计算楼板放射筋工程量。

操作步骤

工程量→表格输入→钢筋→新建构件。

任务实施

14.1 参数输入法计算楼梯钢筋工程量

14.1.1 分析图纸

楼梯构件的建立在这里不再赘述，前面章节中已经进行了讲解。GTJ2021 版楼梯构件包含钢筋信息，但 2021 年以前的版本都需要通过表格输入的形式进行楼梯钢筋的计算，这里以案例工程图纸中的 1# 楼梯间为例，介绍如何通过表格输入添加楼梯构件钢筋信息。

查看案例工程图纸结施 1# 楼梯间结构剖面图和平面图，了解楼梯的位置、类别、尺寸信息和钢筋信息，如图 14.1 所示。楼梯为 ATb 型，梯板厚 h=130mm，梯段高 1950mm，13 级踏步，踏步宽 280mm，梯段净宽 1100mm，TL 宽 250mm，梯板上部钢筋 ⌀12@150（贯通），下部钢筋 ⌀12@150，分布筋 ϕ8@200。

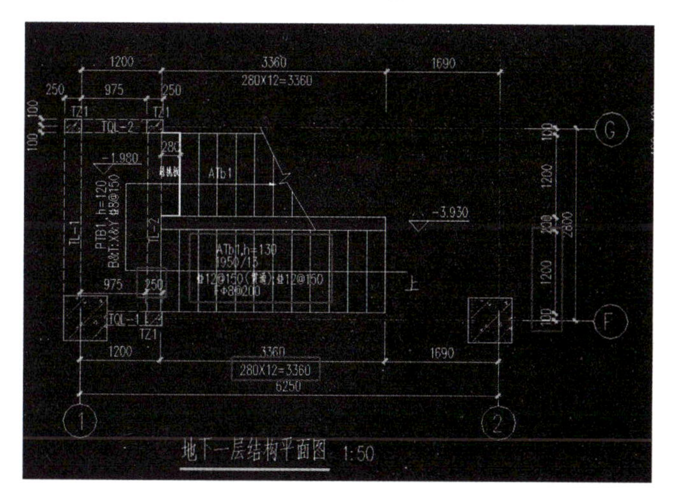

图14.1　1#楼梯间结构平面图

14.1 楼梯钢筋表格输入

14.1.2　表格输入新建构件

切换到“基础层”，菜单栏“工程量”→“表格输入”，弹出对话框“表格输入”，如图 14.2 所示。

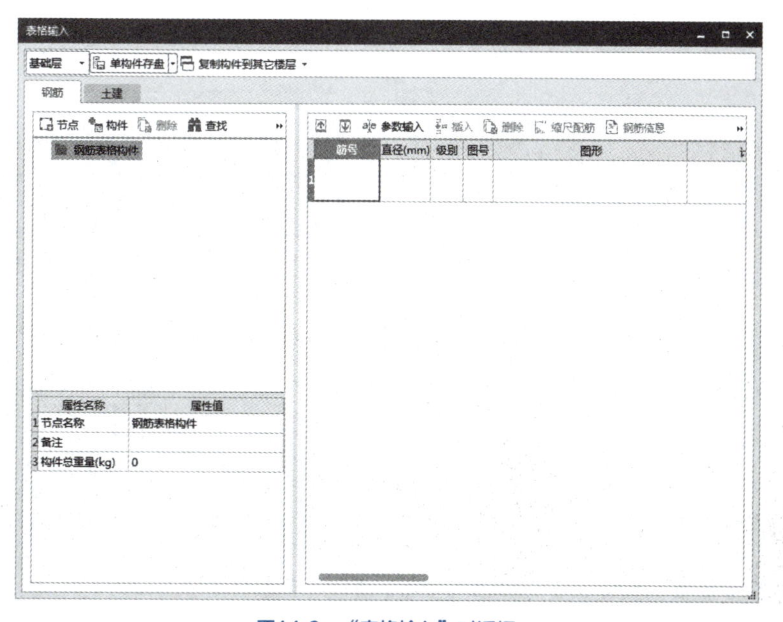

图14.2　“表格输入”对话框

选择“钢筋”选项卡，鼠标单击【构件】，新建构件“LT-1”，如图 14.3 所示。

鼠标左键单击“参数输入”，出现“图集列表”，选择“11G101-2 楼梯”→“ATb 型楼梯”，如图 14.4 所示。

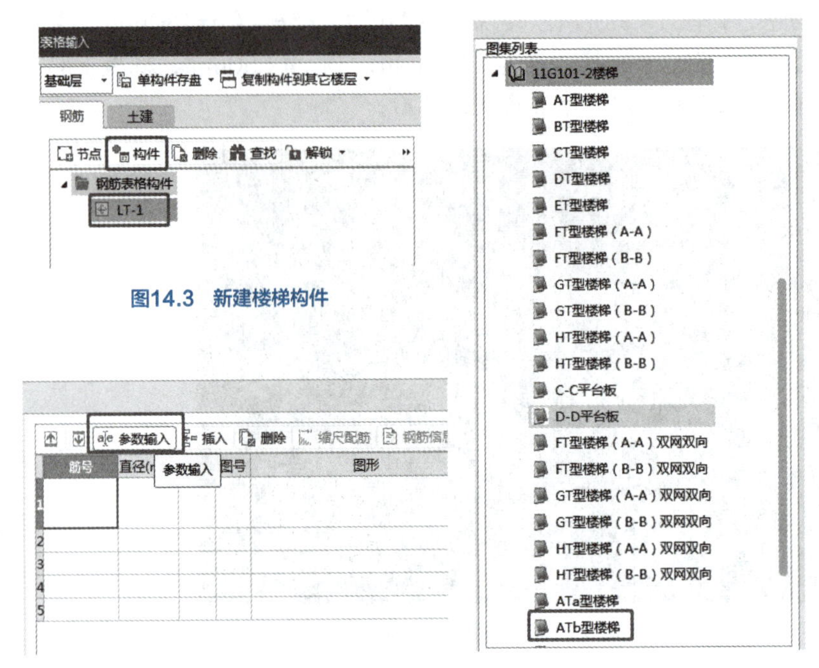

图14.3 新建楼梯构件

图14.4 选择图集

14.1.3 修改图形参数

根据楼梯结构图，修改“表格输入”→“图形显示”中的参数，最后点击右上角【计算保存】，如图 14.5 所示。楼梯钢筋汇总计算结果就在“图形显示”下方列表呈现出来了，见图 14.6。

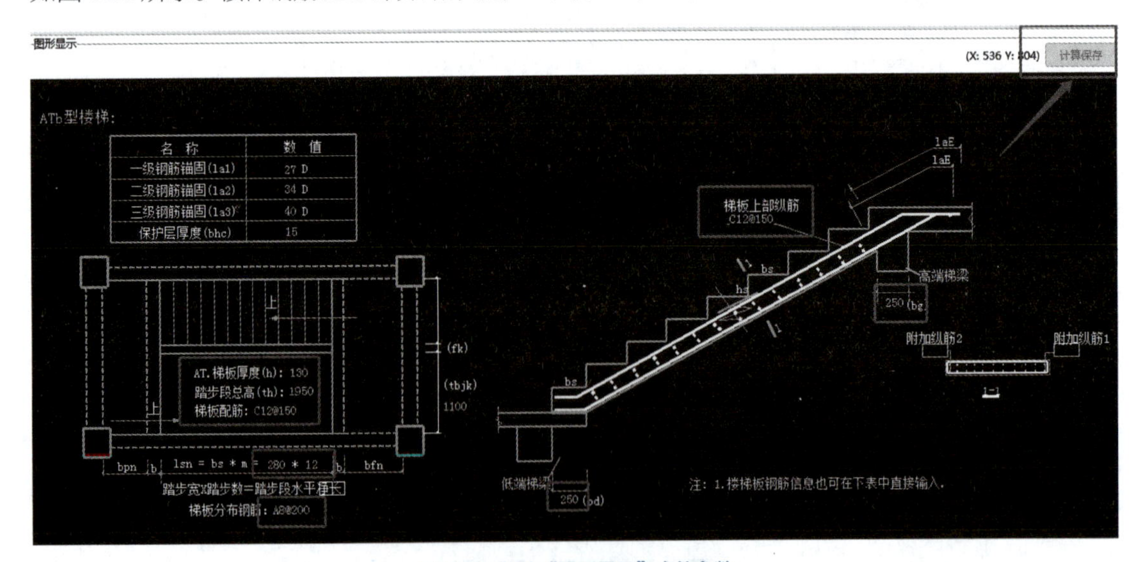

图14.5 修改“图形显示”中的参数

参数设定完成后，一定要单击“计算保存”，否则，一旦切换构件或者关闭对话框，设定的参数都会丢失。

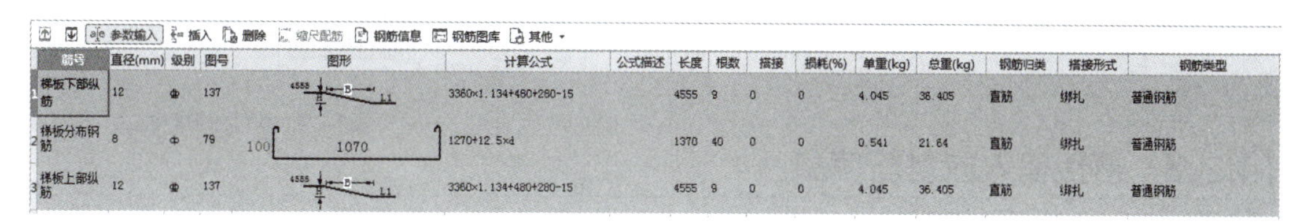

筋号	直径(mm)	级别	图号	图形	计算公式	公式描述	长度	根数	搭接	损耗(%)	单重(kg)	总重(kg)	钢筋归类	搭接形式	钢筋类型
1 梯板下部纵筋	12	Φ	137	4555 B L1	3360×1.134+480+280-15		4555	9	0	0	4.045	36.405	直筋	绑扎	普通钢筋
2 梯板分布钢筋	8	Φ	79	100 1070	1270+12.5×d		1370	40	0	0	0.541	21.64	直筋	绑扎	普通钢筋
3 梯板上部纵筋	12	Φ	137	4555 B L1	3360×1.134+480+280-15		4555	9	0	0	4.045	36.405	直筋	绑扎	普通钢筋

图14.6 自动汇总计算结果

由于计算的只是一个梯段，而平行双跑楼梯是由两个梯段组成，因此将“构件数量”的属性值改为“2”，最后再单击【锁定】，这样创建好的构件就不能再进行编辑，见图14.7。

楼梯构件除了楼梯梯段，还包括休息平台板、梯梁和梯柱。休息平台板可以用“现浇板”构件进行创建，梯梁和梯柱分别用“梁”和“构造柱”创建，在这里不再赘述。

图14.7 修改梯段数量

14.2 直接输入法计算钢筋工程量

14.2.1 放射筋定义

放射筋一般布置在屋面板挑出部分的四个角处，呈放射状布置，所以叫做放射筋。放射筋常设置在挑檐板转角、外墙阳角、大跨度板的角部等处，这类地方容易产生应力集中，造成混凝土开裂，所以要加放射筋。根据构造要求，一般放射筋钢筋数量不应少于7Φ10，长度应该大于板跨的1/3，而且不应该小于2000mm。如图14.8所示。

14.2 放射筋表格输入

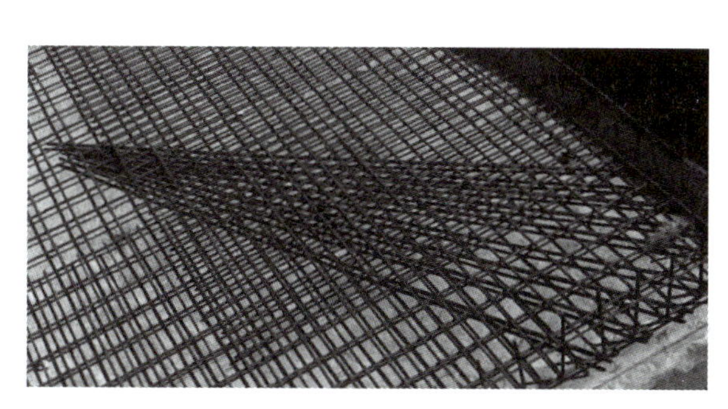

图14.8 放射筋图片

14.2.2 表格输入新建构件

① 菜单栏“工程量”→【表格输入】，弹出对话框“表格输入”。

② 在“表格输入”中，单击【构件】新建构件，命名“放射筋”，如图 14.9 所示。

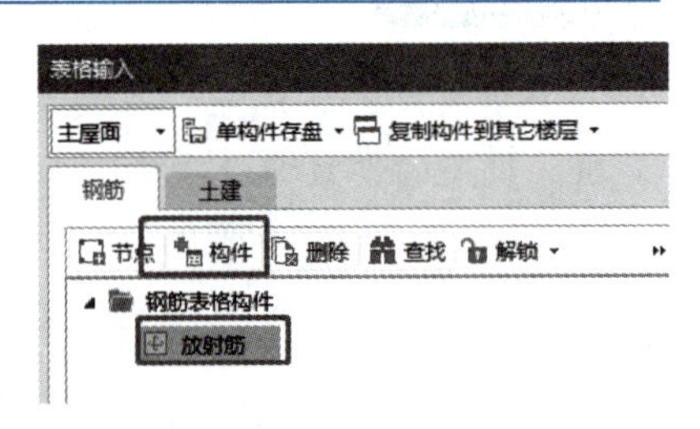

图14.9 新建放射筋构件

14.2.3 直接输入放射筋信息

在直接输入的界面，如图 14.10 所示，“筋号”输入“放射筋 1”；“直径”中选择相应的直径，例如“16”；选择“钢筋级别”，例如三级钢筋“Φ”；单击“图号”栏里的“...”，弹出对话框“选择钢筋图形”，例如选择“两个弯折”其中的第一个图形，单击【确定】，如图 14.11 所示；在“图形”一栏中可以修改图形的参数，例如 L=1500，H=120，软件会自动计算出钢筋的长度；再选择“根数”，例如“5”根，这样钢筋的工程量就自动计算出来了。

图14.10 表格直接输入钢筋信息

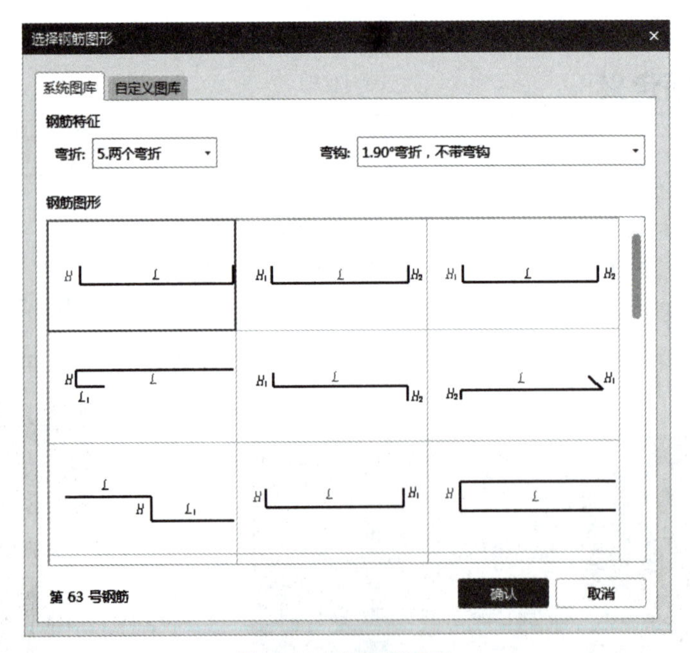

图14.11 选择钢筋图形

采用同样的方法可以添加其他形状的钢筋，并计算工程量。

一、思考题

1. 表格输入中的直接输入法适用于哪些构件？
2. 表格输入的数据能否汇总计算计入报表？
3. 当构件参数一致，数量为多个时，如何通过表格输入设置？

二、技能操作题

完成图纸中楼梯钢筋、雨篷钢筋及其他不能在建模中输入的钢筋工程量计算。

做法套用及工程量汇总

知识目标

- 掌握做法套用的方法
- 掌握汇总计算的方法
- 掌握查看构件钢筋计算结果
- 掌握查看构件土建计算结果

技能目标

- 能够根据图纸准确套用清单及定额
- 会进行汇总计算
- 会查看钢筋量、编辑钢筋、查看钢筋三维图形
- 能够准确查看土建工程量、查看计算式

素质目标

- 具有认真严谨的工作态度，严格按照图纸进行模型构建
- 具有规则意识，按照工程项目要求的清单和定额规则进行算量
- 具有良好的沟通能力，能在对量过程中以理服人

15.1 做法套用

任务说明

完成图纸（基础～-0.100m 框架柱平法施工图）负一层 KZ-10（Ⓐ轴与③轴交叉处）的做法套用。

任务实施

做法套用是指构件按照计算规则计算汇总出做法工程量，方便进行同类项汇总，同时与计价软件数据对接。构件做法套用，可手动添加清单定额、查询清单定额库添加、查询匹配清单定额添加来实现。

构件定义好，需要进行做法套用，下面以框架柱 KZ-10 为例，柱需要算的工程量有混凝土和模板两大项，因此分别添加混凝土和模板两个清单及定额项。

15.1.1 柱混凝土做法套用

（1）构件做法

单击【定义】，在弹出的“定义”界面中选择“KZ-10”，单击【构件做法】，如图15.1所示。

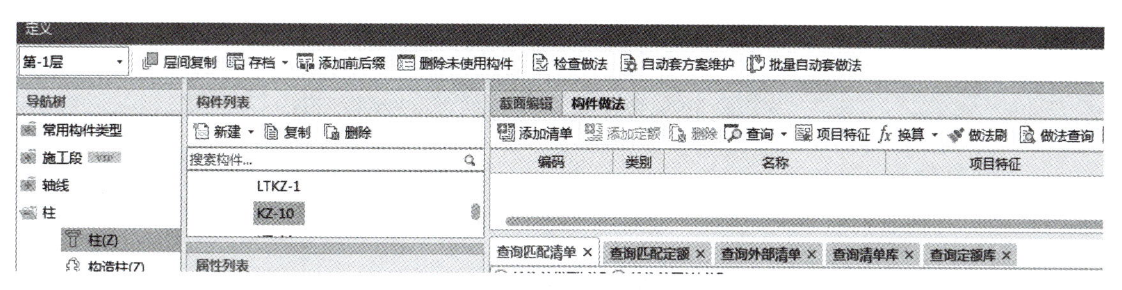

图15.1 构件做法

（2）套用混凝土清单

方法一：点击【查询匹配清单】，弹出匹配清单列表，在匹配清单列表中双击“010502001”将其添加到做法表中；软件默认的是“按构件类型过滤”，此处选择“按构件属性过滤”查询匹配清单，这样查找范围更小。如图15.2所示。

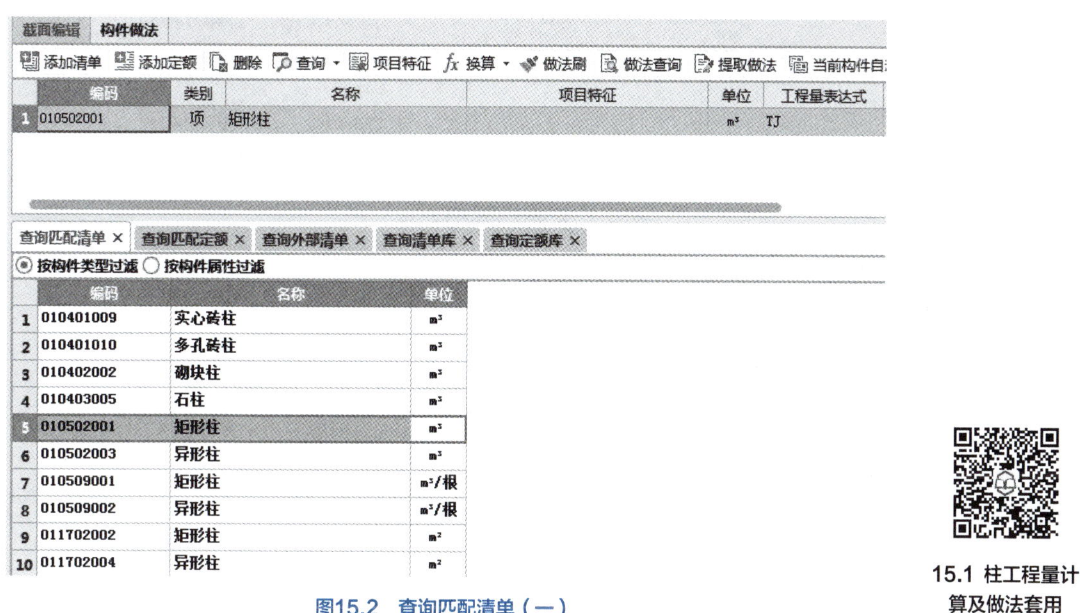

图15.2 查询匹配清单（一）

15.1 柱工程量计算及做法套用

方法二：单击【查询清单库】，选择“混凝土及钢筋混凝土工程”→“现浇混凝土柱”→双击“010502001”将其添加到做法表中，如图15.3所示。

（3）添加项目特征

单击【项目特征】，添加项目特征，在项目特征列表中“混凝土种类”选择“预拌”，“混凝土强度等级”选择“C35”，填写完成柱的项目特征，如图15.4所示。

（4）添加定额

单击【添加定额】，单击【查询定额库】，选择“混凝土及钢筋混凝土工程”→“预拌混凝土（现浇）”→“柱”→双击“A4-172”将其添加到做法表中，如图15.5所示。

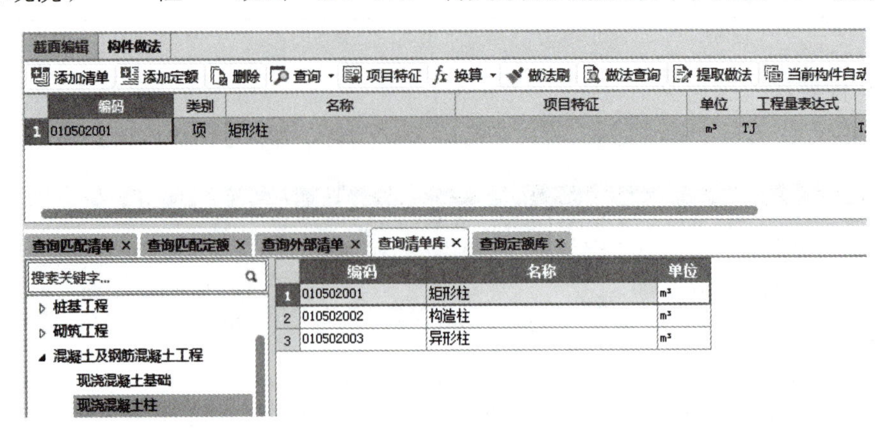

图15.3　查询清单库

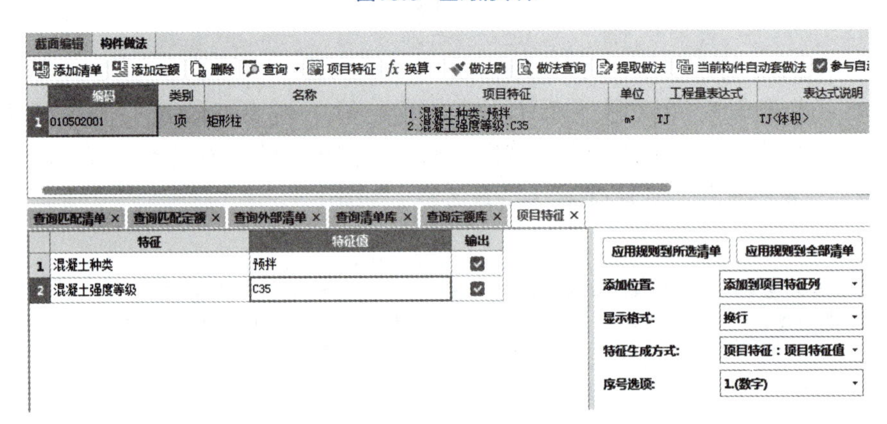

图15.4　矩形柱项目特征

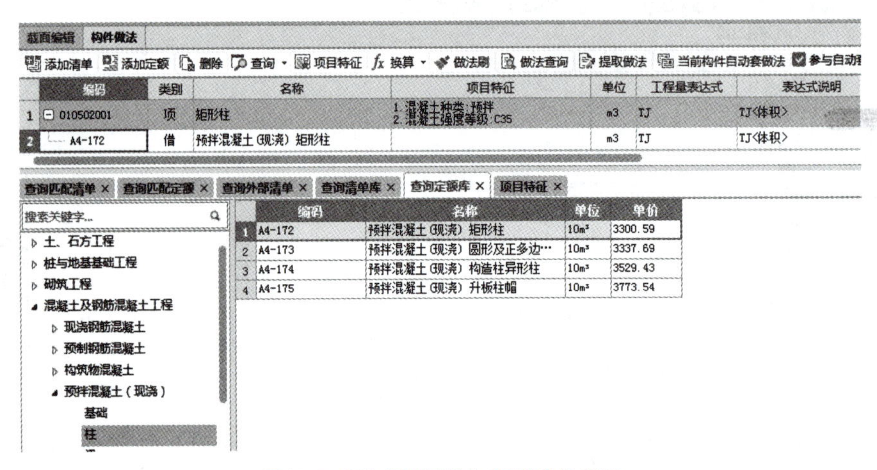

图15.5　添加预拌混凝土（现浇）柱定额

15.1.2　模板做法套用

（1）添加清单

单击【添加清单】，添加空清单行，点击【查询匹配清单】，弹出匹配清单列表，在匹配清单列表中双击“011702002”将其添加到做法表中，如图 15.6 所示。

截面编辑 构件做法

添加清单 添加定额 删除 查询 项目特征 fx 换算 做法刷 做法查询 提取做法 当前构件自

	编码	类别	名称	项目特征	单位	工程量表达式
1	010502001	项	矩形柱	1.混凝土种类:预拌 2.混凝土强度等级:C35	m³	TJ
2	A4-172	借	预拌混凝土(现浇) 矩形柱		m³	
3	011702002	项	矩形柱		m²	MBMJ

查询匹配清单 × 查询匹配定额 × 查询外部清单 × 查询清单库 × 查询定额库 × 项目特征 ×

◉ 按构件类型过滤 ○ 按构件属性过滤

	编码	名称	单位
1	010401009	实心砖柱	m³
2	010401010	多孔砖柱	m³
3	010402002	砌块柱	m³
4	010403005	石柱	m³
5	010502001	矩形柱	m³
6	010502003	异形柱	m³
7	010509001	矩形柱	m³/根
8	010509002	异形柱	m³/根
9	011702002	矩形柱	m²
10	011702004	异形柱	m²

图15.6 查询匹配清单（二）

（2）添加项目特征

单击【项目特征】，由于矩形柱模板的项目特征软件并未给出，其添加项目特征的方法具体如下。

方法一，在“项目特征”处直接输入“1. 复合木模板”，如图 15.7 所示。

方法二，单击“项目特征”处⋯，弹出“编辑项目特征”对话框，如图 15.8 所示，直接输入“1. 复合木模板”，单击【确定】即可。

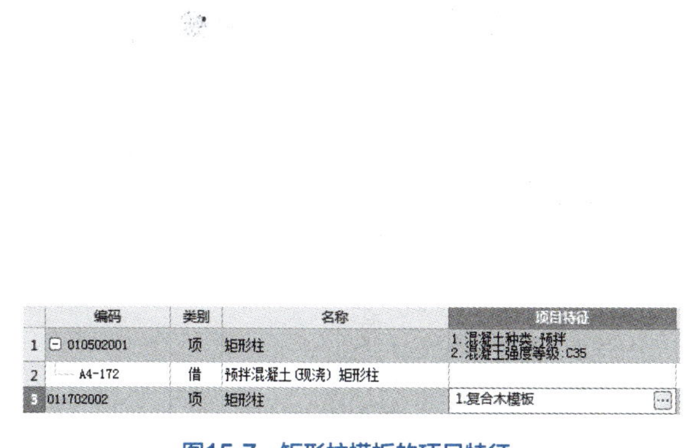

	编码	类别	名称	项目特征
1	010502001	项	矩形柱	1.混凝土种类:预拌 2.混凝土强度等级:C35
2	A4-172	借	预拌混凝土(现浇) 矩形柱	
3	011702002	项	矩形柱	1.复合木模板

图15.7 矩形柱模板的项目特征

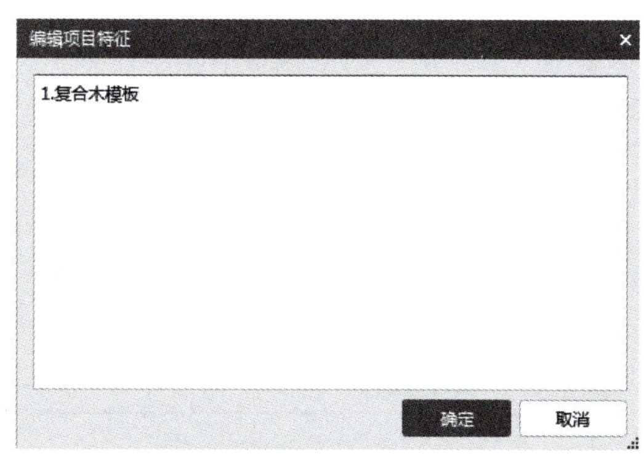

图15.8 编辑模板项目特征

（3）添加定额

在模板清单下“添加定额”，模板清单项下需要添加模板定额及超高模板定额，“查询定额库”→“模板工程”→“现浇混凝土模板”→“复合木模板”→“柱”→左键双击“A12-58”定额，完成模板定额添加，如图 15.9 所示。

相同方式，木模板中找到超高模板，添加超高模板定额项，如图 15.10 所示。

截面编辑 构件做法

添加清单 添加定额 删除 查询 项目特征 换算 做法刷 做法查询 提取做法 当前构件自动套做法 参与自动套

	编码	类别	名称	项目特征	单位	工程量表达式	表达式说明
1	010502001	项	矩形柱	1.混凝土种类:预拌 2.混凝土强度等级:C35	m³	TJ	TJ<体积>
2	A4-172	借	预拌混凝土(现浇) 矩形柱		m³	TJ	TJ<体积>
3	011702002	项	矩形柱	1.复合木模板	m²	MBMJ	MBMJ<模板面积>
4	A12-58	借	现浇混凝土复合木模板 矩形柱		m²		

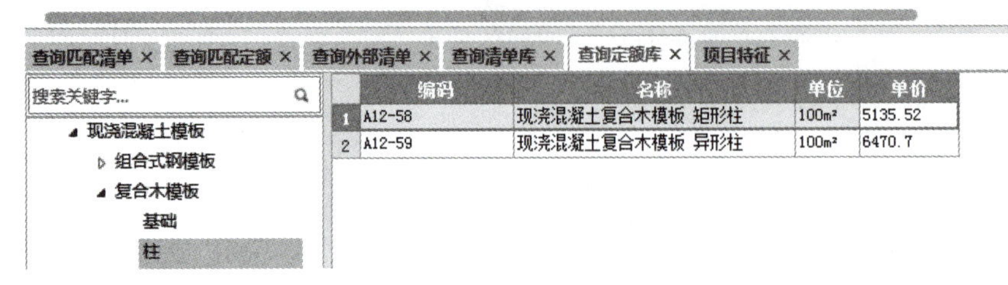

图15.9 添加模板定额

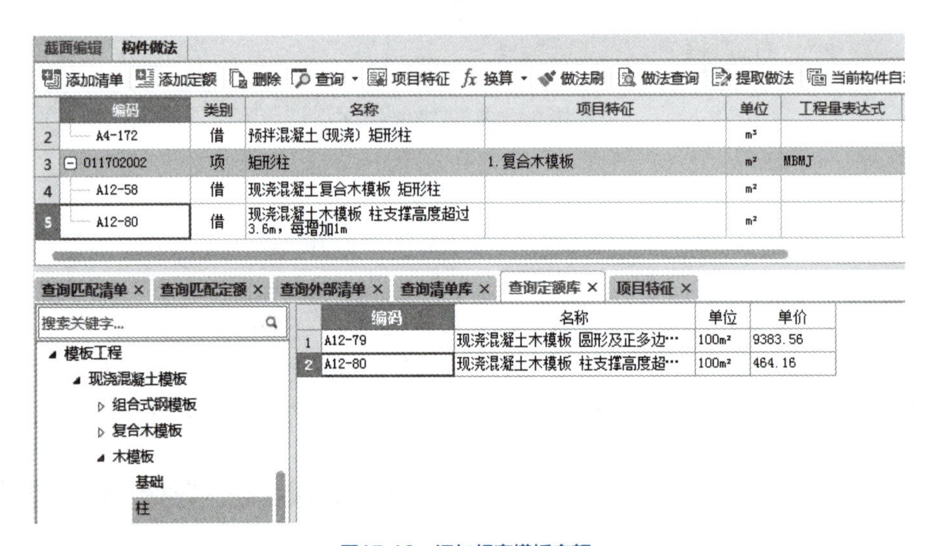

图15.10 添加超高模板定额

KZ-10 清单定额做法套用完成，在套项过程中一定要注意各清单项目特征的添加，以及清单项目特征表达式的选择。

15.1.3 做法刷

由于其他柱及梯柱套项方式与 KZ-10 完全相同，因此可以使用“做法刷”的方式完成其他柱的套项，操作方法如下。

选中所有清单定额项，单击【做法刷】，如图 15.11 所示。

在弹出的“做法刷”对话框中单击【过滤】→“工程同类型构件”→选择“覆盖”→☑勾选全部需要套用做法的柱构件，如图 15.12 所示，单击【确定】，完成其他柱套项。

其他结构构件做法套用与柱套项方法相同，不再赘述。

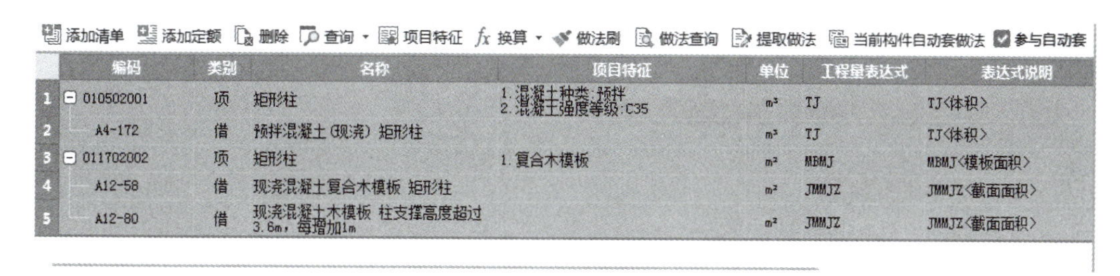

图15.11 做法刷

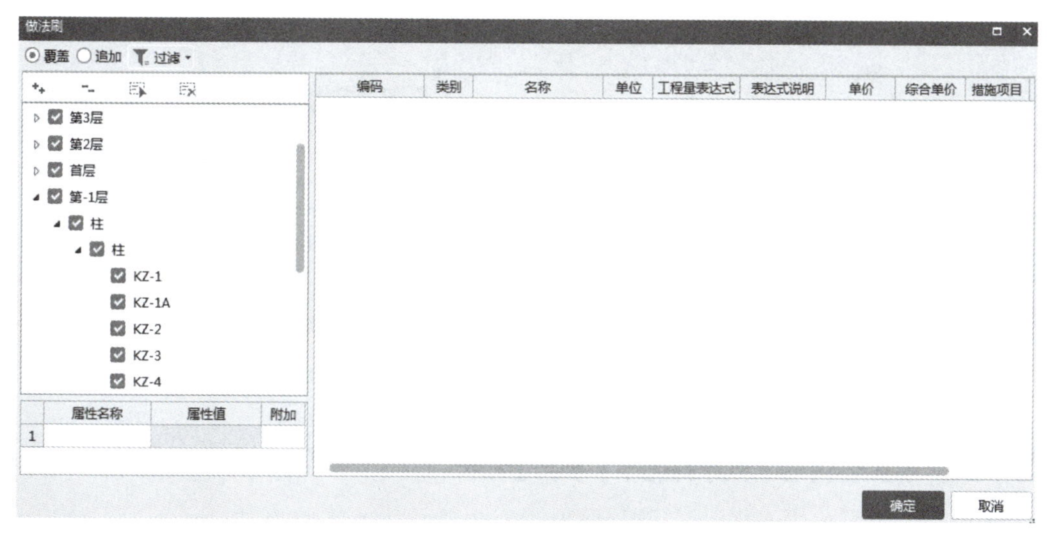

图15.12 需要套用做法的柱构件

15.2 汇总计算

任务说明

汇总负一层构件的土建及钢筋工程量。

任务实施

构件绘制完成后，要知道工程量时，采用“汇总计算”。

操作方法：单击“工程量”选项卡上的【汇总计算】，弹出“汇总计算”对话框，如图 15.13 所示。

① 全楼：可以选中当前工程中的所有楼层，在全选状态下再次单击，即可将所选的楼层全部取消选择。

② 土建计算：计算所选楼层及构件的土建工程量。

③ 钢筋计算：计算所选楼层及构件的钢筋工程量。

④ 表格输入：在表格输入前打勾，表示只汇总表格输入方式下的构件的工程量。

若“土建计算”“钢筋计算”“表格输入”前都打钩，则工程中所有的构件都将进行汇总计算。

选择需要汇总计算的负一楼层所有构件，单击【确定】，软件开始计算并汇总选中楼层构件的相应工程量，计算完毕，弹出“计算汇总”对话框，如图 15.14 所示，根据所选范围的大小和构件数量多少，需要的计算时间是不同的。

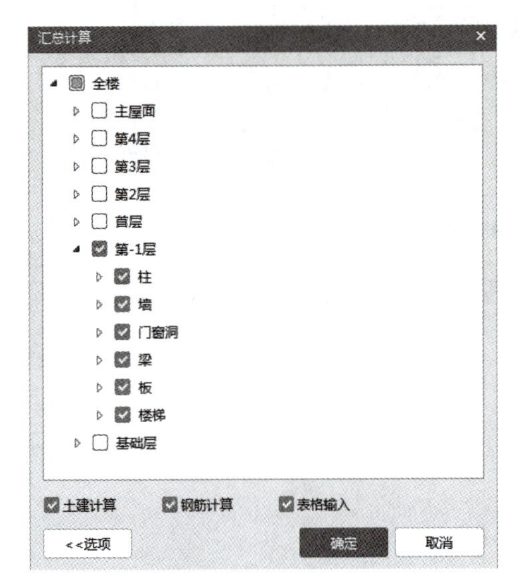

图15.13 汇总计算构件

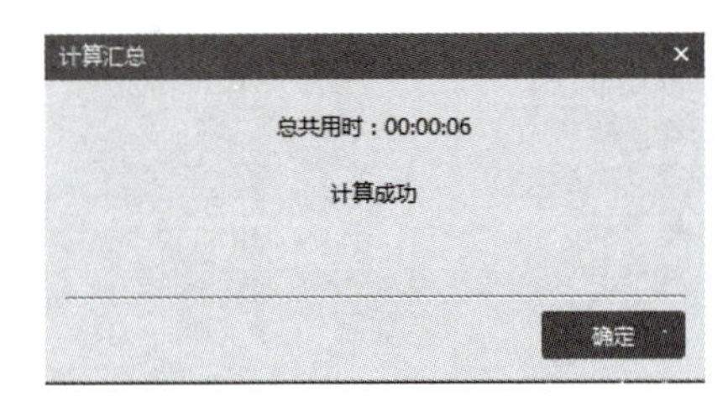

图15.14 计算汇总

15.3 查看构件钢筋计算结果

任务说明

查看构件钢筋量。

任务实施

汇总计算完毕后，可采用以下几种方式查看计算结果和汇总结果。

15.3.1 查看钢筋量

下面以负一层 KZ-10（Ⓐ轴与③轴交叉处）为例。

① 单击“工程量”选项卡上的【查看钢筋量】，然后选择需要查看钢筋量的图元“KZ-10”，弹出“查看钢筋量”对话框，如图 15.15 所示。可以单击选择一个或多个图元，也可以拉框选择多个图元，此时将弹出对话框显示所选图元的钢筋计算结果，如图 15.16 所示。

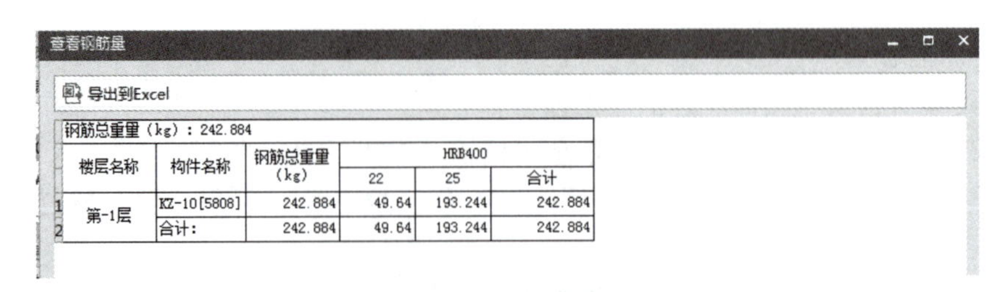

钢筋总重量（kg）：242.884

	楼层名称	构件名称	钢筋总重量（kg）	HRB400		
				22	25	合计
1	第-1层	KZ-10[5808]	242.884	49.64	193.244	242.884
2		合计：	242.884	49.64	193.244	242.884

图15.15 查看钢筋量

15.2 查看柱工程量

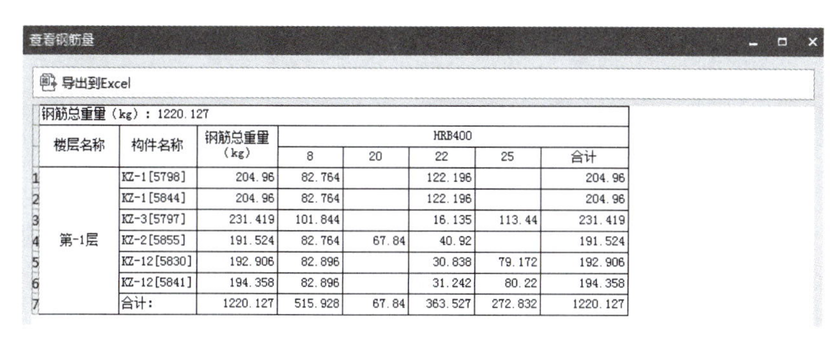

查看钢筋量

导出到Excel

钢筋总重量（kg）：1220.127

	楼层名称	构件名称	钢筋总重量（kg）	HRB400				
				8	20	22	25	合计
1	第-1层	KZ-1[5798]	204.96	82.764		122.196		204.96
2		KZ-1[5844]	204.96	82.764		122.196		204.96
3		KZ-3[5797]	231.419	101.844		16.135	113.44	231.419
4		KZ-2[5855]	191.524	82.764	67.84	40.92		191.524
5		KZ-12[5830]	192.906	82.896		30.838	79.172	192.906
6		KZ-12[5841]	194.358	82.896		31.242	80.22	194.358
7		合计：	1220.127	515.928	67.84	363.527	272.832	1220.127

图15.16　多个图元钢筋计算结果

② 要查看不同类型构件的钢筋量，可使用“批量选择”功能。按【F3】键，或者在“工具”选项卡中单击【批量选择】，选择相应的构件（如选择柱和梁），如图15.17所示，单击【确定】，选中图元。单击【查看钢筋量】，弹出“查看钢筋量”表，如图15.18所示。表中将列出所有柱和梁的钢筋计算结果（按照级别和钢筋直径列出），同时列出合计钢筋量。

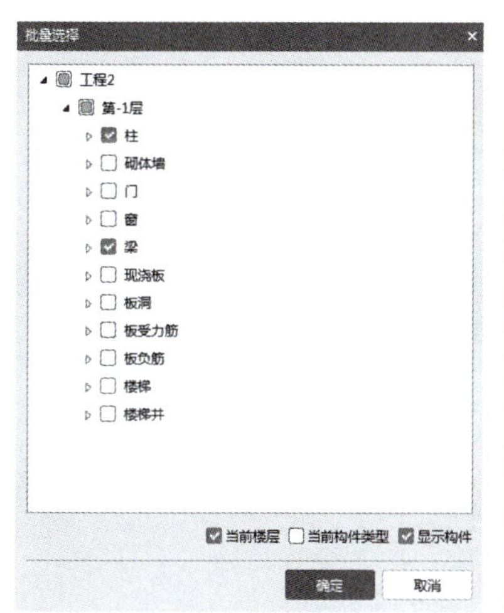

图15.17　批量选择

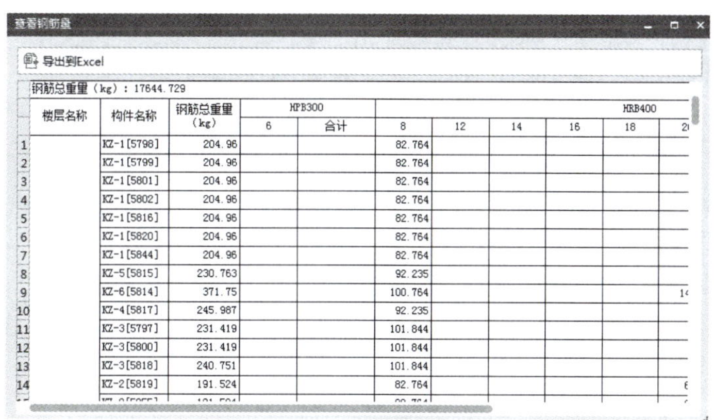

查看钢筋量

导出到Excel

钢筋总重量（kg）：17644.729

	楼层名称	构件名称	钢筋总重量（kg）	HPB300		HRB400					
				6	合计	8	12	14	16	18	2
1		KZ-1[5798]	204.96			82.764					
2		KZ-1[5799]	204.96			82.764					
3		KZ-1[5801]	204.96			82.764					
4		KZ-1[5802]	204.96			82.764					
5		KZ-1[5816]	204.96			82.764					
6		KZ-1[5820]	204.96			82.764					
7		KZ-1[5844]	204.96			82.764					
8		KZ-5[5815]	230.763			92.235					
9		KZ-6[5814]	371.75			100.764					1
10		KZ-4[5817]	245.987			92.235					
11		KZ-3[5797]	231.419			101.844					
12		KZ-3[5800]	231.419			101.844					
13		KZ-3[5818]	240.751			101.844					
14		KZ-2[5819]	191.524			82.764					[illegible]

图15.18　查看钢筋量表

其他种类构件的查看钢筋量与此类似，都是按照同样的方法，查看钢筋的计算结果。

15.3.2　编辑钢筋

要查看单个图元钢筋计算的具体结果，可使用“编辑钢筋”功能。下面以负一层KZ-10（Ⓐ轴与③轴交叉处）为例，介绍“编辑钢筋”查看计算结果。

① 单击“工程量”选项卡上的【编辑钢筋】，然后选择需要查看钢筋量的图元“KZ-10”，绘图区下方将显示“编辑钢筋”列表，如图15.19所示。

② “编辑钢筋”列表从上到下依次列出KZ-10的各类钢筋计算结果，包括钢筋信息（直径、级别、根数等）以及各钢筋的图形和计算公式，并且对计算公式进行了描述，可以清晰地看到计算结果。

编辑钢筋

|< < > >| 插入 删除 缩尺配筋 钢筋信息 钢筋图库 其他 ▾ 单构件钢筋总重(kg)：169.046

	筋号	直径(mm)	级别	图号	图形	计算公式	公式描述	长度	根数	搭接	损耗(%)	单
1	角筋.1	22	Φ	1	1083	3900-867-1300-max(2600/6, 650, 500)	层高-本层的露出…	1083	2	2	0	3.
2	B边纵筋.1	22	Φ	1	3033	3900-867-1300+1300	层高-本层的露出…	3033	4	1	0	9.
3	H边纵筋.1	22	Φ	1	3033	3900-867-1300+1300	层高-本层的露出…	3033	4	1	0	9.
4	箍筋.1	8	Φ	195	600 600	2×(600+600)+2×(13.57×d)		2617	36	0	0	1.
5	箍筋.2	8	Φ	195	225 600	2×(600+225)+2×(13.57×d)		1867	72	0	0	0.
6	拉筋	20	Φ	1	L	0		0	1	0	0	0
7												

图15.19　编辑钢筋列表

③“编辑钢筋”列表可以进行编辑和输入，列表中的每个单元格都可以手动修改，可根据自己的要求进行编辑。软件计算的钢筋结果显示为淡绿色底色，手动输入行显示为白色底色，便于区分。

④“编辑钢筋”列表修改后的结果仅需要进行“锁定”。选择“建模”→“通用操作”中的“锁定”和“解锁”功能，如图15.20所示，可以对构件进行锁定和解锁。如果修改后不进行锁定，那么重新计算时，软件会按照属性中的钢筋信息重新计算，手动输入的部分会覆盖。

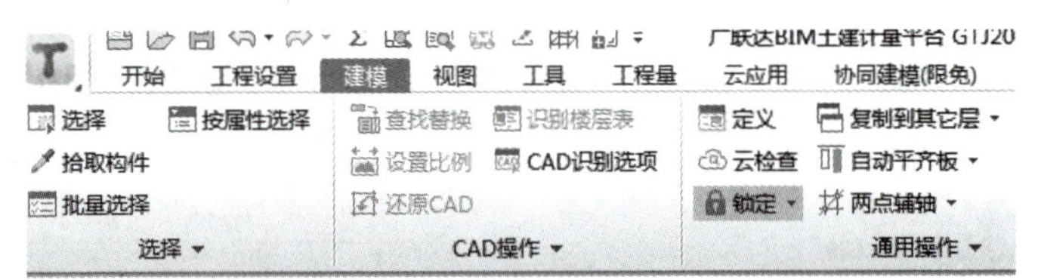

图15.20　锁定

其他种类构件的计算结果显示与此类似，都是按照同样的项目进行排列，列出每种钢筋的计算结果。

15.3.3　钢筋三维

汇总计算完成后，还可利用“钢筋三维”功能来查看钢筋的三维排布。“钢筋三维”可显示构件钢筋的计算结果，按照钢筋的实际长度和形状在构件中排列和显示，并标注各段的计算长度，供直观查看计算结果和钢筋对量。钢筋三维效果直观真实地反映当前所选图元的内部钢筋骨架，显示钢筋骨架中每根钢筋与“编辑钢筋”中的每根钢筋的对应关系，且“钢筋三维”中的数值可以修改。“钢筋三维”和钢筋计算结果还保持对应，相互保持联动，数值修改后，可实时看到修改后的钢筋三维效果。

(1) 查看当前构件的三维效果

以负一层KL8为例，单击【钢筋三维】，选择“KL8”，即可看到钢筋三维显示效果。同时配合绘图区右侧的动态观察等功能，全方位查看当前构件的三维效果，如图15.21所示。

(2)“钢筋三维”和“编辑钢筋”对应显示

① 选中三维中的某根钢筋线时，在该钢筋线上显示各段的尺寸，同时“编辑钢筋”表

格中对应的行亮显。如果数字为白色字体，表示此数字可供修改，否则，将不能修改。

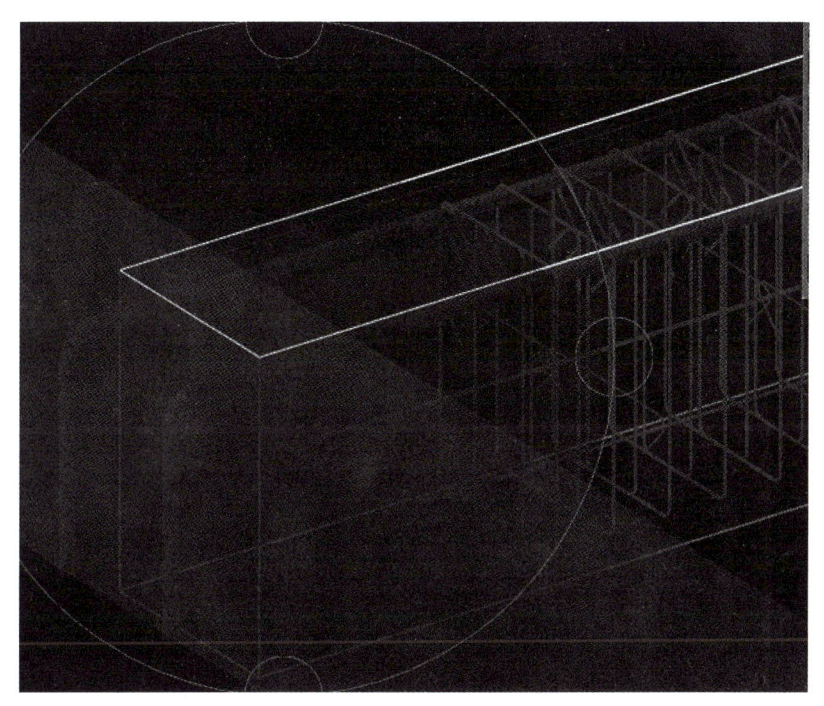

图15.21 钢筋三维显示效果

② 在“钢筋三维”时，“钢筋显示控制面板”用于设置当前类型的图元中隐藏、显示哪些钢筋种类。勾选不同项时，绘图区会及时更新显示，其中“显示其它图元”可以设置是否显示本层其他类型构件的图元，如图 15.22 所示。

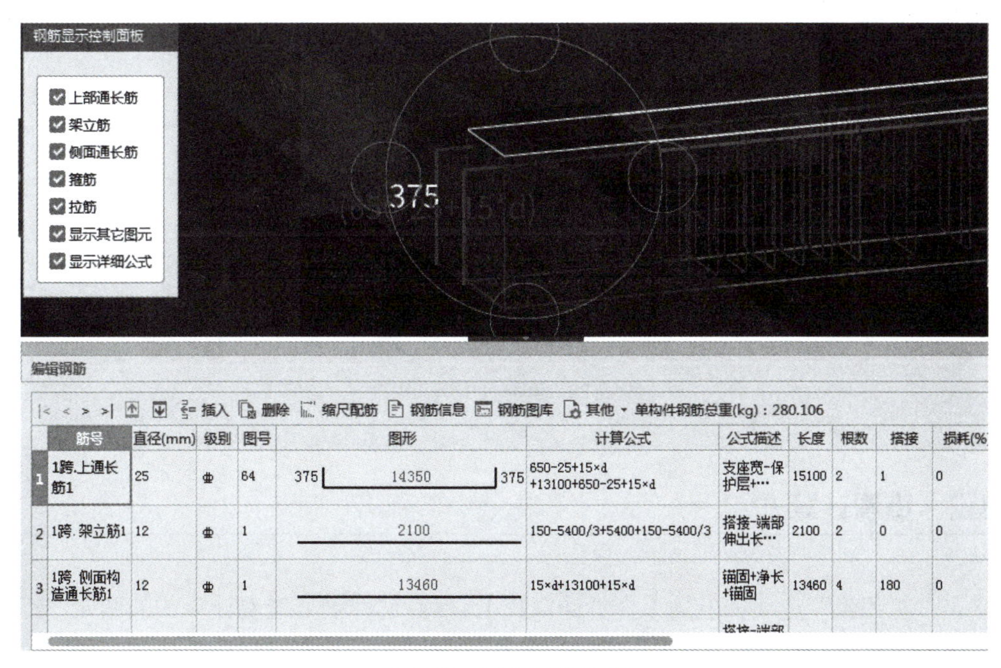

	筋号	直径(mm)	级别	图号	图形	计算公式	公式描述	长度	根数	搭接	损耗(%
1	1跨.上通长筋1	25	⊈	64	375 14350 375	650-25+15×d +13100+650-25+15×d	支座宽-保护层+…	15100	2	1	0
2	1跨.架立筋1	12	⊈	1	2100	150-5400/3+5400+150-5400/3	搭接-端部伸出长…	2100	2	0	0
3	1跨.侧面构造通长筋1	12	⊈	1	13460	15×d+13100+15×d	锚固+净长+锚固	13460	4	180	0

图15.22 钢筋显示控制面板

15.4 查看构件土建计算结果

任务说明

查看构件土建量，查看负一层（-0.100m 标高处）Ⓗ轴 KL8 的土建量。

任务实施

汇总计算完毕后，可采用以下几种方式查看计算结果和汇总结果。

15.4.1 查看工程量

单击“工程量”选项卡上的【查看工程量】，然后选择需要查看工程量的图元“KL8”，弹出“查看构件图元工程量”对话框，如图 15.23 所示。可以单击选择一个或多个图元，也可以拉框选择多个图元，此时弹出对话框，显示所选图元的工程量结果。

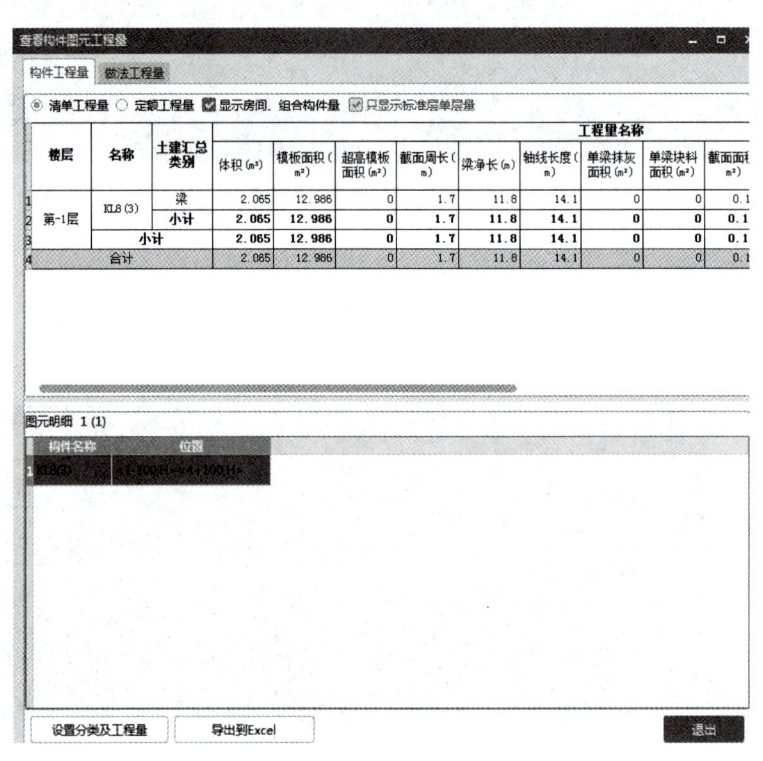

楼层	名称	土建汇总类别	体积(m³)	模板面积(m²)	超高模板面积(m²)	截面周长(m)	梁净长(m)	轴线长度(m)	单梁抹灰面积(m²)	单梁块料面积(m²)	截面面积(m²)
第-1层	KL8(3)	梁	2.065	12.986	0	1.7	11.8	14.1	0	0	0.1
		小计	2.065	12.986	0	1.7	11.8	14.1	0	0	0.1
	小计		2.065	12.986	0	1.7	11.8	14.1	0	0	0.1
合计			2.065	12.986	0	1.7	11.8	14.1	0	0	0.1

图15.23 查看构件图元工程量

15.4.2 查看计算式

单击“工程量”选项卡上的【查看计算式】，然后选择需要查看计算式的图元“KL8”，弹出“查看工程量计算式”对话框，如图 15.24 所示。可以单击选择一个或多个图元，也可以拉框选择多个图元，此时弹出对话框，显示所选图元的工程量计算式。

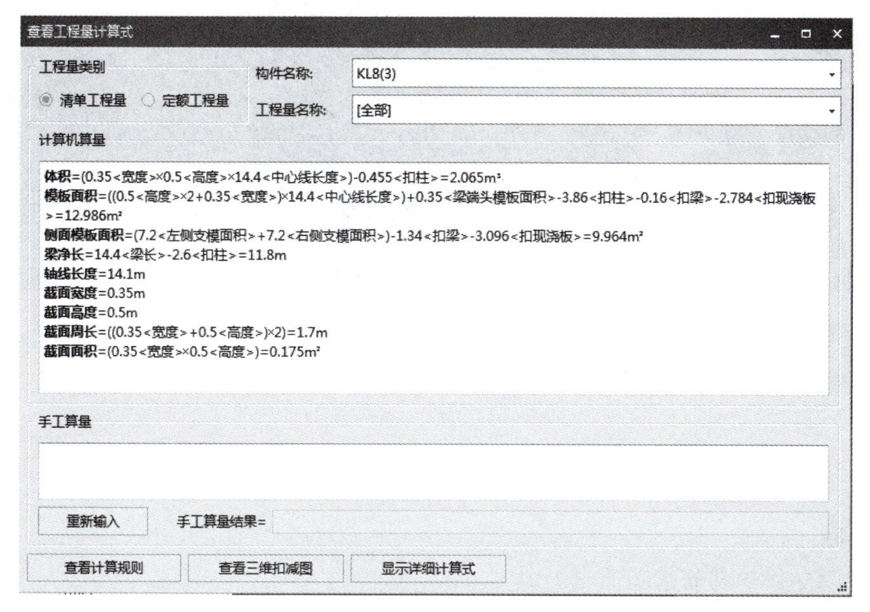

图15.24 查看工程量计算式

能力训练题

一、选择题

1. 下面关于做法套用，说法错误的是（　　）。

A. 做法套用是指构件按照计算规则计算汇总出做法工程量，方便进行同类项汇总

B. 构件套用做法，可手动添加清单定额、查询清单定额库添加、查询匹配清单定额添加来实现

C. 矩形柱套用混凝土和模板两个清单及定额项

D. 矩形柱套用模板定额项必须添加超高模板定额项

2.（　　）查看所有柱和梁的钢筋计算结果（按照级别和钢筋直径列出），同时列出合计钢筋量。

A. 查看钢筋量　　B. 编辑钢筋　　C. 钢筋三维　　D. 汇总计算

3.（　　）可显示构件钢筋的计算结果，按照钢筋的实际长度和形状在构件中排列和显示，并标注各段的计算长度。

A. 查看钢筋量　　B. 编辑钢筋　　C. 钢筋三维　　D. 汇总计算

4. 在“钢筋三维”时，（　　）用于设置当前类型的图元中隐藏、显示哪些钢筋种类。

A. 查看钢筋量　　　　B. 编辑钢筋

C. 钢筋显示控制面板　　D. 汇总计算

二、技能操作题

给案例工程图纸中所有构件套用做法并进行汇总计算。

任务16

CAD识别做工程

知识目标

- 了解 CAD 识别的基本原理
- 了解 CAD 识别的构件范围
- 了解 CAD 识别的基本流程
- 掌握 CAD 识别的具体操作方法

技能目标

- 能够利用 CAD 识别进行图纸管理和楼层管理
- 能够利用 CAD 识别轴网
- 能够利用 CAD 识别柱、梁、板、墙、门窗、基础等构件

素质目标

- 具有认真严谨的工作态度，严格按照图纸进行模型构建
- 具有规则意识，按照工程项目要求的清单和定额规则进行算量
- 让学生理解中国建筑梦（中国力量与中国速度），利用 CAD 识别提高算量效率，在投标报价和算量过程中鼓励学生运用建筑新技术和新方法。

任务说明

①掌握 CAD 识别的基本流程。

②通过图纸管理导入 CAD 图纸，并进行图纸分割。

③CAD 识别楼层表，完成楼层的建立。

④CAD 识别轴网，完成轴网的建立。

⑤CAD 识别首层柱、梁、板及钢筋。

⑥CAD 识别首层砌体墙及门窗。

⑦CAD 识别基础及钢筋。

操作步骤

（1）CAD 识别的构件范围

①表格类：楼层表、柱表、门窗表、基础表、装修表。

②构件类：轴网、柱大样、柱、梁、板、板筋、墙、门窗、基础。

（2）CAD 识别的基本流程

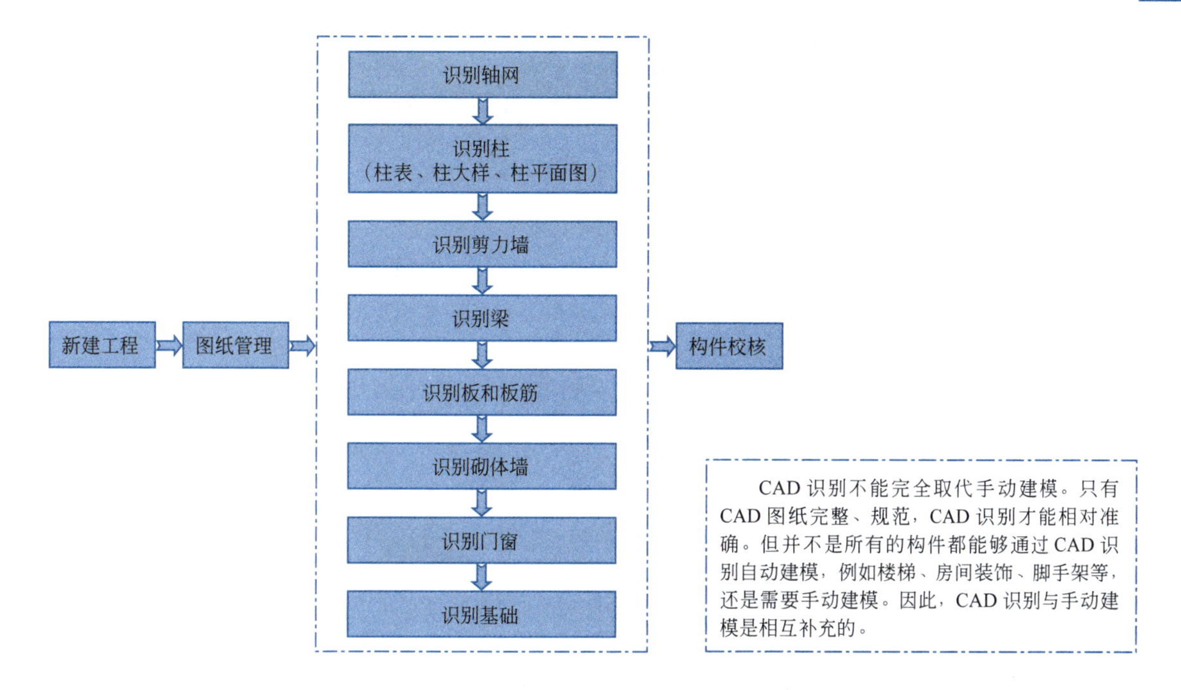

任务实施

16.1 图纸管理

16.1.1 新建工程

新建工程和手动建模做法相同，具体做法参见本书“任务 2 新建工程”。

16.1.2 导入CAD图

① 新建工程后，单击【图纸管理】，选择【添加图纸】，在弹出的“添加图纸”对话框中，选择“酒店结构施工图 .dug”，如图 16.1 所示。

② 图纸分割。结构施工图中有多张图纸，需要通过“分割”功能，将所需的图纸拆解出来。单击【图纸管理】下面的【分割】→选择“手动分割”，如图 16.2 所示，在绘图区找到“-0.100 ～ 4.100m 框架柱平法施工图”，鼠标左键框选该图，单击鼠标右键，弹出“手动分割”对话框，如图 16.3 所示，鼠标左键单击选择图名“-0.100 ～ 4.100m 框架柱平法施工图”，点击【确定】，这时这张首层柱的平法施工图就被拆解出来了，见图 16.4。

按同样的方法，完成其他所需图纸的导入和分割。

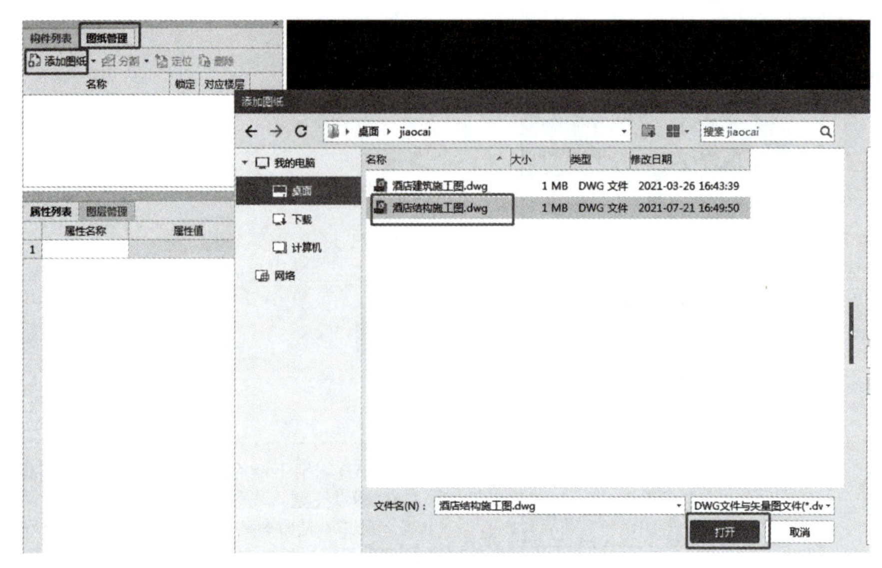

图16.1 添加图纸

16.1 CAD识别添加图纸

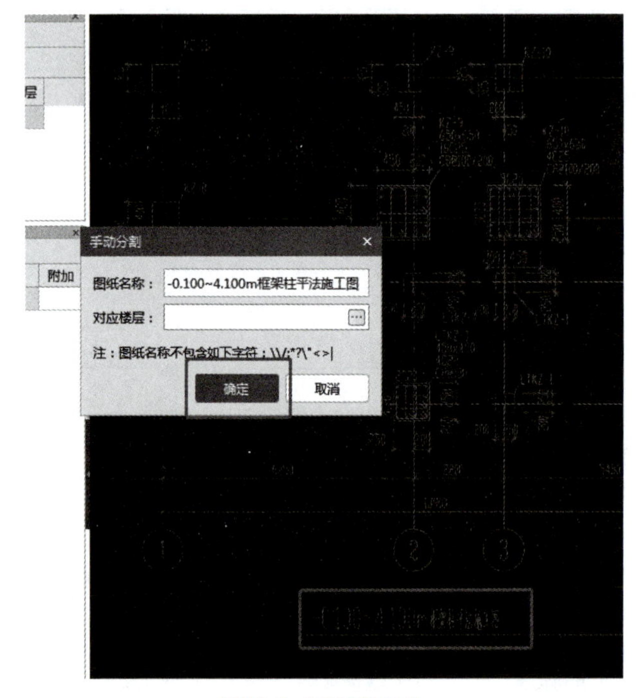

图16.3 添加图纸名称

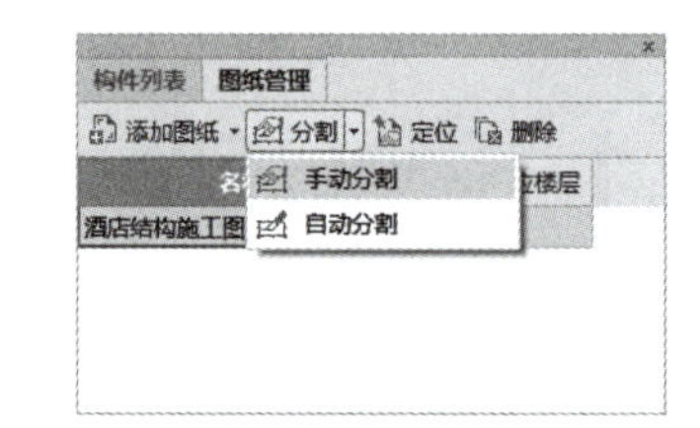

图16.2 选择“手动分割”

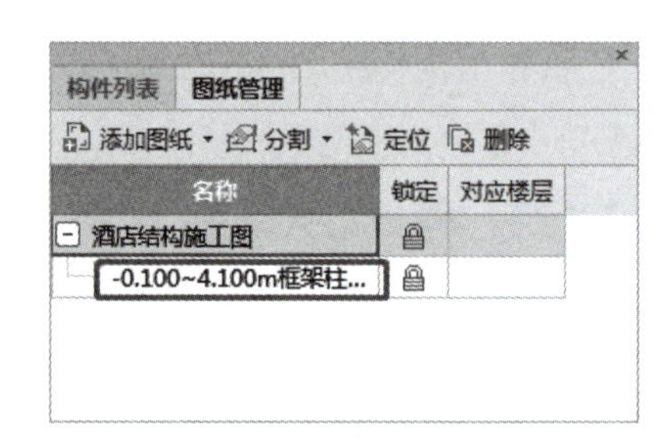

图16.4 图纸分割成功

16.2 识别楼层

① 在“图纸管理”中找到刚分割好的“-0.100 ～ 4.100m 框架柱平法施工图”，双击打开。该图中有楼层表，可以通过 CAD 进行识别，创建楼层。

② 在“建模”菜单下，“CAD 操作”模块中，选择【识别楼层表】，见图 16.5。

用鼠标框选图纸中的楼层表，单击鼠标右键确定，弹出“识别楼层表”对话框，如图 16.6 所示。如果识别的楼层表有误，比如缺少基础层，可以在“识别楼层表”对话框中通过“插入行”和“插入列”修改，选择抬头属性，删除多余的行或列，点击【识别】。识别并修改后的楼层表如图 16.7 所示。

16.2 CAD识别楼层

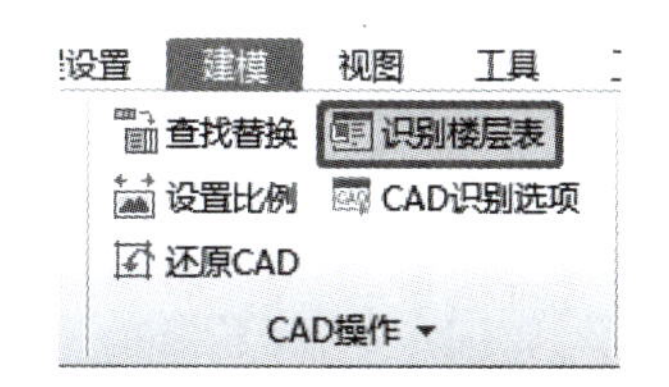

图16.5 选择“识别楼层表”

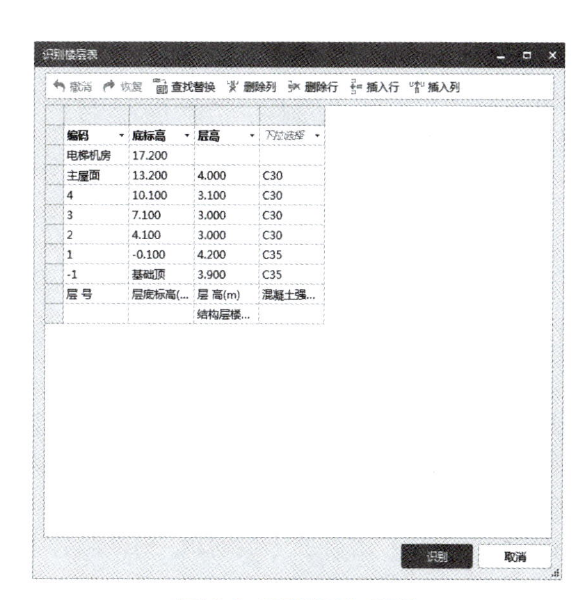

编码	底标高	层高	下拉选择
电梯机房	17.200		
主屋面	13.200	4.000	C30
4	10.100	3.100	C30
3	7.100	3.000	C30
2	4.100	3.000	C30
1	-0.100	4.200	C35
-1	基础顶	3.900	C35
层号	层底标高(...	层高(m)	混凝土强...
		结构层楼...	

图16.6 识别楼层表对话框

> **提示**
>
> 楼层设置的其他操作，与前面介绍的手动建模方法相同。

③ 楼层识别完成后，将分割好的图纸和楼层相对应。在“图纸管理”中“-0.100～4.100m框架柱平法施工图”右侧的“对应楼层”一栏中，点击[…]，弹出“对应楼层”对话框，选择“首层(-0.1～4.1)”，即完成图纸和楼层的对应，见图 16.8。用同样的方法，将其他图纸对应楼层。

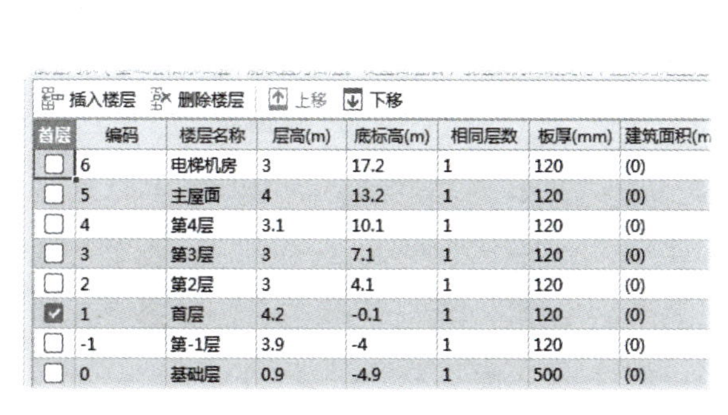

首层	编码	楼层名称	层高(m)	底标高(m)	相同层数	板厚(mm)	建筑面积(m
☐	6	电梯机房	3	17.2	1	120	(0)
☐	5	主屋面	4	13.2	1	120	(0)
☐	4	第4层	3.1	10.1	1	120	(0)
☐	3	第3层	3	7.1	1	120	(0)
☐	2	第2层	3	4.1	1	120	(0)
☑	1	首层	4.2	-0.1	1	120	(0)
☐	-1	第-1层	3.9	-4	1	120	(0)
☐	0	基础层	0.9	-4.9	1	500	(0)

图16.7 识别好的楼层表

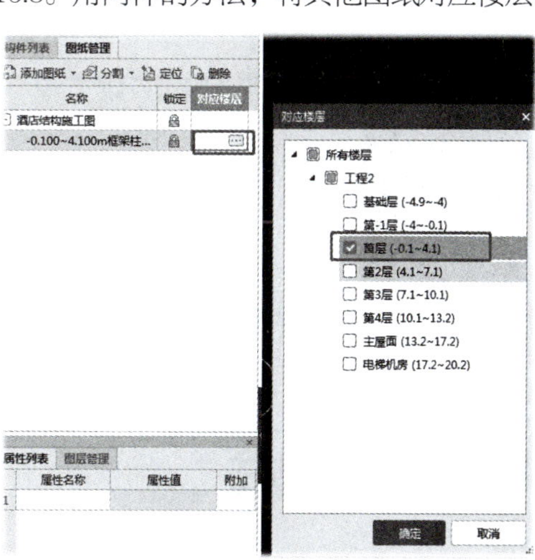

图16.8 图纸匹配楼层

16.3 识别轴网

16.3.1 选择图纸

首先分析图纸中哪张图的轴网是最完整的。本案例工程图纸中，选择“-0.100～4.100m框架柱平法施工图”的轴网。

16.3.2 识别轴网

导航树“轴线”→“轴网”→“建模”菜单“识别轴网”。

① 单击绘图窗口左上方的【提取轴线】，勾选“按图层选择”，如图16.9所示，光标由“+”字形变成“回”字形后，点选图纸中其中一根轴线，然后单击鼠标右键。

② 单击绘图窗口左上方的【提取标注】，光标由“+”字形变成“回”字形后，点选图纸中的轴号、尺寸标注，然后单击鼠标右键。

③ 单击绘图窗口左上方的【自动识别】，然后单击鼠标右键，轴网就自动生成了，如图16.10所示。

16.3 CAD识别
创建轴网

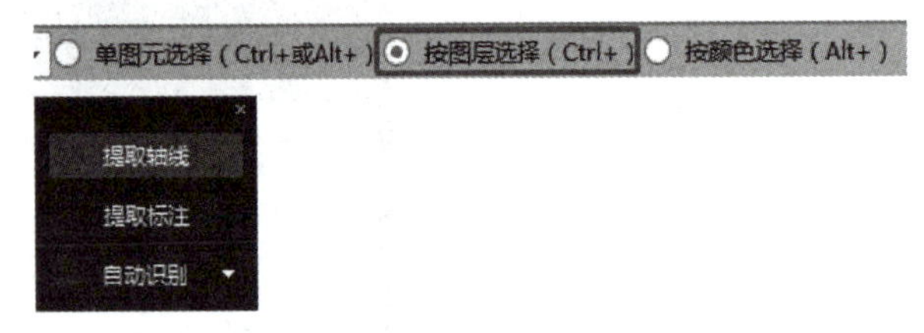

图16.9 提取轴线

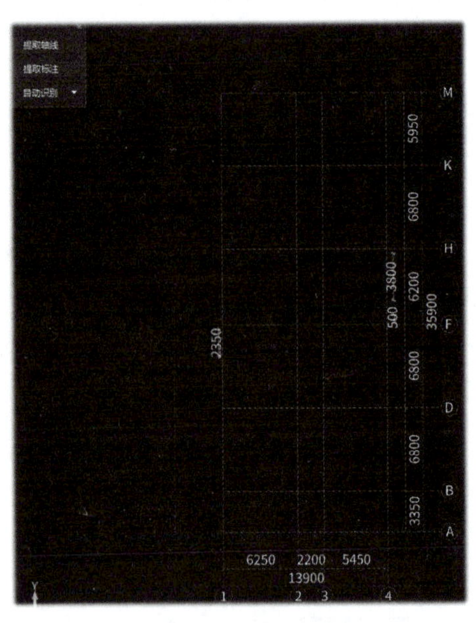

图16.10 生成轴网

16.4 识别柱

16.4 CAD识别
柱大样创建柱

CAD识别柱有两种方法：识别柱表生成柱构件和识别柱大样生成柱构

件。本案例工程图纸采用的是柱大样的形式，因此主要介绍识别柱大样创建柱构件的操作流程：导航树“柱”→“建模”菜单下“识别柱大样”→“识别柱”。

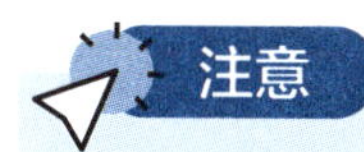

当绘制柱子的图纸位置和创建的轴网位置有出入时，采用“定位”功能，将图纸定位到轴网的正确位置。单击【定位】，选择图纸Ⓐ轴和①轴的交点，将其拖动到已识别好的轴网Ⓐ轴和①轴的交点处。

16.4.1 识别柱大样

双击分割好的“-0.100～4.100m 框架柱平法施工图”，选择导航树“柱”→单击“建模”菜单下【识别柱大样】。特别要注意：“导航树”上方，楼层选择“首层”。

① 单击【提取边线】，勾选“按图层选择”，光标由“+”字形变成“回”字形后，点选图纸中其中一个柱子的边线，然后单击鼠标右键，如图 16.11 所示。

（注意检查是否所有的柱边线都被选中，如果图纸不规范，“按图层选择”不能选中全部的柱边线，这时可以按“单图元选择”，将其余没被选中的柱边线都选中。）

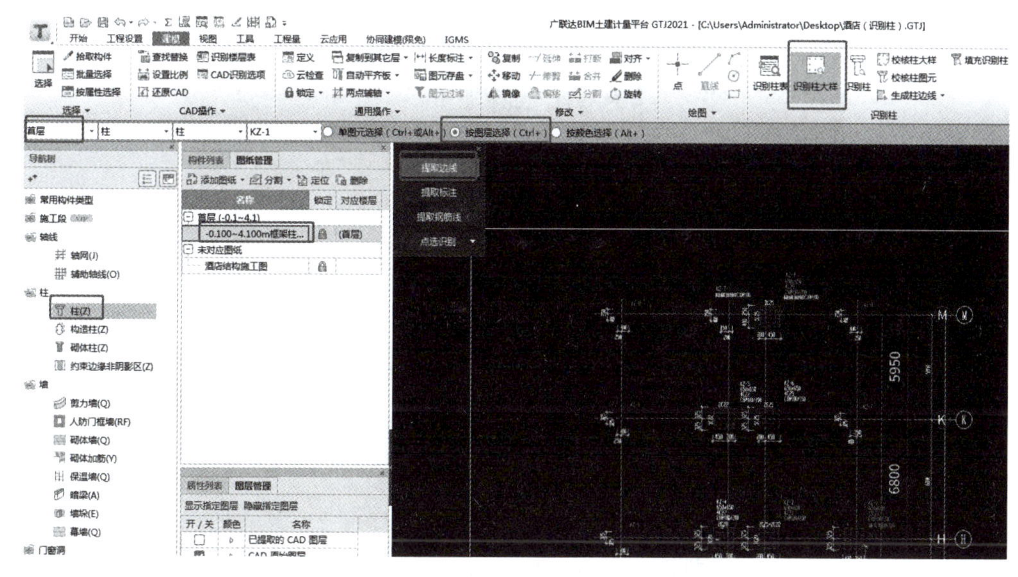

图16.11　提取柱边线

② 单击【提取标注】，光标由“+”字形变成“回”字形后，点选图纸中柱子的集中标注、原位标注和尺寸标注，然后单击鼠标右键，如图 16.12 所示。

③ 单击【提取钢筋线】，光标由“+”字形变成“回”字形后，点选图纸中柱子的钢筋线，然后单击鼠标右键，如图 16.13 所示。

④ 单击【点选识别】→【自动识别】。此时在构件列表中，柱构件就被识别出来。软件会自动校核柱大样，如果图纸比较规范，自动校核不会有实质性的错误。如提示有错误，再

结合图纸，从属性列表中进行修改后，再重新校核，如图 16.14 所示。

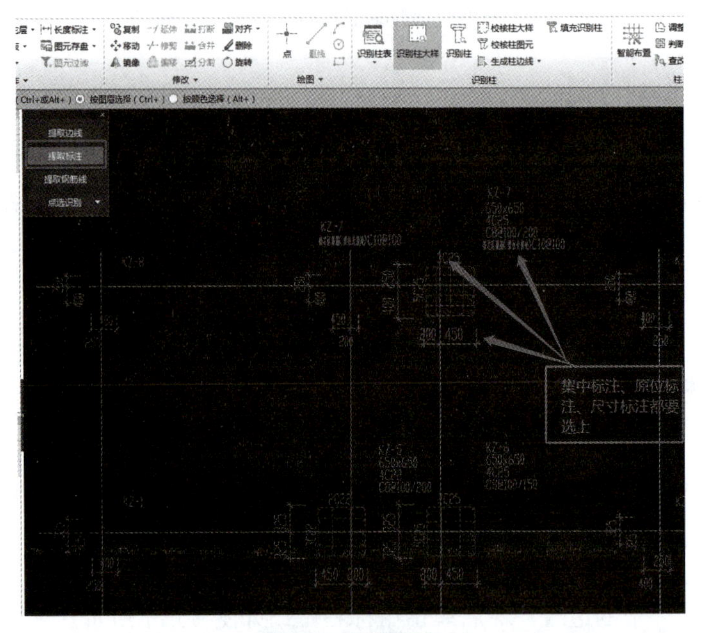

图16.12 提取标注

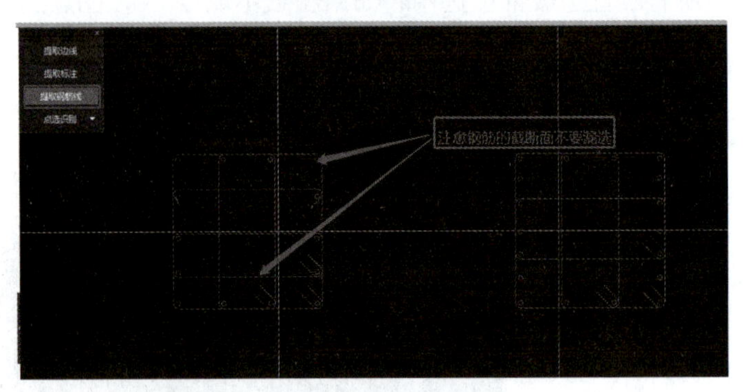

图16.13 提取钢筋线

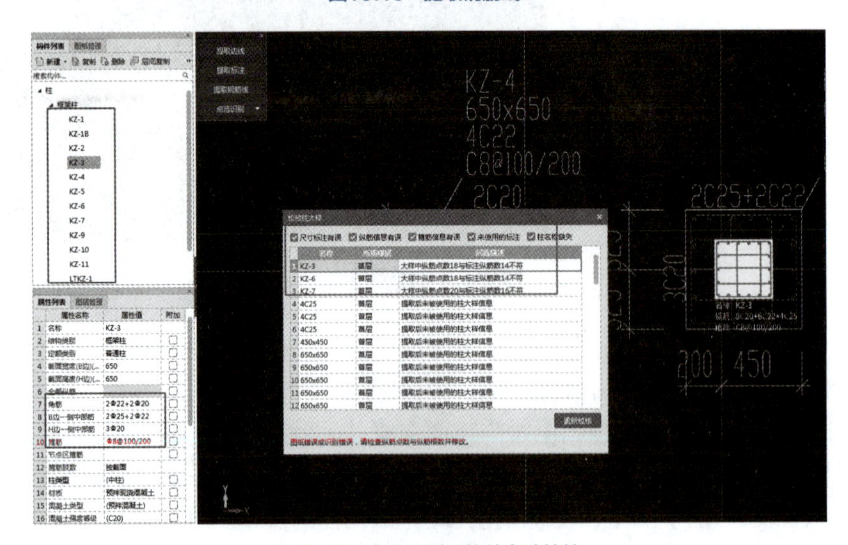

图16.14 自动识别后软件自动校核

16.4.2 识别柱

① 单击【识别柱】→【提取边线】，勾选“按图层选择”，光标由“+”字形变成“回”字形后，点选图纸中其中一个柱子的边线，然后单击鼠标右键，如图16.15所示。

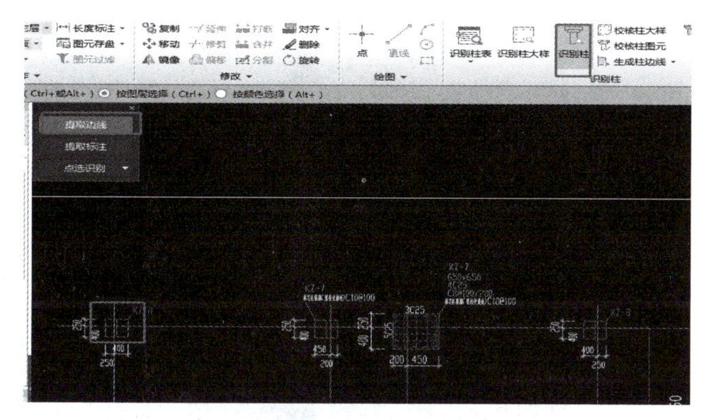

图16.15 提取柱边线

16.5 CAD识别柱表创建柱

② 单击【提取标注】，光标由“+”字形变成“回”字形后，点选图纸中柱子的集中标注、原位标注和尺寸标注，然后单击鼠标右键。

③ 单击【点选识别】→【自动识别】，柱图元就被创建出来了。

另一种CAD识别柱的方法是识别柱表，具体操作方法扫描二维码16.5查看视频。

16.5 识别梁

16.5.1 图纸定位

双击分割好的“标高4.100m梁平法施工图”，将图纸定位到轴网。（具体操作步骤参见“图纸分割”的内容介绍）

识别梁之前，一定要先完成柱、剪力墙等图元的创建。

16.5.2 识别梁

16.6 CAD识别梁

导航树“梁”→“梁”→“建模”菜单下“识别梁”。

① 单击【提取边线】，勾选“按图层选择”，光标由“+”字形变成“回”字形后，点选图纸中梁的边线，然后单击鼠标右键，如图16.16所示。

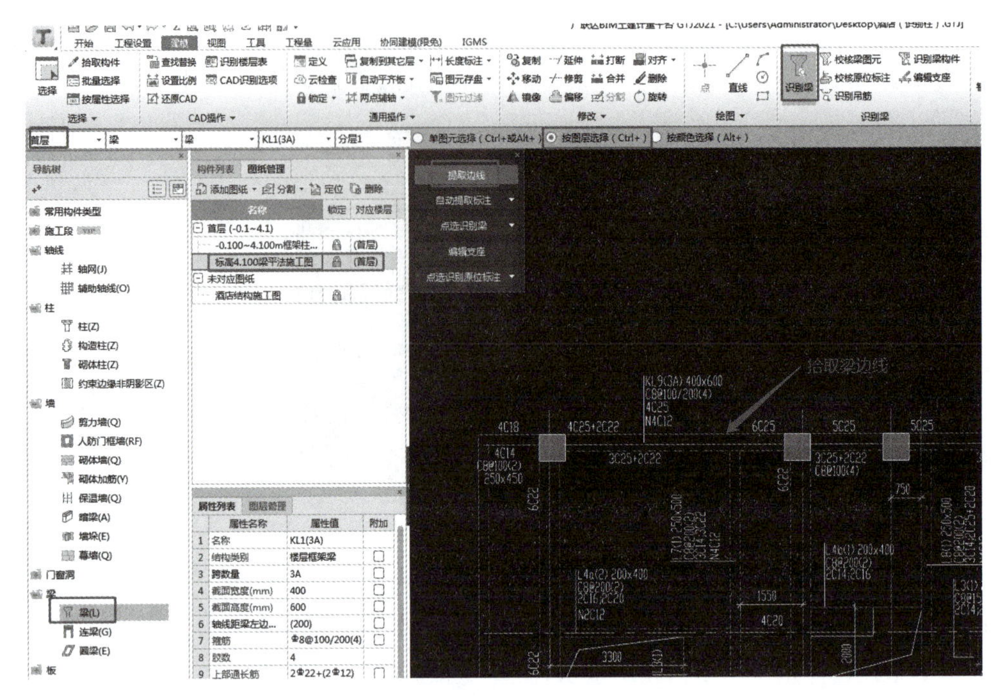

图16.16 提取梁边线

② 单击【自动提取标注】，鼠标点选图纸中梁的标注，检查没有遗漏后，单击鼠标右键。此方法可一次性提取CAD图中梁的集中标注、原位标注。如果图纸不规范，集中标注和原位标注不在同一个图层，则分别提取集中标注和原位标注。见图16.17。

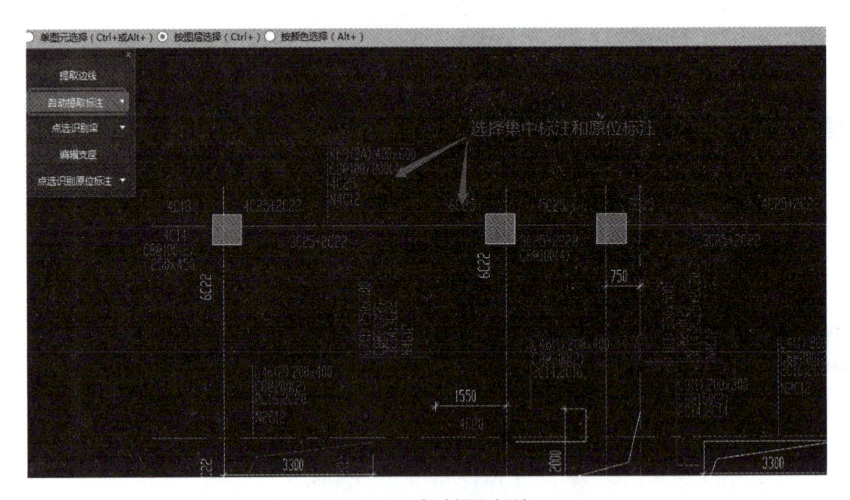

图16.17 自动提取标注

③ 单击“点选识别梁”后的“▼”，在下拉菜单中选择【自动识别梁】。软件根据提取的梁边线、梁标注，自动对图中所有的梁一次性全部识别。软件弹出“识别梁选项”对话框，如图16.18所示。

识别梁选项

◉ 全部 ○ 缺少箍筋信息 ○ 缺少截面　　复制图纸信息　粘贴图纸信息

	名称	截面(b×h)	上通长筋	下通长筋	侧面钢筋	箍筋	肢数
1	KL1(3A)	400×600	2⌀22+(2⌀...			⌀8@100/200(4)	4
2	KL2(6)	500×700	4⌀22	6⌀22	N6⌀14	⌀8@100/200(4)	4
3	KL3(6)	500×700	4⌀22	6⌀22	G6⌀12	⌀8@100/200(4)	4
4	KL4(5)	500×700	4⌀22	6⌀22	G6⌀14	⌀8@100/200(4)	4
5	KL5(6)	500×700	4⌀22	6⌀22	N6⌀12	⌀8@100/200(4)	4
6	KL6(3A)	400×600	2⌀22+(2⌀...		N4⌀12	⌀8@100/200(4)	4
7	KL7(3A)	400×600	2⌀22+(2⌀...			⌀8@100/200(4)	4
8	KL8(4)	400×600	2⌀22+(2⌀...		G4⌀12	⌀8@100/200(4)	4
9	KL9(3A)	400×600	4⌀25		N4⌀12	⌀8@100/200(4)	4
10	KL101(2)	250×500	2⌀18	3⌀18	N4⌀12	⌀8@100/200(4)	4
11	KL102(1)	250×450	2⌀18	3⌀18	N4⌀12	⌀8@100/200(2)	2

请检查并确认得到的梁信息　　继续　取消

图16.18　自动识别梁

对照图纸，核对识别的梁构件信息，可以修改和补充钢筋信息、截面信息，从而提高识别的准确性。核对无误后，点击【继续】。

软件自动进行梁校核，识别有误的地方会出现提示，双击提示，错误的梁会高亮显示。见图 16.19。

识别完成后，与集中标注跨数一致的梁是粉色的，跨数不一致，出现错误的梁，用红色显示，如图 16.20 所示。

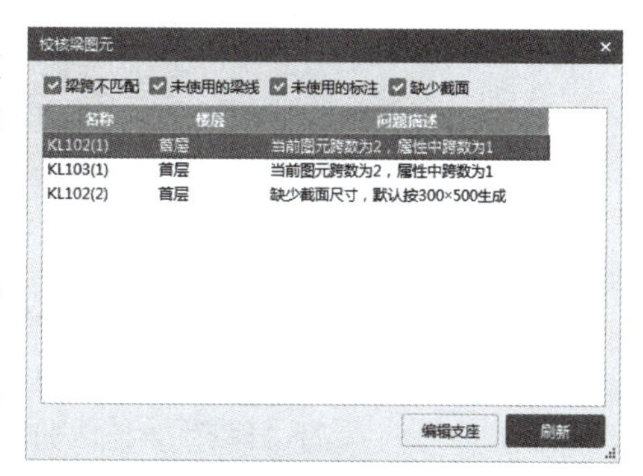

图16.19　自动校核梁图元

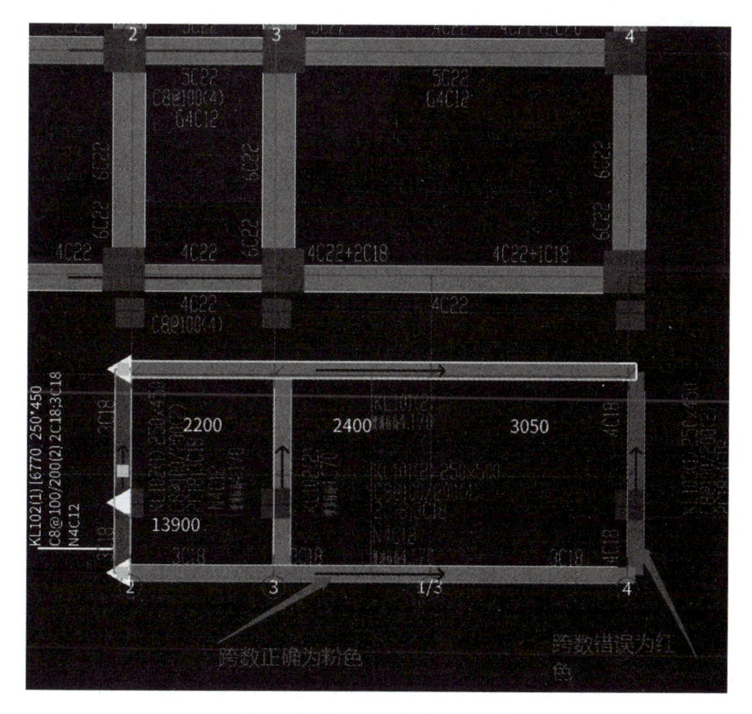

图16.20　梁跨错误显示为红色

④ 点击“校核梁图元”命令，当前图元跨数和属性跨数不相符时，可以使用“编辑支座”功能进行支座的添加、删除，如图 16.21 所示。

如果要删除支座，直接点击图元中需删除的支座点。如果要添加支座，需要点击作为支座的图元（例如与之相交的柱、梁），单击鼠标右键。直至校核梁图元不再提示出错，绘图区的梁图元都变成粉色即可。

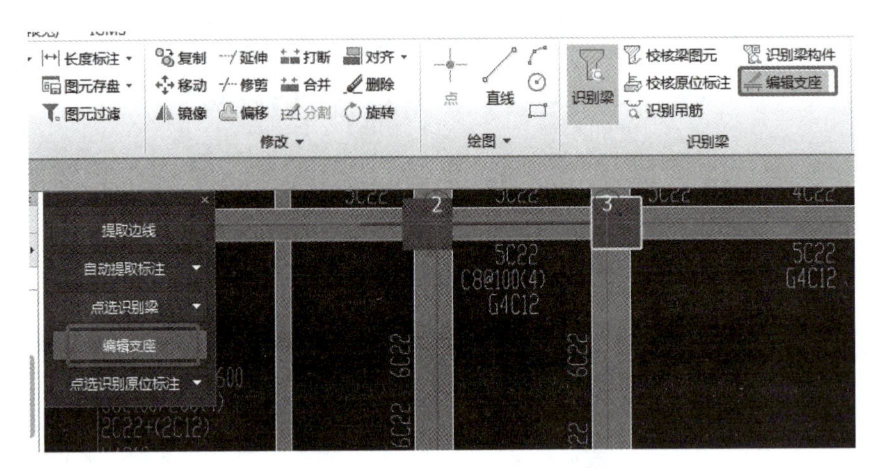

图16.21　编辑支座添加或删除支座

⑤ 单击“点选识别原位标注”后的“▼”，在下拉菜单中选择“自动识别原位标注”。原位标注识别成功的梁图元会变成绿色，未识别成功的仍然是粉色，如图 16.22 所示。此时，需要找到粉色的原位标注进行单独识别，或者利用手动建模的方式直接对梁进行原位标注。

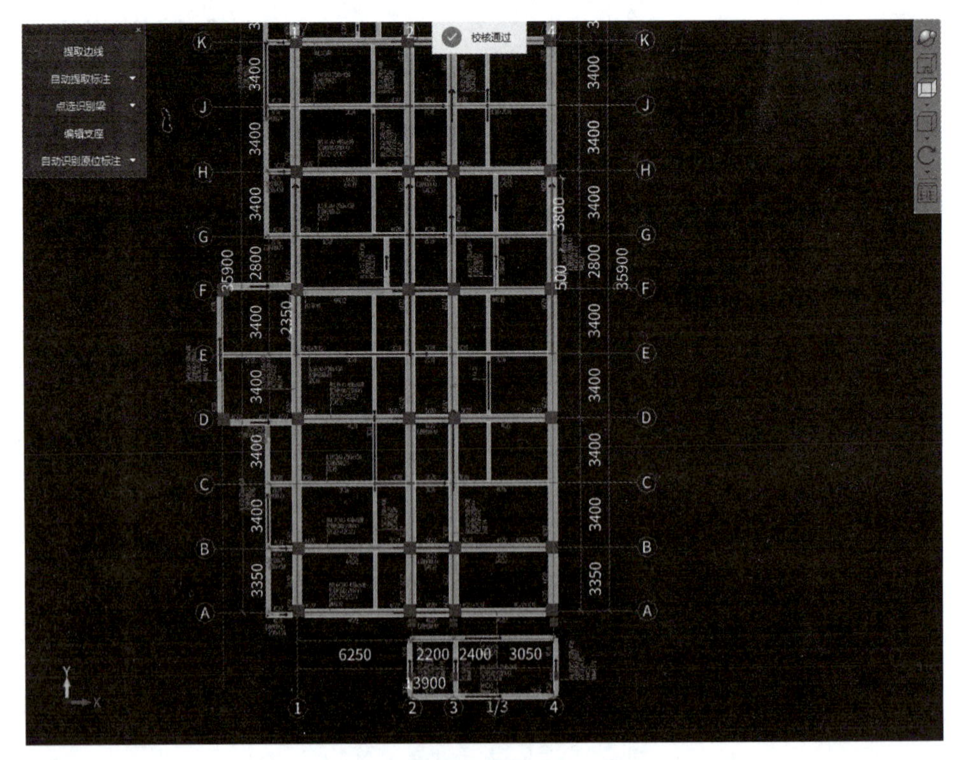

图16.22　原位标注识别成功的梁显示为绿色

16.5.3 识别吊筋

次梁与主梁相交处，在次梁两侧的主梁上需设置吊筋、附加箍筋。

吊筋需要主次梁已经创建完成变成绿色后才能识别。如果图纸中绘制了吊筋和次梁加筋，可以使用“识别吊筋”功能，“识别吊筋”→“提取钢筋和标注”→“自动识别”，如图 16.23 所示。

由于本图没有绘制出吊筋和附加箍筋，但图纸中注明了吊筋和附加箍筋的布置方式，如图 16.24 所示。吊筋 2Φ12，附加箍筋在次梁两侧的主梁上每侧 3 根。可以通过生成吊筋的方式进行布置。

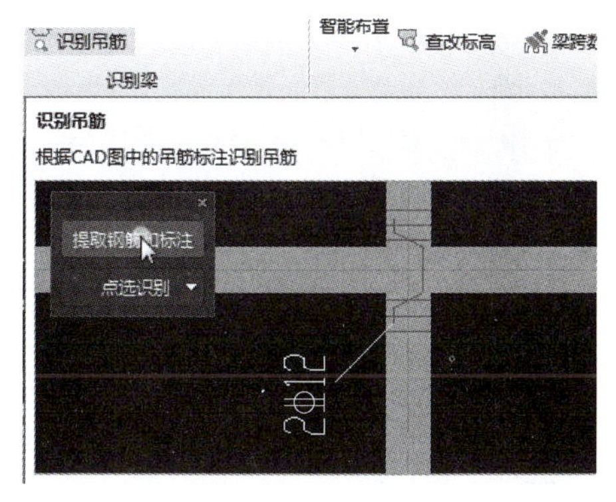

图16.23 识别吊筋

说明：
1.本图参照《混凝土结构施工图平面整体表示方法制图规则和构造详图》16G101-1图集绘制，构造做法及要求采用16G101-1图集。
2.材料：梁混凝土C35，钢筋HPB300(Φ)，HRB400(Φ)。
3.梁定位尺寸除注明者外均为梁中心定位或与柱(墙)外皮齐。
4.除注明外，主次梁相交处均在次梁两侧的主梁上每侧附加三根规格同主梁箍筋的附加箍筋，吊筋已注明的按图施工，未注明的均采用2Φ12
5.其它见结构设计总说明。

图16.24 图纸中的吊筋信息

单击【生成吊筋】，弹出对话框，在“钢筋信息”选项下“吊筋”处输入“2Φ12”，“次梁加筋”输入“6”，选择楼层，勾选“首层(当前楼层)”，点击【确定】，如图 16.25 所示。则在主次梁的交界处，绘制了吊筋和附加箍筋图元。见图 16.26。

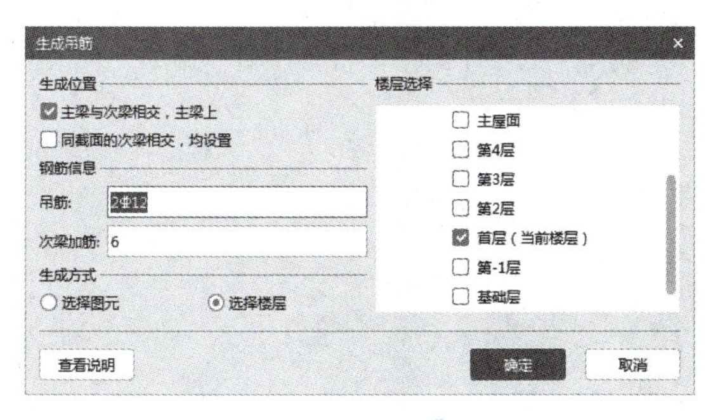

图16.25 “生成吊筋”对话框

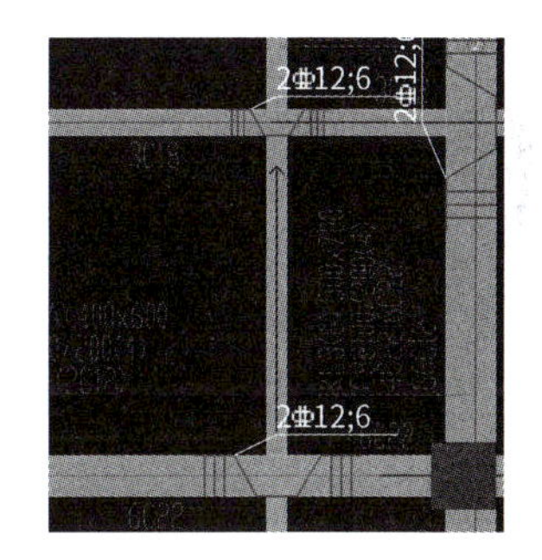

图16.26 绘制吊筋

16.6 识别板

16.6.1 图纸定位

16.7 CAD 识别板

双击分割好的“标高 4.100m 楼板平法施工图”，将图纸定位到轴网。(具

体操作步骤参见“图纸分割”的内容介绍）

注意

识别板之前，一定要先完成柱、梁等图元的创建。

不同于柱、梁构件，钢筋和楼板构件可以一同生成。CAD 识别楼板需要分别识别“现浇板”→“板受力筋”→“板负筋”。

16.6.2 识别板

① 选择导航树“板”→“现浇板”，单击“建模”菜单下【识别板】图标，再选择“绘图”区左上方的“提取板标识”，光标由“+”字形变成“回”字形后，点选图纸中的“LB01 h=100”等字样，待字体变成蓝色，单击鼠标右键，如图 16.27 所示。

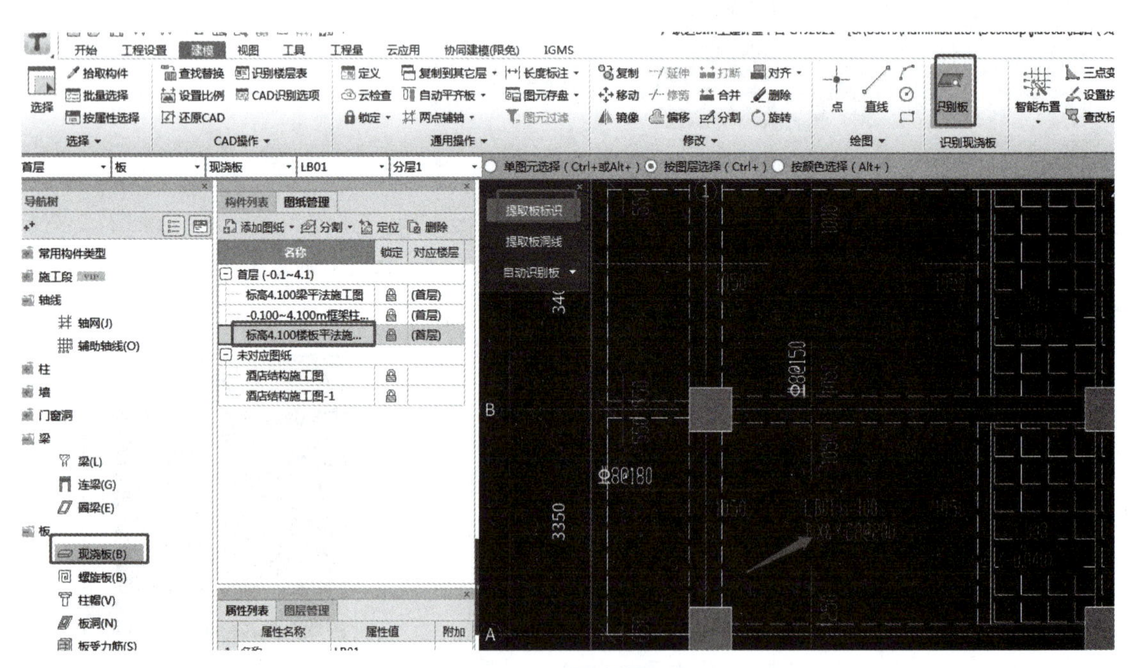

图16.27 提取板标识

② 再选择“提取板洞线”，光标由“+”字形变成“回”字形后，点选图纸中的板洞线，单击鼠标右键，如图 16.28 所示。

③ 选择“自动识别板”，弹出如图 16.29 的“识别板选项”对话框，单击【确定】，弹出图 16.30 所示的对话框，由于图纸中注明“本层未注明楼板均为 LB01”，将无标注板厚度改成“120”，点击【确定】，完成现浇板图元的创建，如图 16.31 所示，灰色的区域即为现浇板。

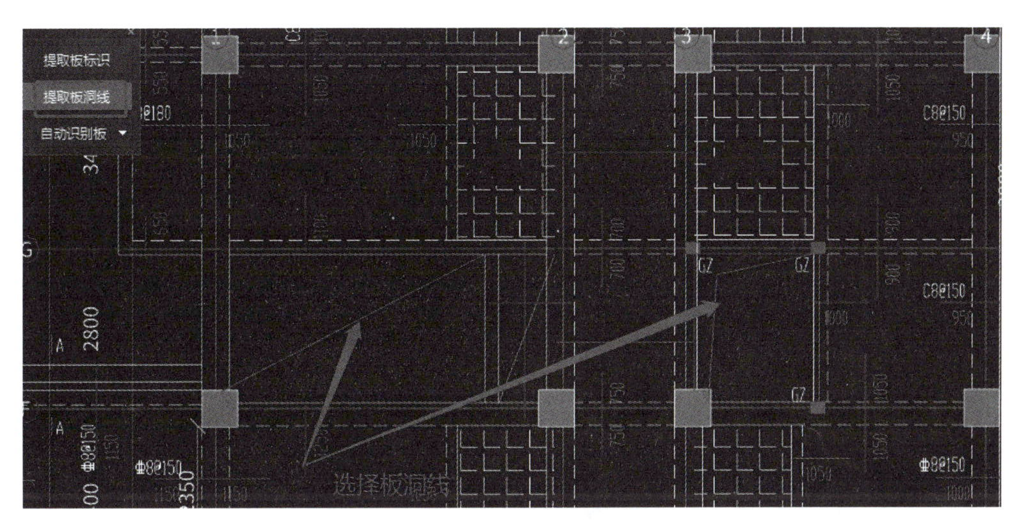

图16.28 提取板洞线

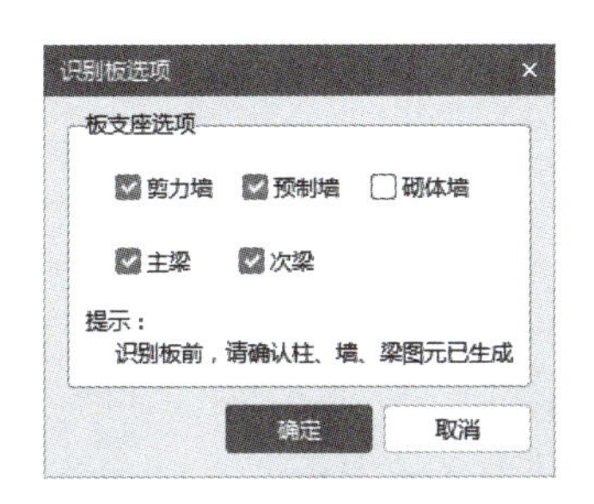

图16.29 自动识别板对话框

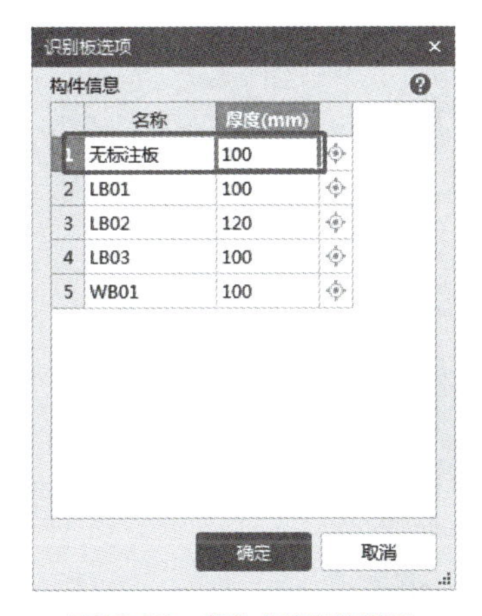
识别板选项

构件信息

	名称	厚度(mm)
1	无标注板	100
2	LB01	100
3	LB02	120
4	LB03	100
5	WB01	100

确定　取消

图16.30 修改未注明的板厚

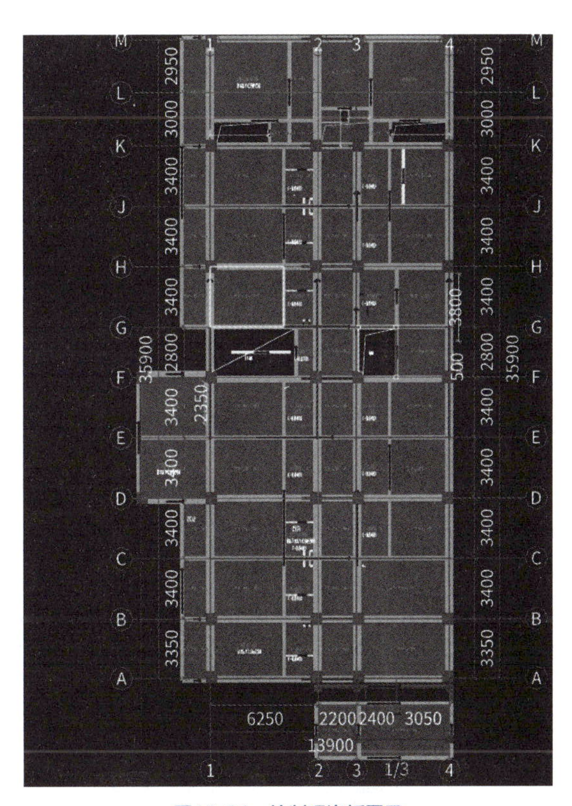

图16.31 绘制现浇板图元

楼板创建完成后，要进行检查。由于 LB03 标高下降 0.040m，选择其中一块 LB03，在属性列表中核对，标高是否正确，如有误，则在键盘按下【F3】键，弹出“批量选择”对话框，勾选“LB03”，点击【确定】，在属性列表中，把该楼板的顶标高改为“层顶标高 -0.040”，这样所有的 LB03 的标高都下降 40mm。如图 16.32 所示。

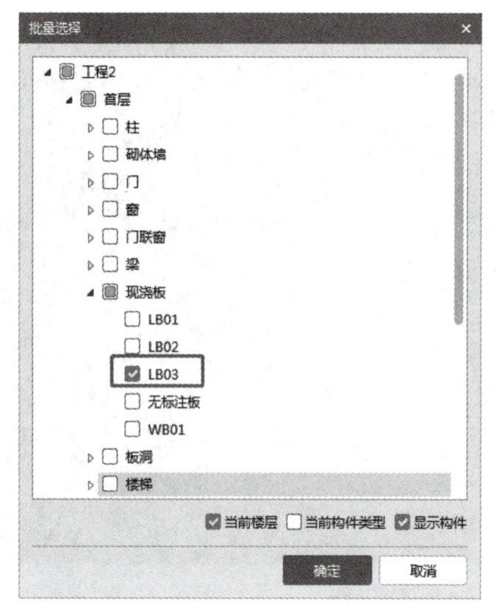

图16.32 修改板标高

16.6.3 识别板受力筋

（1）板受力筋识别

选择导航树“板”→“板受力筋”，单击“建模”菜单下【识别受力筋】图标，再依次选择“提取板筋线”→“提取板筋标注”→“自动识别受力筋”，光标由“+”字形变成“回”字形后，依次点选图纸中的板受力筋、板筋标注。完成板受力筋的识别。

由于本图的受力筋采用的是与板标注同时注写，如：LB01 h=100 B：X & Y：⏀8@200，在识别板的时候已经将板筋标注一同提取了，因此就不用单独识别了。

（2）布置板受力筋

由于本图受力筋采用的是注写的形式，因此需要利用手动建模的方式布置板受力筋，做法同本书“任务8 板建模及算量”中板受力筋的画法，在这里不再赘述。具体做法可参考图16.33。

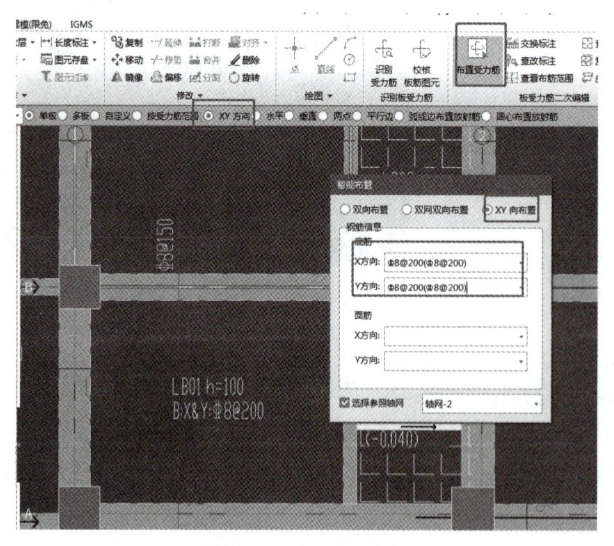

图16.33 布置板受力筋

16.8 CAD识别板负筋

16.6.4 识别板负筋

① 选择导航树“板”→“板负筋”，单击“建模”菜单下【识别负筋】图标，再选择“提取板筋线”，光标由“+”字形变成“回”字形后，点选图纸中红色的板负筋线后，鼠标右键单击。见图16.34。

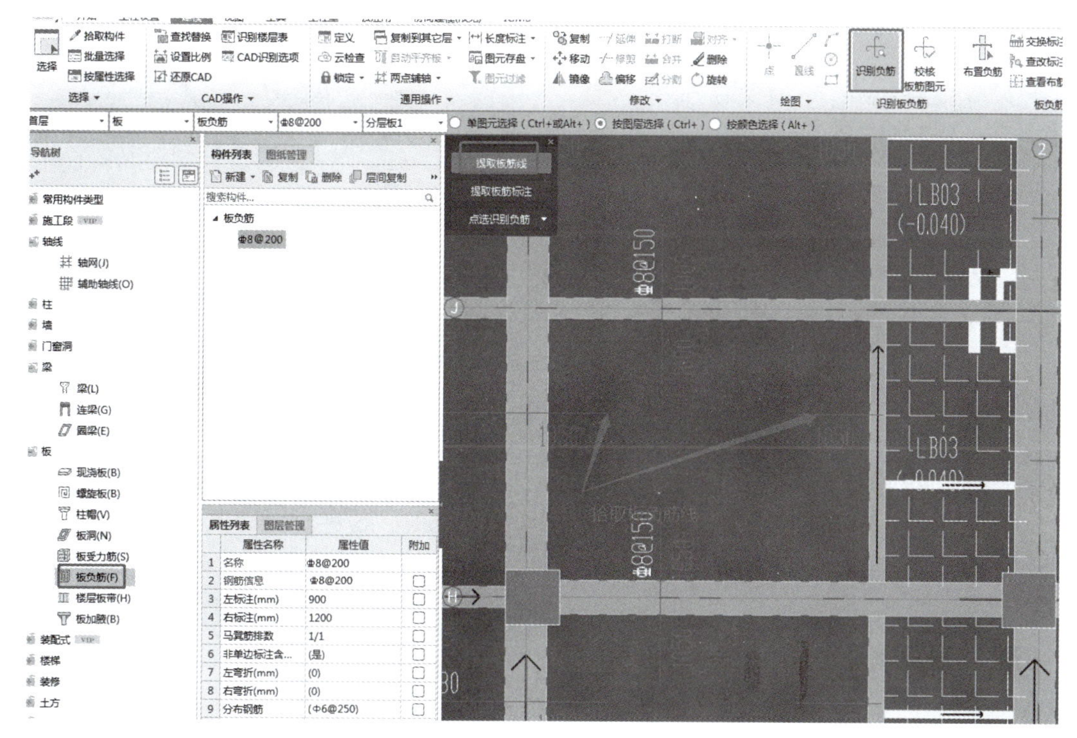

图16.34 提取板筋线

② 选择“提取板筋标注”，光标由“+”字形变成“回”字形后，点选图纸中板负筋标注，鼠标右键单击。见图16.35。

③ 选择“点选识别负筋”，弹出对话框“识别板筋选项”。因图纸中注明“本层板未标注的上部支座钢筋均为：Φ8@200”，将对话框中的“无标注的负筋信息”后面的选项改为“Φ8@200”。本图中，大部分的板负筋伸出长度为1050mm，可将“无标注负筋伸出长度”和“无标注跨板受力筋伸出长度”均改为“1050，1050”，点击【确定】。弹出对话框“自动识别板筋”，依次点击表格中最后的定位按钮，逐一核对钢筋信息是否正确，无误，点击【确定】，见图16.36。

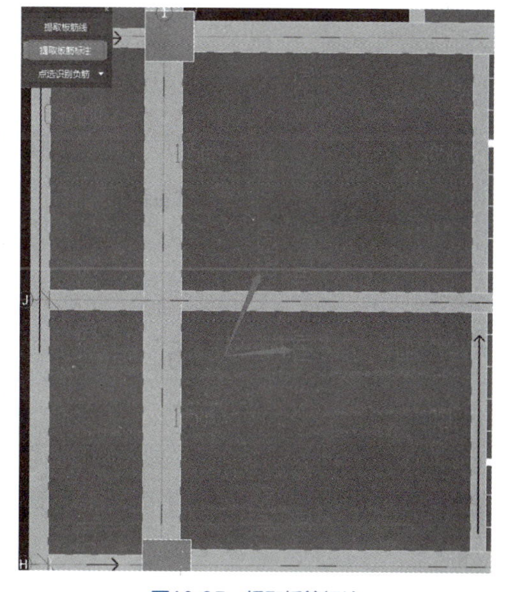

图16.35 提取板筋标注

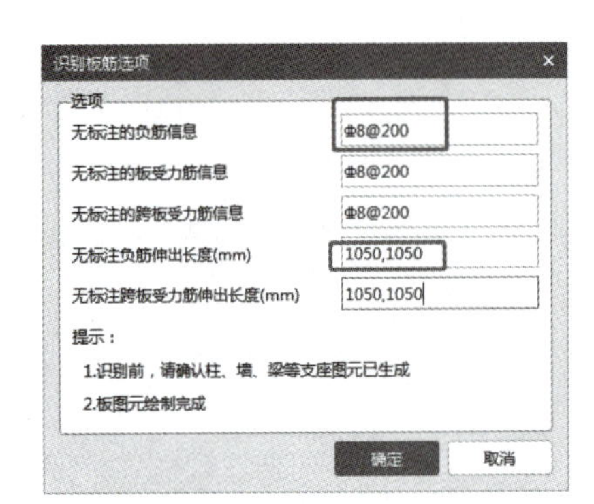

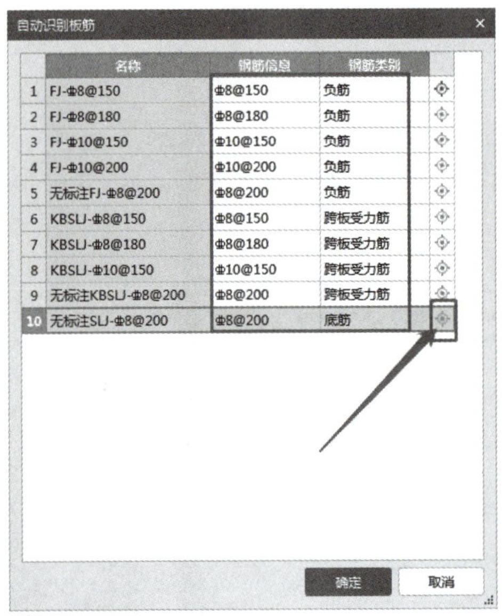

图16.36 修改无标注负筋信息

此时，弹出“校核板筋图元”对话框，逐个校核修正钢筋，见图16.37。特别要注意的是：①板负筋伸出长度识别时统一取值“1050”，要按照图纸中注明的实际伸出长度逐一修改，尤其是板边的负筋，深入板内的长度按图中数值修改，板外侧的伸出长度要改成“0”，见图16.38；②负筋范围重叠部分，要逐个调整。具体见二维码16.8CAD识别板负筋视频。

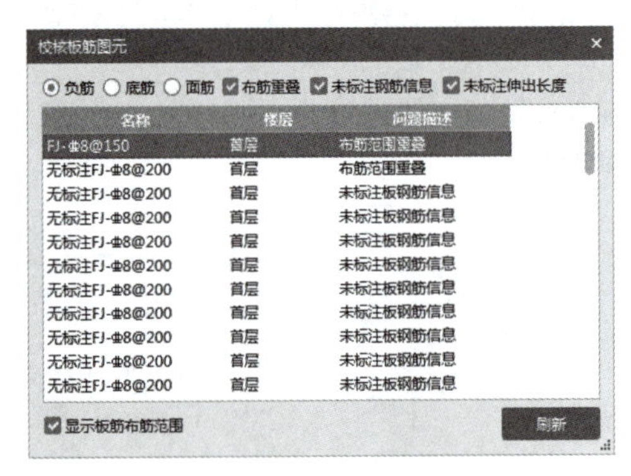

图16.37 校核板筋图元

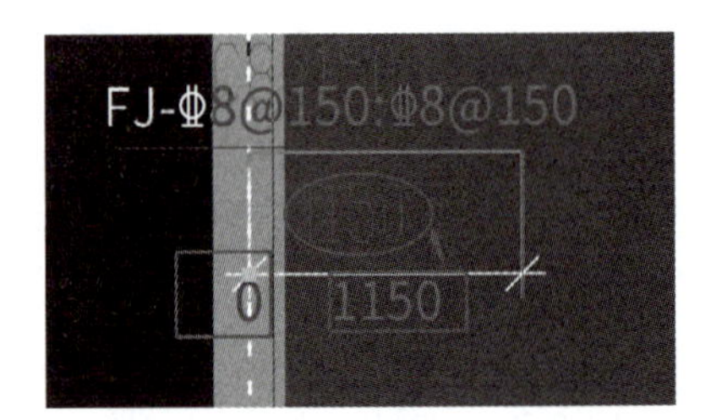

图16.38 修改板负筋伸出长度

16.6.5 设置板马凳筋

选择导航树“板”→“现浇板”，在其中的LB01的属性栏中，打开“钢筋业务属性”，在“马凳筋参数图”的右侧单击，点击…按钮，会出现“马凳筋设置”参数图。结合图纸中马凳筋的形式和尺寸要求，选择其中一种马凳筋，并输入其钢筋信息，调整尺寸参数，点击【确定】，即可完成对马凳筋的设置。见图16.39。

图16.39　设置马凳筋

16.7　识别砌体墙

16.7.1　图纸定位

16.9 CAD识别砌体墙

分割案例工程图纸建筑施工图的“首层平面图”，双击进入该图，将图纸定位到轴网。

注意

先识别砌体墙，再识别门窗表。

16.7.2　识别砌体墙

① 选择导航树“墙”→“砌体墙”，单击“建模”菜单下【识别砌体墙】图标，再选择绘图区左上方的“提取砌体墙边线”，光标由“+”字形变成“回”字形后，点选图纸中砌体墙边线，单击鼠标右键，如图16.40所示。

② 再选择“提取墙标识”，光标由“+”字形变成“回”字形后，点选图纸中的墙标识，例如“Q1”“Q2”，单击鼠标右键，弹出“识别砌体墙”对话框，点击【自动识别】，如

图 16.41 所示。本图没有墙标识，可跳过这一步。

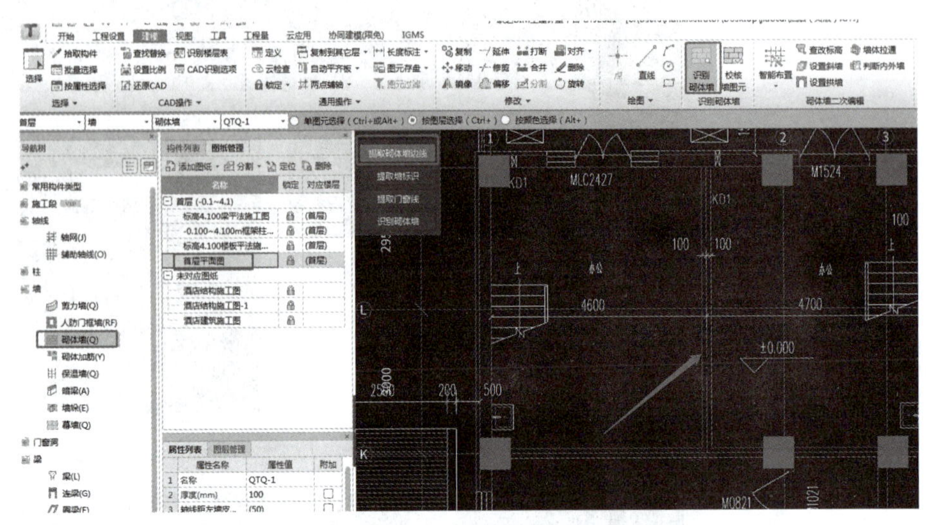

图16.40 提取砌体墙边线

③ 选择“提取门窗线”，光标由“+”字形变成“回”字形后，点选图纸中的门窗线，单击鼠标右键。

④ 选择“识别砌体墙”。弹出“识别砌体墙”对话框，表格中列出了软件自动识别的墙体名称和厚度，有一些并不是墙体，可以通过对话框里的“删除”按钮删掉错误的部分。“材质”一列，选择“加气混凝土砌块”；“通长筋”一列，通过查看案例工程图纸可知，输入通长钢筋为“2Φ6@500”，点击【自动识别】，如图 16.42 所示。弹出对话框提示“识别墙之前请先绘好柱，此时识别的墙端头会自动延伸到柱内，是否继续”，点击【是】，见图 16.43。

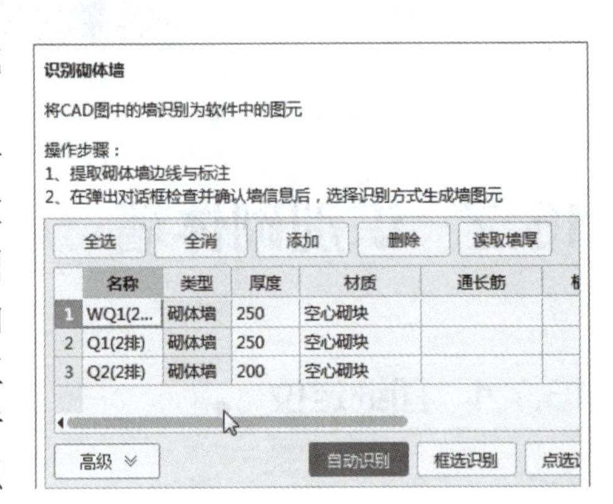

图16.41 提取墙标识

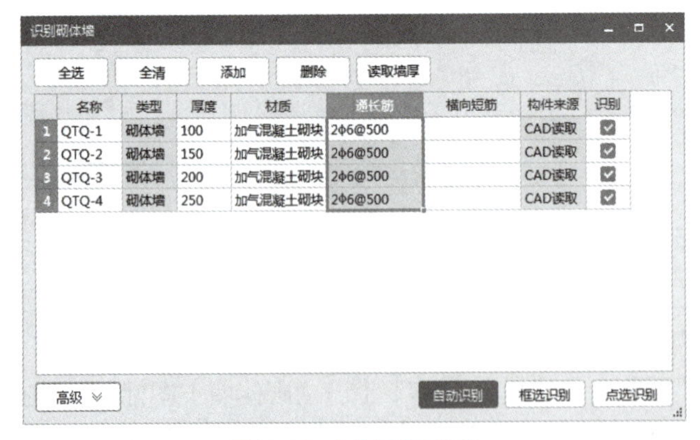

图16.42 自动识别砌体墙

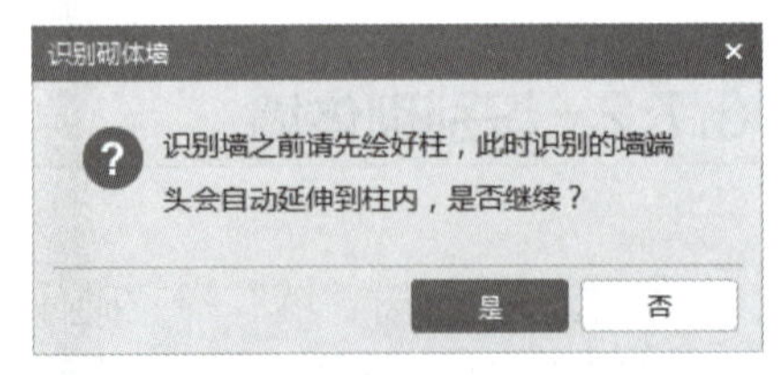

图16.43 确认识别墙之前先绘好柱

软件自动校核砌体墙图元。提示有“未使用的墙边线”，双击每一项进行定位查看，可以看出，这些线是室外台阶坡道的边线，可以删除这些图元，如图 16.44 所示。

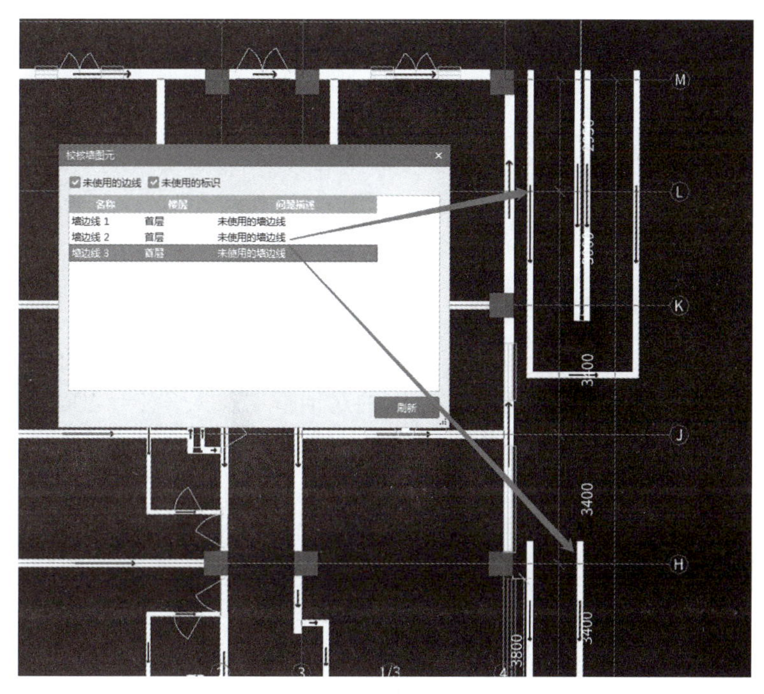

图16.44　软件自动校核砌体墙图元

检查砌体墙图元，会发现④号轴线上的墙体在Ⓓ～Ⓗ轴之间没有连接上，还有①号轴线的墙体在Ⓓ～Ⓕ轴之间也没有连接上，如图 16.45 所示。前面说过，门窗是要附着在墙体上的，因此，选择相临近的墙体，拖动端部绿色夹点，将这段墙体补画上。

检查砌体墙属性列表，由图纸可知，250mm 厚的墙体为外墙。由于内外墙会影响到后期其他构件的布置，所以将 QTQ-4 属性列表的“内 / 外墙标志”一栏改为“(外墙)”。见图 16.46。

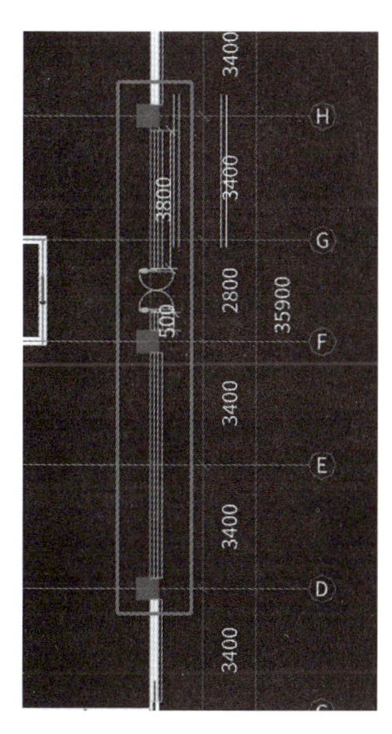

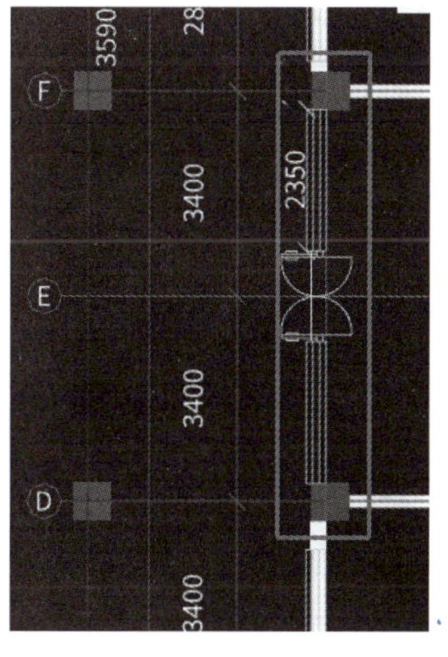

图16.45　门窗附着在墙体上

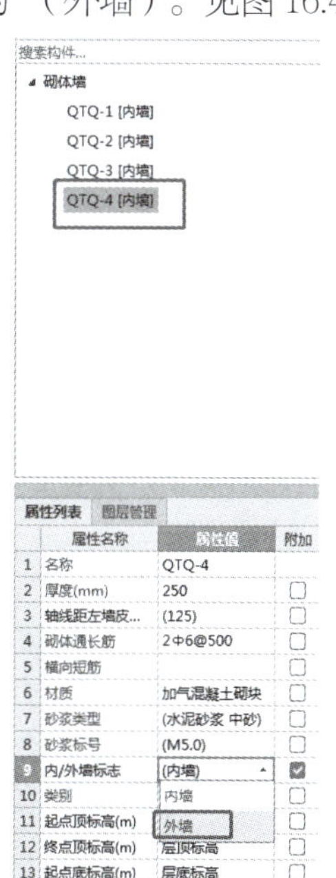

图16.46　修改内外墙标志

16.8 识别门窗

16.10 CAD 识别门窗

砌体墙图元创建完成，检查无误后，开始识别门窗。

16.8.1 图纸定位

双击分割好的“门窗表”图纸，点击【定位】，捕捉到门窗表的左下角，再按住【Shift】键，鼠标单击轴网中的基准点“×”，在弹出的对话框中输入“X=-40000”、“Y=0”，图就定位好了。目的就是为了让门窗表靠近已建好的模型。

16.8.2 识别门窗表

选择导航树“门窗洞”→“门”，单击“建模”菜单下“识别门窗表”图标，框选门窗表，单击右键。弹出“识别门窗表”对话框，如图16.47所示。

识别门窗表

撤消 恢复 查找替换 删除行 删除列 插入行 插入列 复制行

下拉选择	名称	宽度*...	下拉选择	下拉选择	备注	类型	所属楼层
					门窗表	门	工程2[1]
类型	设计编号	洞口尺寸(...	数量	图集名称	备注	门	工程2[1]
普通门	M0821	800×2100	51	12J4-1-1...	平开装饰门	门	工程2[1]
	M0921	900×2100	2	12J4-1-1...	平开装饰门	门	工程2[1]
	M0921	900×2100	58	12J4-1-2...	平开装饰门	门	工程2[1]
	M0927	900×2700	1	12J4-1-1...	平开装饰门	门	工程2[1]
	M1524	1500×2400	1	12J4-1-2...	平开装饰门	门	工程2[1]
	MLC2427	2400×2700	2	见门窗大样		门联窗	工程2[1]
	MLC3027	1500×2700	1			门联窗	工程2[1]
	MLC5527	1200×2700	1			门联窗	工程2[1]
	TM1521	1500×2100	1	12J4-1-2...	铁门,成品...	门	工程2[1]
	TM0718	700×1800	19	12J4-1-1...		门	工程2[1]
防火门	YFM1221	1200×2100	4		钢制防火...	门	工程2[1]
	YFM1521	1500×2100	4			门	工程2[1]
	YFM1525	1500×2500	4	门高2100,...		门	工程2[1]
	YFM0927	900×2700	1			门	工程2[1]
	JFM1521	1500×2100	1			门	工程2[1]
	BFM0918	900×1800	5			门	工程2[1]

提示:请在第一行的空白行中单击鼠标从下拉框中选择对应列关系

识别 取消

图16.47 识别门窗表

16.8.3 编辑“识别门窗表”表格

删除不需要的行和列，编辑表头名称，使之与所对应的列的内容相一致。调整到图16.48所示的样式，点击【识别】。

名称	宽度*...	备注	类型	所属楼层
M0821	800×2100	平开装饰门	门	工程2[1]
M0921	900×2100	平开装饰门	门	工程2[1]
M0921	900×2100	平开装饰门	门	工程2[1]
M0927	900×2700	平开装饰门	门	工程2[1]
M1524	1500×2400	平开装饰门	门	工程2[1]
MLC2427	2400×2700		门联窗	工程2[1]
MLC3027	1500×2700		门联窗	工程2[1]
MLC5527	1200×2700		门联窗	工程2[1]
TM1521	1500×2100	铁门,成品...	门	工程2[1]
TM0718	700×1800		门	工程2[1]
YFM1221	1200×2100	钢制防火...	门	工程2[1]
YFM1521	1500×2100		门	工程2[1]
YFM1525	1500×2500		门	工程2[1]
YFM0927	900×2700		门	工程2[1]
JFM1521	1500×2100		门	工程2[1]
BFM0918	900×1800		门	工程2[1]
C0609	600×900	断桥铝高...	窗	工程2[1]
C0924	900×2400		窗	工程2[1]
C1512	1500×1200		窗	工程2[1]
C1515	1500×1450		窗	工程2[1]
C1515	1500×1500		窗	工程2[1]
C1524	1500×2400		窗	工程2[1]
C1806	1800×600		窗	工程2[1]

图16.48 编辑表头名称

16.8.4 识别门窗洞

通过“识别门窗表”完成门窗属性定义后，再通过“识别门窗洞”完成门窗的绘制。

在图纸管理中，双击打开案例工程图纸“首层平面图”，选择“识别门窗洞”。

分别依次选择“提取门窗线”→“提取门窗洞标识”→“点选识别”下的“自动识别”，完成门窗的绘制。见图 16.49。

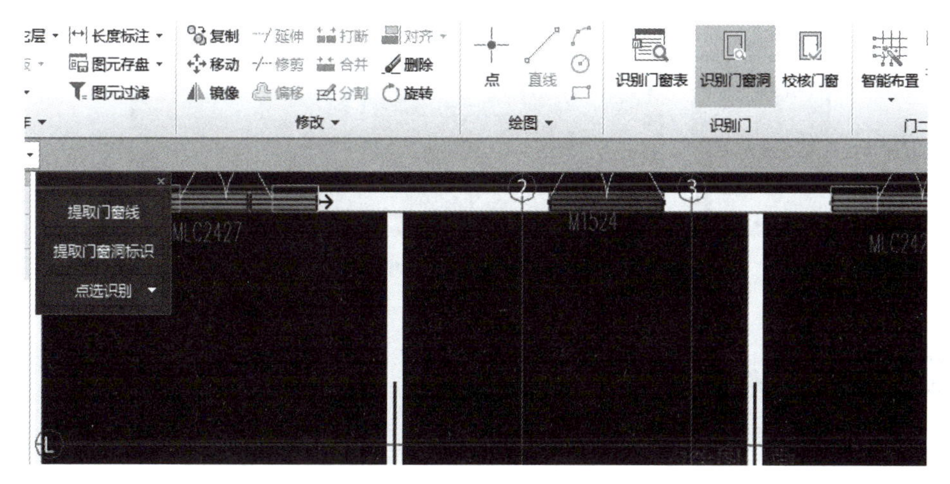

图16.49 识别门窗洞

16.9 识别基础

（1）图纸定位

分割“独立基础、基础梁配筋图”，并将图纸定位到轴网。

（2）切换到基础层

选择导航栏“基础”→“独立基础”。

（3）识别独基表

框选独基表，可以参考识别柱表的内容。由于本图没有独基表，可先定义独立基础构件，方法同手动建模创建独立基础，如图16.50所示。

图16.50 识别独基表

（4）识别独立基础

点击“建模”菜单下“识别独立基础”，分别依次选择“提取独基边线”→“提取独基标识”→“点选识别”下的“自动识别”，完成独立基础绘制，如图16.51所示。

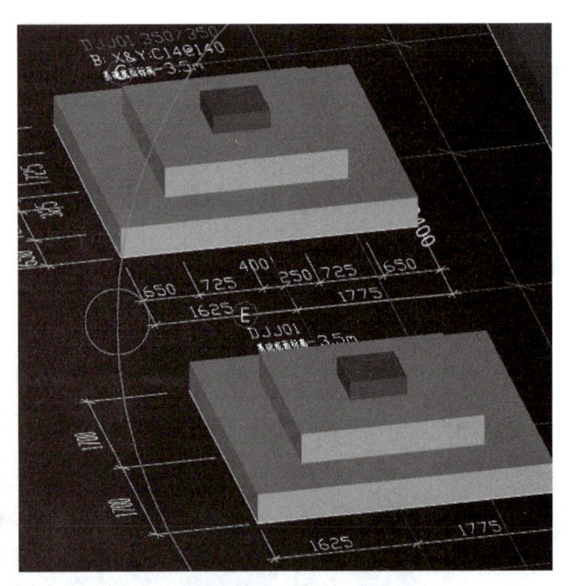

图16.51 提取独基边线

提示

基础梁也可以利用CAD识别创建，其做法同CAD识别梁。筏板只能通过手动建模完成。

能力训练题

一、选择题

1. 在利用 CAD 识别功能识别门窗洞前要先把（　　）识别完。

A. 柱　　B. 墙
C. 梁　　D. 板

2. CAD 识别的最优流程是（　　）。

A. 导入CAD电子图→识别轴网→识别柱→识别梁→识别墙→识别板
B. 导入CAD电子图→识别柱→识别轴网→识别梁→识别墙→识别板
C. 导入CAD电子图→识别轴网→识别梁→识别柱→识别墙→识别板
D. 导入CAD电子图→识别轴网→识别柱→识别板→识别梁→识别墙

3. 在 GTJ2021 中 CAD 功能不可识别的构件有（　　）。

A. 柱、梁　　B. 砌体墙和混凝土墙
C. 门窗洞　　D. 楼梯

4. 在导 CAD 工程图的时候，发现导过来的图和以前已经导入过来的图位置是错开的，例如导过来的墙和柱是错位的，应利用（　　）功能操作。

A. 偏移　　B. 对齐
C. 移动　　D. 定位

二、技能操作题

利用 CAD 识别完成图纸工程的建模及算量工作。

下篇　工程量清单编制及工程计价

本篇主要讲解如何运用广联达云计价平台 GCCP6.0 软件进行工程量清单的编制和工程计价工作。通过本篇的学习，要学会运用软件进行招标控制价和投标报价的编制。

在学习本篇之前先提出几点要求，具体如下。

（1）具有敏锐的市场洞察力

作为一名优秀的造价人员要坚持观察国内外工程经济动态，长期关注国家方针政策和法律法规的变化，注意积累自己做过或他人做过（不涉密的情况下）的工程技术资料，并把有用数据及时保存，以备随时调用、分析和参考。

（2）具有保密意识

投标报价属于企业商业机密，报价人员要遵守职业道德，具有保密意识，不得以任何形式向他人披露所在企业商业秘密。

任务 17 工程量清单编制及工程计价

知识目标

- 掌握计价软件计价流程
- 掌握工程量清单的编制方法
- 掌握定额换算方法
- 掌握价格调整方法
- 掌握报表编辑和打印方法

技能目标

- 会编制工程量清单
- 会对工程量清单进行组价
- 能够根据实际情况进行综合单价的调整
- 会编辑报表并以 Excel 或者 PDF 格式进行输出

素质目标

- 具有科学严谨的工作作风，报价过程不丢项落项，能够准确完整地进行工程量清单组价
- 具有敏锐的市场洞察力，能够根据市场变化对分项工程价格做出正确判断
- 遵守职业道德，不泄露企业商业机密

17.1 工程概况及工程量清单计价流程

17.1.1 工程概况

本工程为石家庄某学校综合楼工程，框架结构，地下 1 层、地上 4 层，建筑面积为 9623.44m^2，其中地下室面积为 2846m^2。该工程造价计算依据《河北省建设工程工程量清单编制与计价规程》(2013)、《全国统一建筑工程基础定额 河北省消耗量定额》(2012)

和《全国统一建筑装饰装修工程消耗量定额 河北省消耗量定额》(2012)。

17.1.2 投标报价编制流程

17.1 工程量清单计价案例工程示例

(1)新建投标项目

(2)编制单位工程分部分项工程量清单计价

包括套定额子目、输入子目工程量、子目换算、设置单价构成。

(3)编制措施项目清单计价

包括计算公式组价、定额组价、实物量组价三种方式。

(4)编制其他项目清单计价

(5)人材机汇总

包括调整人材机价格，设置甲供材料、设备。

(6)查看单位工程费用汇总

包括调整计价程序、工程造价调整。

(7)查看报表

(8)汇总项目总价

包括查看项目总价、调整项目总价。

(9)生成电子标书

包括符合性检查、投标书自检、生成电子投标书、打印报表、刻录及导出电子标书。

17.2 新建投标项目流程

17.2.1 新建工程

(1)打开软件

双击桌面图标，打开“广联达云计价平台 GCCP6.0”软件。软件会启动文件管理界面，如图 17.1 所示。

(2)新建投标项目

在文件管理界面选择“新建预算”，点击【新建预算】→【投标项目】，按照石家庄某学校综合楼工程的工程概况输入相关信息，如图 17.2 所示。

(3)编辑投标项目

点击【立即新建】进入预算书编辑界面，如图 17.3 所示，

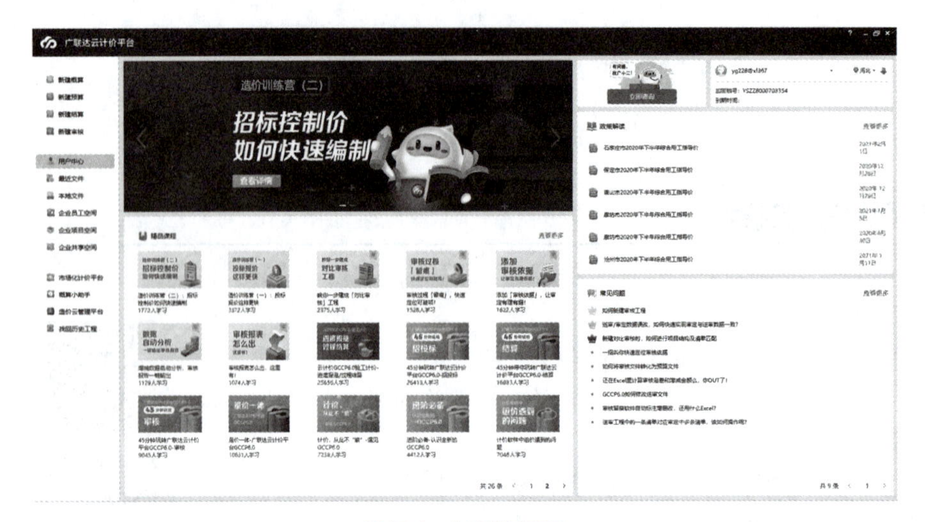

17.2 新建工程基本设置

图17.1 文件管理界面

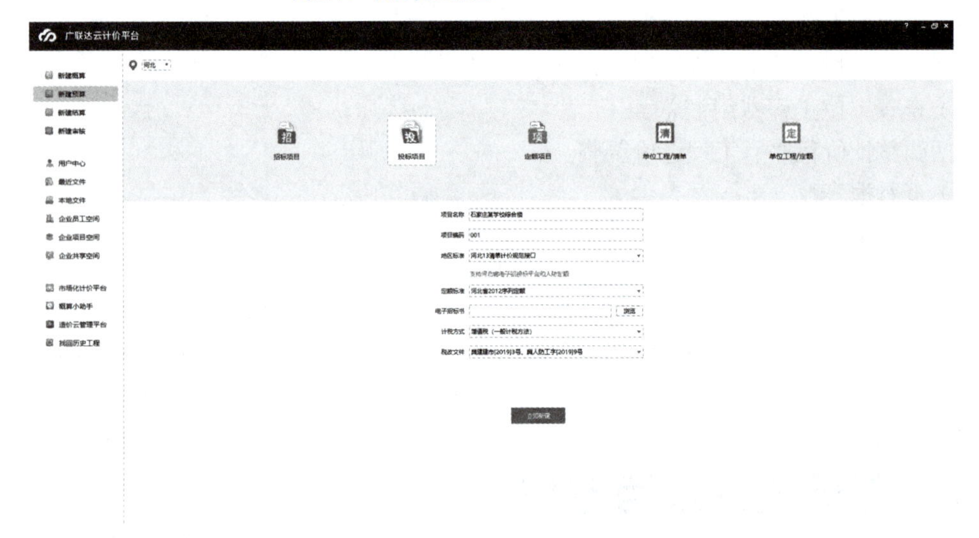

图17.2 新建投标项目界面

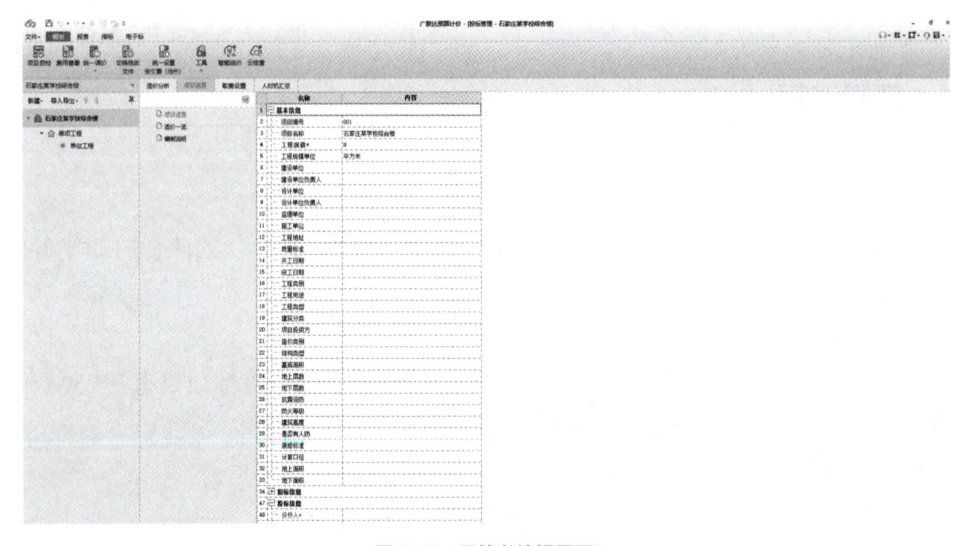

图17.3 预算书编辑界面

17.2.2 输入工程概况

输入工程概况。将“单项工程”重命名为“石家庄某学校综合楼”，鼠标单击【单位工程】，选择“建筑工程”，可以看到建筑工程由“造价分析”“工程概况”等八个部分构成，如图 17.4 所示。下面具体介绍“造价分析”“工程概况”部分内容及输入内容。

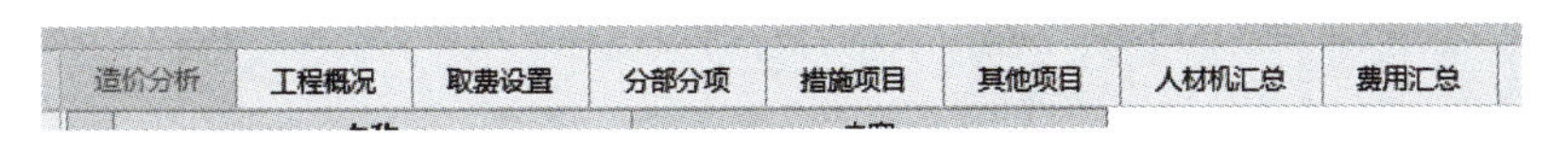

图17.4 单位工程界面构成

（1）“造价分析”部分

本部分内容在“分部分项”“措施项目”和“其他项目”内容输入前均为“0”，如图 17.5 所示，输入了以上三部分内容后，“造价分析”所有数据将对应显示，如图 17.6 所示。

造价分析 | 工程概况 | 取费设置 | 分部分项 | 措施项目 | 其他项目

	名称	内容
1	工程总造价(小写)	0.00
2	工程总造价(大写)	零元整
3	单方造价	0.00
4	分部分项工程量清单项目费	0
5	其中:人工费	0
6	材料费	0
7	机械费	0
8	设备费	0
9	主材费	0
10	管理费	0
11	利润	0
12	措施项目费	0
13	其他项目费	0
14	规费	0
15	进项税额	0
16	销项税额	0
17	增值税应纳税额	0
18	附加税费	0
19	税金	0

三材汇总表

序号	名称	单位	数量
1	钢材	吨	0
2	其中：钢筋	吨	0
3	木材	立方米	0
4	水泥	吨	0
5	商品砼	立方米	0
6	商品砂浆	立方米	0

图17.5 造价分析

造价分析 | 工程概况 | 取费设置 | 分部分项 | 措施项目 | 其他项目

	名称	内容
1	工程总造价(小写)	23,066,440.60
2	工程总造价(大写)	贰仟叁佰零陆万陆仟肆佰肆拾元陆角
3	单方造价	2396.90
4	分部分项工程量清单项目费	17287097.64
5	其中:人工费	3120079.94
6	材料费	12704089.73
7	机械费	496665.83
8	设备费	0
9	主材费	0
10	管理费	589264.97
11	利润	377029.62
12	措施项目费	3297482.39
13	其他项目费	0
14	规费	782080.19
15	进项税额	1608565.93
16	销项税额	2091028.02
17	增值税应纳税额	482462.09
18	附加税费	65132.38
19	税金	547594.47

三材汇总表

序号	名称	单位	数量
1	钢材	吨	779.5
2	其中：钢筋	吨	778.28
3	木材	立方米	1.3
4	水泥	吨	185.79
5	商品砼	立方米	7323.82
6	商品砂浆	立方米	0

图17.6 造价分析（完成工程后）

（2）“工程概况”部分

工程概况包括：“工程信息”“工程特征”和“编制说明”，相关信息按照前面的项目概况填写，如图 17.7、图 17.8 所示。

造价分析 | 工程概况 | 取费设置 | 分部分项 | 措施项目 | 其他项目 | 人材机汇总 | 费用汇总

工程信息
工程特征
编制说明

	名称	内容
1	工程名称	石家庄某学校综合楼
2	专业	土建工程
3	清单编制依据	工程量清单项目计量规范(2013-河北)
4	定额编制依据	全国统一建筑工程基础定额河北省消耗量定额（20…
5	编制时间	
6	编制人	
7	审核人	

图17.7　工程信息

造价分析 | 工程概况 | 取费设置 | 分部分项 | 措施项目 | 其他项目 | 人材机汇总 | 费用汇总

工程信息
工程特征
编制说明

	名称	内容
1	工程类型	公共建筑
2	结构类型	框架结构
3	基础类型	
4	建筑特征	
5	工程规模	9623.44
6	工程规模单位	平方米
7	其中地下室建筑面积(m²)	2846
8	设备管道夹层面积(m²)使用GB/T50353-2005面积时输入	
9	总层数	5
10	地下室层数(+/-0.00以下)	1
11	建筑层数(+/-0.00以上)	4
12	建筑物总高度(m)	
13	首层高度(m)	
14	裙楼高度(m)	
15	楼地面材料及装饰	
16	外墙材料及装饰	
17	屋面材料及装饰	
18	门窗材料及装饰	

图17.8　工程特征

17.2.3　取费设置

取费设置分为三部分内容，分别是："费用条件""费率"和"政策文件"。根据项目要求输入各项信息，如图 17.9 所示。

"费用条件"中相关信息按照项目要求输入即可。"费率"中"管理费""利润"等项目都可以修改，双击数字即可修改，修改后底色将从白色变为黄色，从图 17.9 中可以看出此工程中钢结构部分的管理费和利润进行了修改，所有附加税费均进行了修改。"政策文件"中需要选取取费所需文件，选哪一个就在其后面打"√"即可。

图17.9　取费设置

17.3　分部分项工程项目清单编制

选择单位工程“石家庄某学校综合楼”，如图 17.10 所示，点击【分部分项】，如图 17.11 所示；软件会进入单位工程分部分项工程编辑主界面。

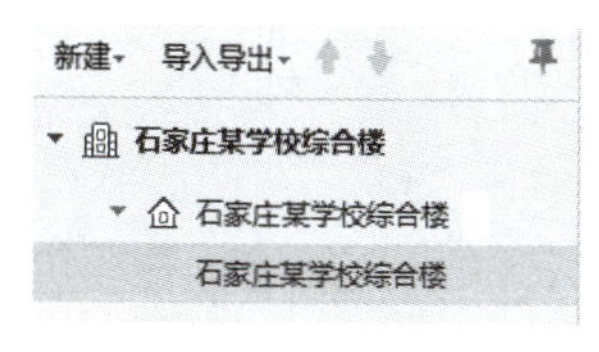

图17.10　单位工程

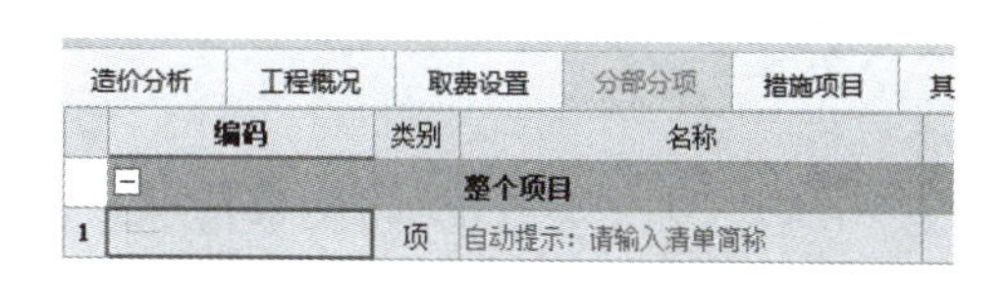

图17.11　“分部分项”界面

17.3 工程量清单编制

17.3.1　输入工程量清单

17.4 分部分项工程项目输入

以石家庄某学校综合楼工程中第 3 行的“带形基础”为例，如图 17.12 所示。

3	010501002001	项	带形基础	1.混凝土种类:预拌混凝土 2.混凝土强度等级:C30密实防水无收缩 3.抗渗等级:P6 4.泵送	m³		336.44			482.89	162463.51	[一般土建工程]	
	A4-162 HBB9-0003 B…	换	预拌混凝土(现浇) 带形基础 无筋混凝土 换为【预拌混凝土 C30】		10m³	0.1	33.644	4494.73	151220.7	4623.4	155549.67	一般土建工程	土建工程
	A4-314	定	混凝土输送泵 檐高(深度)40m以内		10m³	0.1	33.644	163.21	5491.04	205.49	6913.51	一般土建工程	土建工程

图17.12 案例工程中“带形基础”清单项

17.3.1.1 查询输入

在“编码”行双击鼠标左键,(或者点击图17.13上部菜单中“查询”命令中的【查询清单指引】),弹出“查询”对话框后,点击“清单指引”下的【混凝土及钢筋混凝土工程】→【带形基础】,右侧会出现可能对应的定额,选择定额“A4-162”和“A4-314”,如图17.14所示;点击【插入清单】,之后会弹出两个换算窗口,换算操作在后面讲解,所以直接点击【取消】即可,那么,一个清单项就输入好了,如图17.15所示。

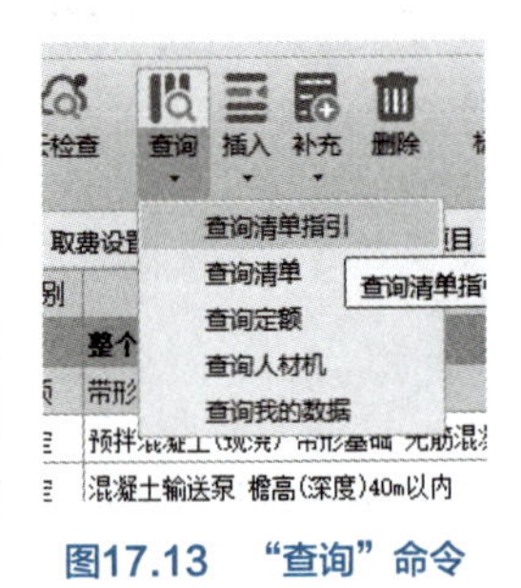

图17.13 “查询”命令

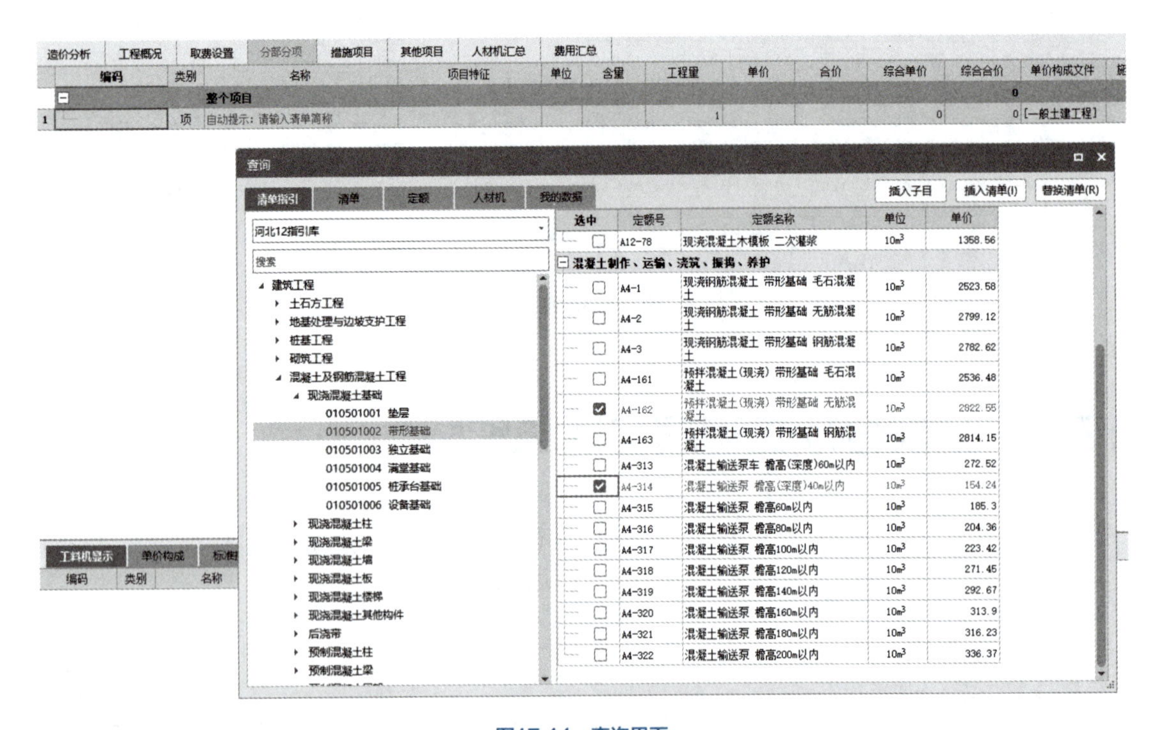

图17.14 查询界面

造价分析 | 工程概况 | 取费设置 | 分部分项 | 措施项目 | 其他项目 | 人材机汇总 | 费用汇总

	编码	类别	名称	项目特征	单位	含量	工程量	单价	合价	综合单价	综合合价	单价构成文件	施工组织措施类别	备注
			整个项目								316.77			
1	010501002001	项	带形基础		m³		1			316.77	316.77	[一般土建工程]		
	A4-162	定	预拌混凝土(现浇) 带形基础 无筋混凝土		10m³	0.1	0.1	2891.45	289.15	2980.52	298.05	一般土建工程	土建工程	
	A4-314	定	混凝土输送泵 檐高(深度)40m以内		10m³	0.1	0.1	157.95	15.8	187.22	18.72	一般土建工程	土建工程	

图17.15 清单输入

17.3.1.2 按编码输入

单击鼠标左键,在空行的编码列输入“010501002001”,在本行清单项点击鼠标右键,点击【插入子目】，会在此清单项下出现一行空行，输入“A4-162”，同样操作再插入空行，输入“A4-314”，如图 17.16 所示。

造价分析 | 工程概况 | 取费设置 | 分部分项 | 措施项目 | 其他项目 | 人材机汇总 | 费用汇总

	编码	类别	名称	项目特征	单位	含量	工程量	单价	合价	综合单价	综合合价	单价构成文件	施工组织措施类别	备注
			整个项目								316.77			
1	010501002001	项	带形基础		m^3		1			316.77	316.77	[一般土建工程]		
	A4-162	定	预拌混凝土(现浇) 带形基础 无筋混凝土		$10m^3$	0.1	0.1	2891.45	289.15	2980.52	298.05	一般土建工程	土建工程	
	A4-314	定	混凝土输送泵 檐高(深度)40m以内		$10m^3$	0.1	0.1	157.95	15.8	187.22	18.72	一般土建工程	土建工程	

图17.16　带形基础清单项

17.3.1.3　简码输入

对于 010501002001 带形基础清单项，输入“1-5-1-2”即可。清单的前九位编码可以分为四级，附录顺序码“01”，专业工程顺序码“05”，分部工程顺序码“01”，分项工程项目名称顺序码“002”，软件把项目编码进行简码输入，提高输入速度，其中清单项目名称顺序码“001”由软件自动生成。

同理，如果清单项的附录顺序码、专业工程顺序码等相同，则只需输入后面不同的编码即可。例如，对于 010502003001 异形柱清单项，只需输入“2-3”回车即可，因为它的附录顺序码“01”、专业工程顺序码“05”和前一条带形基础清单项一致，如图 17.17 所示。输入两位编码“2-3”，点击回车键，软件会保留前一条清单的前两位编码“1-5”。

造价分析 | 工程概况 | 取费设置 | 分部分项 | 措施项目 | 其他项目 | 人材机汇总 | 费用汇总

	编码	类别	名称	项目特征	单位	含量	工程量	单价	合价	综合单价	综合合价	单价构成文件	施工组织措施类别	备注
			整个项目								316.77			
1	010501002001	项	带形基础		m^3		1			316.77	316.77	[一般土建工程]		
	A4-162	定	预拌混凝土(现浇) 带形基础 无筋混凝土		$10m^3$	0.1	0.1	2891.45	289.15	2980.52	298.05	一般土建工程	土建工程	
	A4-314	定	混凝土输送泵 檐高(深度)40m以内		$10m^3$	0.1	0.1	157.95	15.8	187.22	18.72	一般土建工程	土建工程	
2	010502003001	项	异形柱		m^3		1			0	0	[一般土建工程]		

图17.17　异形柱输入

在实际工程中，编码相似也就是章节相近的清单项一般都是连在一起的，所以用简码输入方式处理起来更方便快速。

17.5 补充清单项编辑

17.3.1.4　补充清单项

以补充的“黑板”清单项为例，如图 17.18 所示。

	编码	类别	名称	项目特征	单位	含量	工程量	单价	合价	综合单价	综合合价	单价构成文件	施工组织措施类别	备注
B1			补充分部								336829	[一般土建工…		
1	010101B01001	补项	黑板	黑板参见11J934-2-B5、12J7-2-46-1 1. 长4000*高1200，距地1100	块		31			700	21700	[一般土建工程]		
	补子目7	补	黑板		块	1	31	700	21700	700	21700	一般土建工程	土建工程	

图17.18　“黑板”补充清单项

在编码列输入“B-1”，名称列输入清单项名称“黑板”，单位为“块”，即可补充一条清单项。如图 17.19 所示。

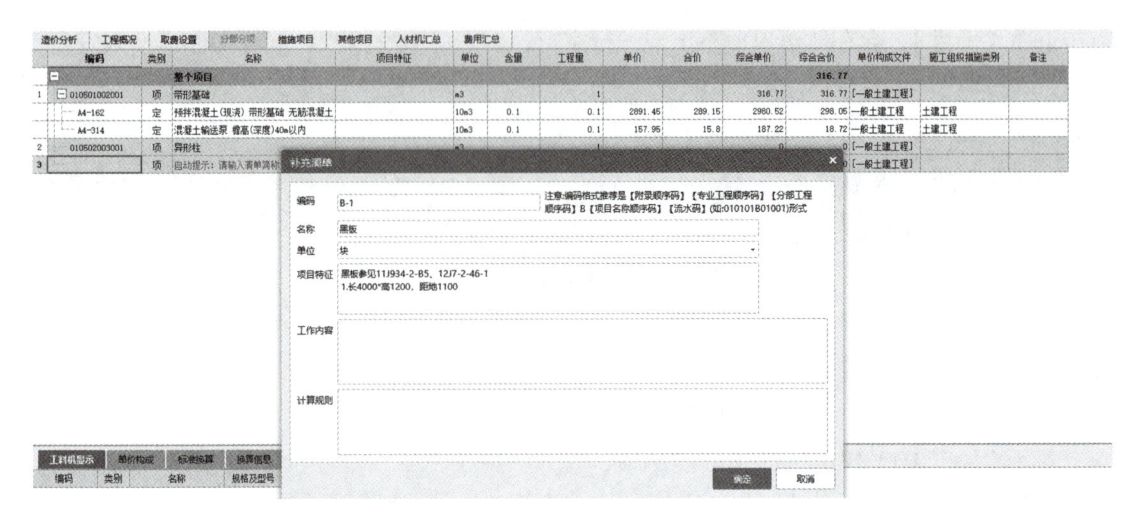

图17.19 补充“黑板”清单项输入

编码可根据项目或者编制人的要求进行编写，例如可以将“黑板”编码编为“010101B01001”进行输入。

17.3.2 输入工程量

17.3.2.1 直接输入

带形基础，在工程量列输入“336.44”，如图17.20所示。

	编码	类别	名称	项目特征	单位	含量	工程量	单价	合价	综合单价	综合合价	单价构成文件
			整个项目								106574.1	
1	010501002001	项	带形基础		m³		336.44			316.77	106574.1	[一般土建工程]

图17.20 带形基础工程量输入

17.6 分部分项工程项目编辑

17.3.2.2 图元公式输入

以图17.21“挖基础土方”为例。

	编码	类别	名称	单位			
1	010101001001	项	平整场地	m²	4211	4211	
2	010101003001	项	挖基础土方	m³	7176	7176	

图17.21 挖基础土方清单项

选择“挖基础土方”清单项，双击“工程量表达式”单元格，使单元格数字处于编辑状态，即光标闪动状态。点击右上角【工具】按钮中“图元公式”。在“图元公式”对话框中选择公式类别为“体积公式”，图元选择“2.2长方体体积”，输入参数值如图17.22所示。

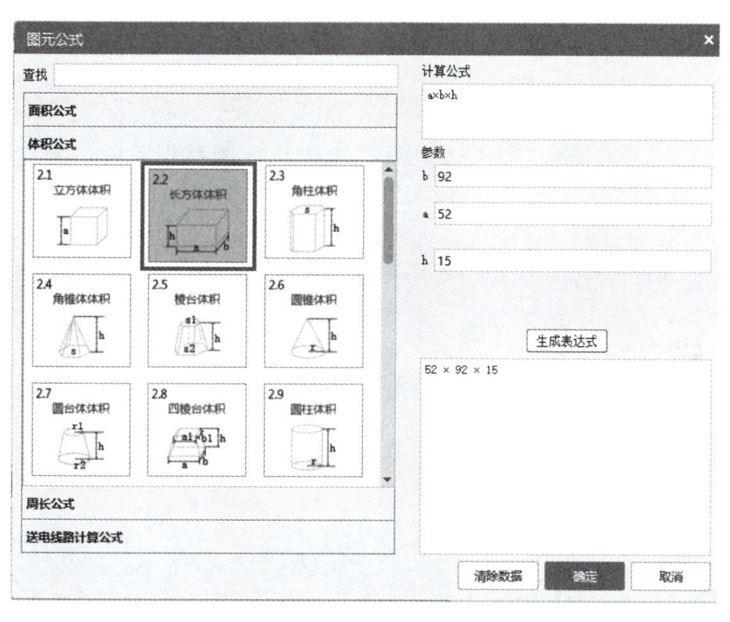

图17.22 图元公式

点击【确定】，退出“图元公式”对话框，在清单这一行工程量结果如图 17.21 所示。

提示

如果界面不显示“工程量表达式”单元格，可将鼠标放置在最上面一行点击右键，选择“页面显示列设置”，则会出现如图 17.23 界面，勾选“工程量表达式”即可，如果想显示其他项目则勾选就可以。

图17.23 “页面显示列设置”界面

17.3.2.3 编辑工程量表达式

以石家庄某学校综合楼工程中的“填充墙”清单项为例，将原来的“490.06”增加“20”，双击“工程量表达式”单元格，点击按钮[…]，在弹出的“编辑工程量表达式”对话框中点击【追加】按钮，输入“+20”，点击【确定】，如图 17.24 所示。

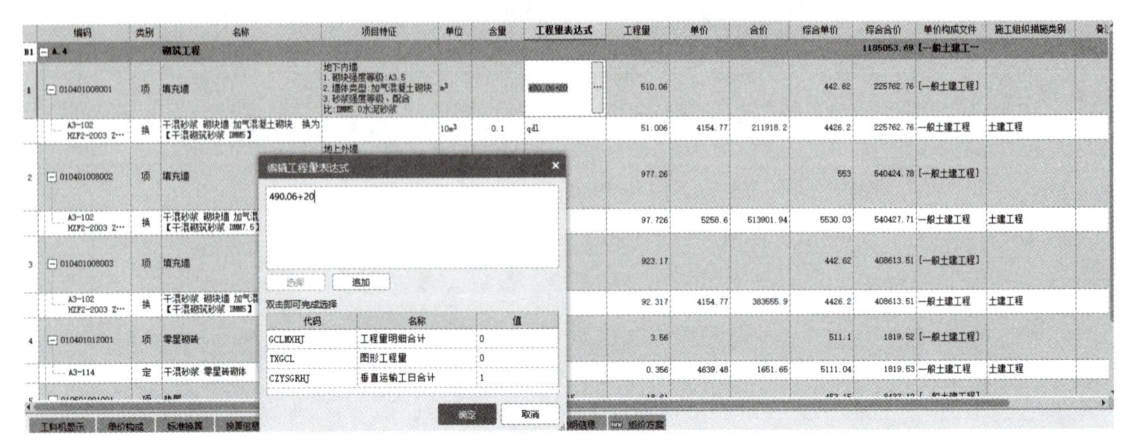

图17.24 编辑工程量表达式

17.3.3 清单名称描述

17.7 清单名称及特征描述

① 项目特征输入清单名称。选择石家庄某学校综合楼工程中“挖一般土方”清单项，如图 17.25 所示。

图17.25 “挖一般土方”清单项

点击下方【特征及内容】，按照工程和图纸相关信息填写“特征值”，需要在清单项中显示的“输出”处打勾，如图 17.26 所示。

工料机显示 | 单价构成 | 标准换算 | 换算信息 | 安装费用 | 特征及内容 | 工程量明细 | 反查图形工程量

	工作内容	输出
1	排地表水	☑
2	土方开挖	☑
3	围护（挡土板）及拆除	☑
4	基底钎探	☑
5	运输	☑

	特征	特征值	输出
1	土壤类别	一二类土	☑
2	挖土深度	1.85m	☑
3	弃土运距	自行考虑	☑

图17.26 “挖一般土方”工程“特征及内容”界面

如果需要补充“特征值”以外的特征，点击清单项中“项目特征”的按钮[…]，出现如图 17.27 所示对话框，在“项目特征”框内进行补充即可。

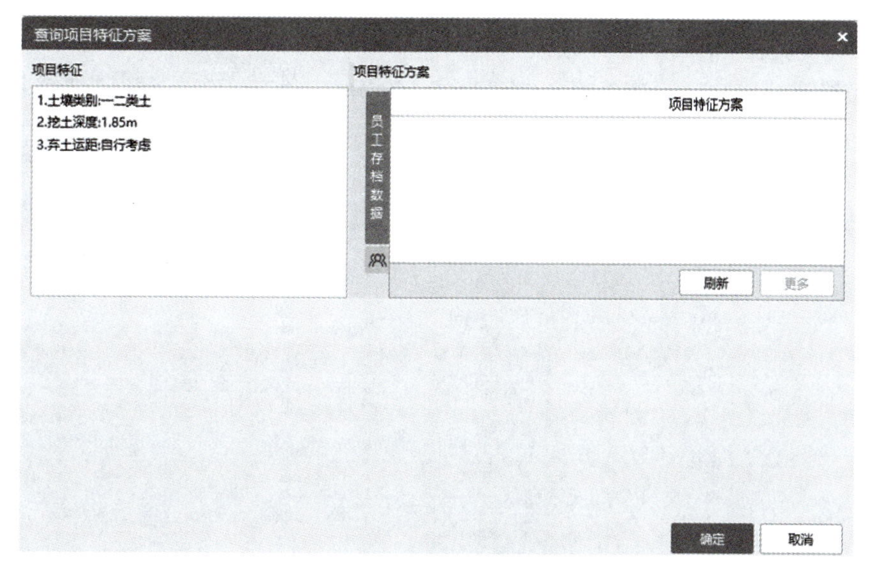

图17.27　项目特征编辑界面

② 点击右下角【项目特征选项】按钮，然后在“添加位置”处选择“添加到清单名称列”，点击【应用规则到全部清单】，如图 17.28 所示。

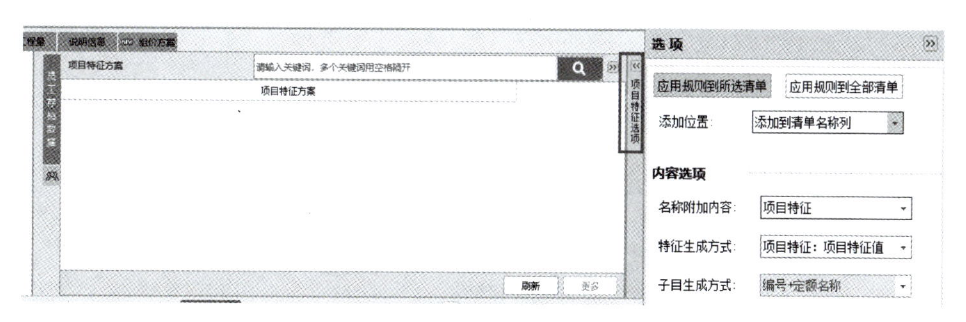

图17.28　项目特征选项界面

软件会把项目特征信息输入到项目名称中，如图 17.29 所示。

	编码	类别	名称	项目特征	单位	含量	工程量表达式	工程量
	A1-228	定	机械 平整场地 推土机		1000m²	0.001	QDL	2.73028
2	010101002001	项	挖一般土方 1.土壤类别:一二类土 2.挖土深度:1.85m 3.弃土运距:自行考虑		m³		16172.72	16172.72

图17.29　项目特征显示在名称列

17.3.4　清单分部整理

在上部功能区“清单整理”选择“分部整理”，在弹出的“分部整理”对话框勾选“需要章分部标题”，如图 17.30 所示。

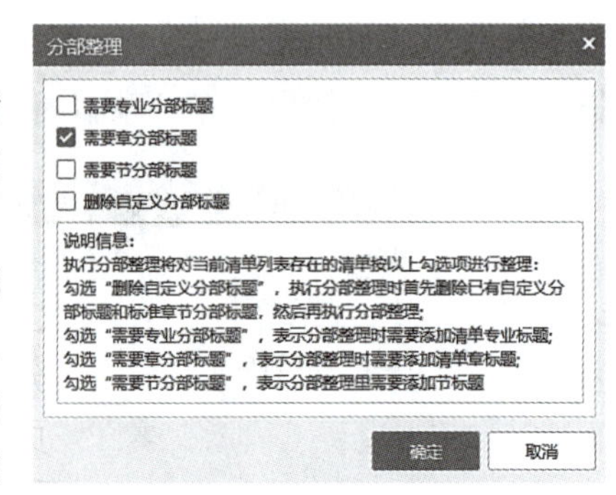

图17.30 “分部整理”对话框

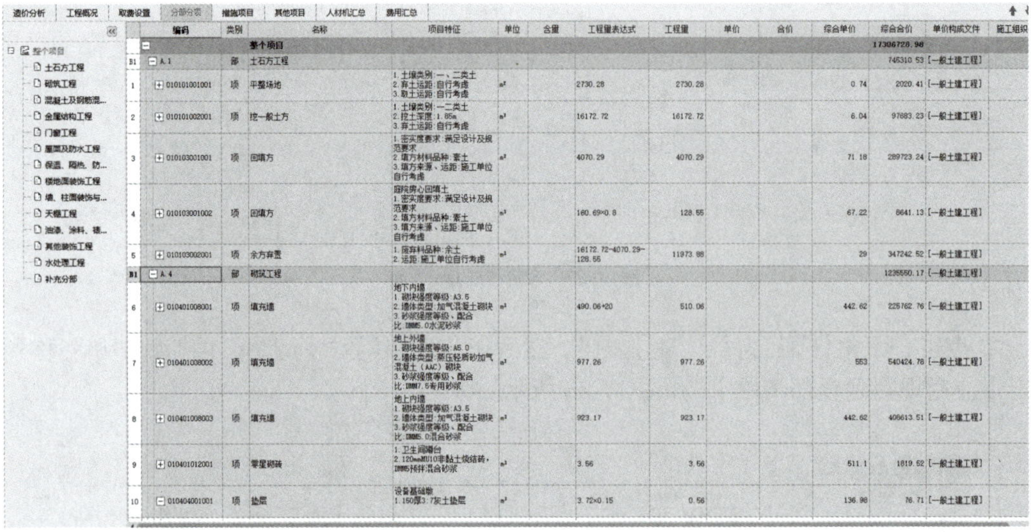

点击“分部整理”，软件会按照《建设工程工程量清单计价规范》的章节编排增加分部行，并建立分部行和清单行的归属关系，如图 17.31 所示。

在分部整理后，补充的清单项会自动生成一个分部为“补充分部”，如果想要编辑补充清单项的归属关系，在页面点击鼠标右键选中“页面显示列设置”，在弹出的对话框中对“指定专业章节位置”进行勾选，点击【确定】，如图 17.32 所示。

图17.31 分部整理后的工程

图17.32 设置“指定专业章节位置”

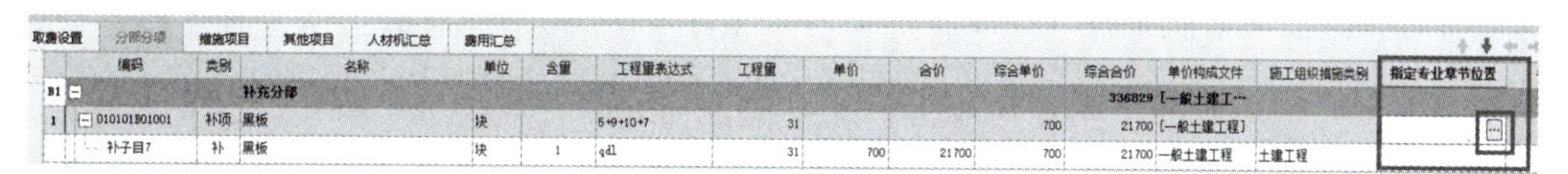

	编码	类别	名称	单位	含量	工程量表达式	工程量	单价	合价	综合单价	综合合价	单价构成文件	施工组织措施类别	指定专业章节位置
B1	−		补充分部								336829	[一般土建工…		
1	− 010101B01001	补项	黑板	块		5+9+10+7	31			700	21700	[一般土建工程]		…
	补子目7	补	黑板	块	1	qdl	31	700	21700	700	21700	一般土建工程	土建工程	

图17.33 指定专业章节位置

以石家庄某学校综合楼工程文件里的补充分部里的“黑板”分项为例，假设将“黑板”分项放到“墙、柱面装饰与隔断、幕墙工程”分部里，在页面就会出现“指定专业章节位置”一列（将水平滑块向后拉），点击单元格，出现按钮…，如图 17.33 所示。

点击按钮…，选择章节即可，选择“墙、柱面装饰与隔断、幕墙工程”中，点击【确定】，如图 17.34 所示。

指定专业章节位置后，再重复进行一次“分部整理”，补充清单项就会归属到选择的章节中了，如图 17.35 所示。

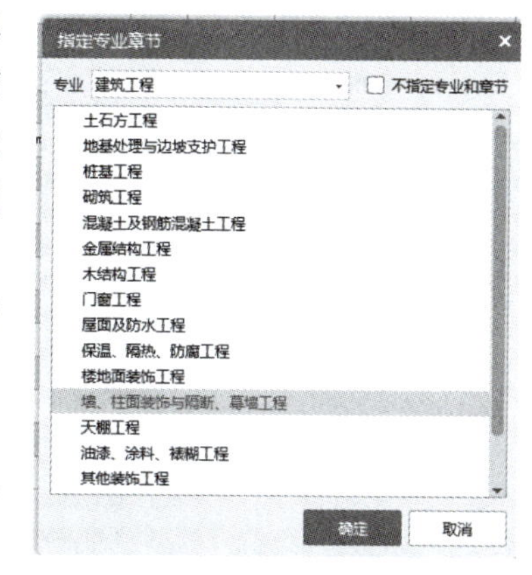

图17.34 放置补充清单位置

	编码	类别	名称	单位	含量	工程量表达式	工程量	单价	合价	综合单价	综合合价	单价构成文件	施工组织措施类别	指定专业章节位置	备注
	− A.12		墙、柱面装饰与隔断、幕墙工程								815847.78	[一般土建工…			
1	+ 010101B01001	补项	黑板	块		5+9+10+7	31			700	21700	[一般土建工程]		112000000	
2	+ 011201001001	项	墙面一般抹灰	m²		1102.252+3117.37+2262.02+2223.82+2336.26+56.3	11098.02			26.56	294763.41	[一般土建工程]		112010000	
3	+ 011201001002	项	墙面一般抹灰	m²		3757.46+356.66+56.44+156.97+59.29+66.92	4453.74			26.56	118291.33	[一般土建工程]		112010000	
4	+ 011201001003	项	墙面一般抹灰	m²		594.26+44	638.26			30.62	19543.52	[一般土建工程]		112010000	
5	+ 011203001001	项	零星项目一般抹灰	m²		3.72	3.72			16.19	60.23	[一般土建工程]		112030000	
6	+ 011204003001	项	块料墙面	m²		599.65+256.04+304.73+307.06+307.14	1774.62			175	310558.5	[一般土建工程]		112040000	
7	+ 011210005001	项	成品隔断	m²		GCLMXHJ	432.45			112.17	48507.92	[一般土建工程]		112100000	
8	+ 011210005002	项	成品隔断	m²		GCLMXHJ	21.6			112.17	2422.87	[一般土建工程]		112100000	

图17.35 “墙、柱面装饰与隔断、幕墙工程”重新整理后的分项

17.4 清单综合单价组价

17.4.1 清单组价设置

在进行工程量清单组价前，可以先进行设置，点击左上角【文件】按钮，选择“选项”，便出现如图 17.36 所示的“选项”对话框。

17.4.2 输入定额子目

17.4.2.1 内容指引

点击“分部分项”中【插入清单】会出现一个空白的清单行，双击编码进入“查询”界面，以输入“平整场地”组价为例，在“查询”界面选择“清单指引”，双击“平整场地”清单项，右侧会出现相匹配的定额子目，按照工程要求选择需要的子目即可，如图17.37所示。

图17.36 “选项”对话框

17.8 软件“选项”设置

17.9 工程量清单综合单价计算

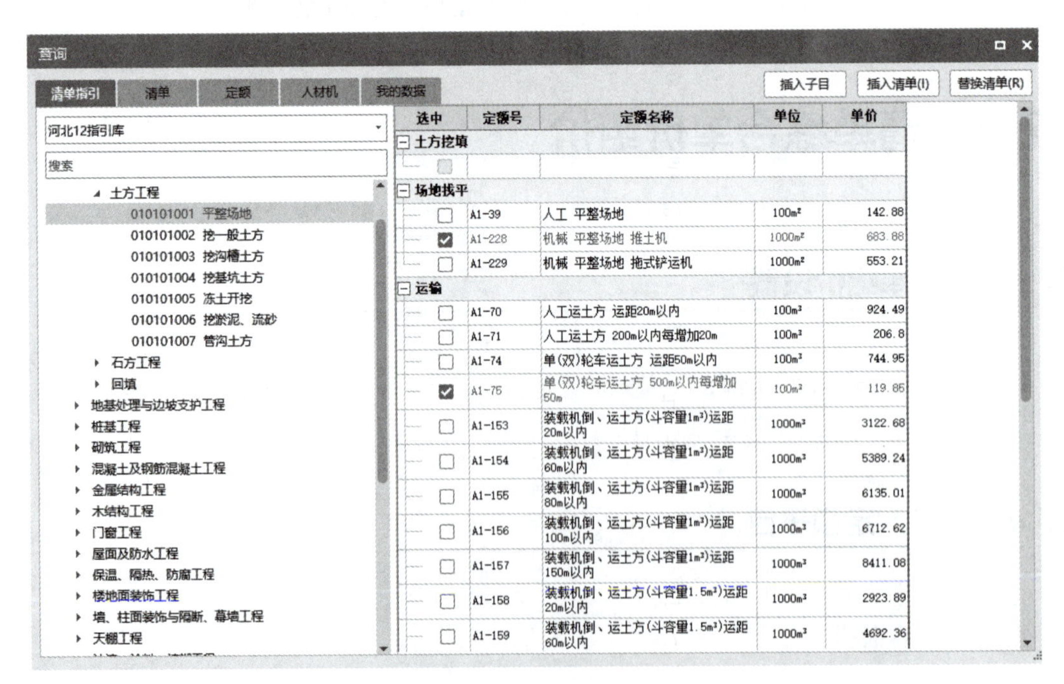

图17.37 “清单指引”界面

点击【插入清单】，软件即可完成该清单项目的组价，输入子目工程量如图17.38所示。

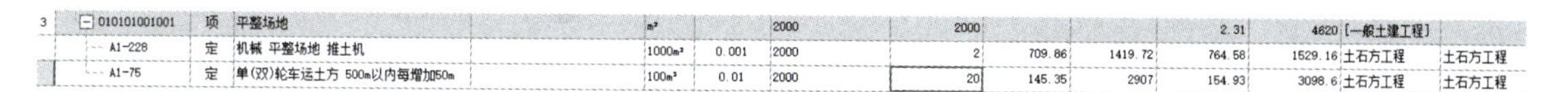

3	⊟ 010101001001	项	平整场地		m²		2000	2000			2.31	4620	[一般土建工程]	
	A1-228	定	机械 平整场地 推土机		1000m²	0.001	2000	2	709.86	1419.72	764.58	1529.16	土石方工程	土石方工程
	A1-75	定	单(双)轮车运土方 500m以内每增加50m		100m³	0.01	2000	20	145.35	2907	154.93	3098.6	土石方工程	土石方工程

图17.38　组价后的“平整场地”清单项

提示

定额子目在输入工程量时和清单输入方法相同，如果直接在“工程量”列下输入实际值，回车后软件会自动除以前面的定额单位。

17.4.2.2　直接输入

在石家庄某学校综合楼工程中选择“平整场地”清单，点击鼠标右键，选择“插入子目”，就可以插入一个空行，在空行的编码列输入定额子目“A1-228”，工程量输入“2730.28”即可，如图17.39所示。

31	⊟ A.1		土石方工程									745310.53	[一般土建工…	
1	⊟ 010101001001	项	平整场地	1.土壤类别:一、二类土 2.弃土运距:自行考虑 3.取土运距:自行考虑	m²		2730.28	2730.28			0.74	2020.41	[一般土建工程]	
	A1-228	定	机械 平整场地 推土机		1000m²	0.001	QDL	2.73028	682.65	1863.83	737.37	2013.23	土石方工程	土石方工程

图17.39　直接输入定额子目

提示

输入完子目编码后，敲击回车，光标会跳格到工程量列，再次敲击回车，软件会在子目下插入一空行，光标自动跳格到空行的编码列，这样能通过回车键快速切换。

17.4.2.3　查询输入

在石家庄某学校综合楼工程中选择“平整场地”清单下的空行，在“编码”列双击鼠标左键，出现如图17.40所示的“查询”对话框，按照前面“17.4.2.1　内容指引”操作即可。

17.4.2.4　补充子目

在石家庄某学校综合楼工程中选择“平整场地”清单下的空行，点击鼠标右键，选择“补充”→“子目”，弹出如图17.41所示的“补充子目”对话框，在此输入相关信息，点击【确定】，即可补充子目。

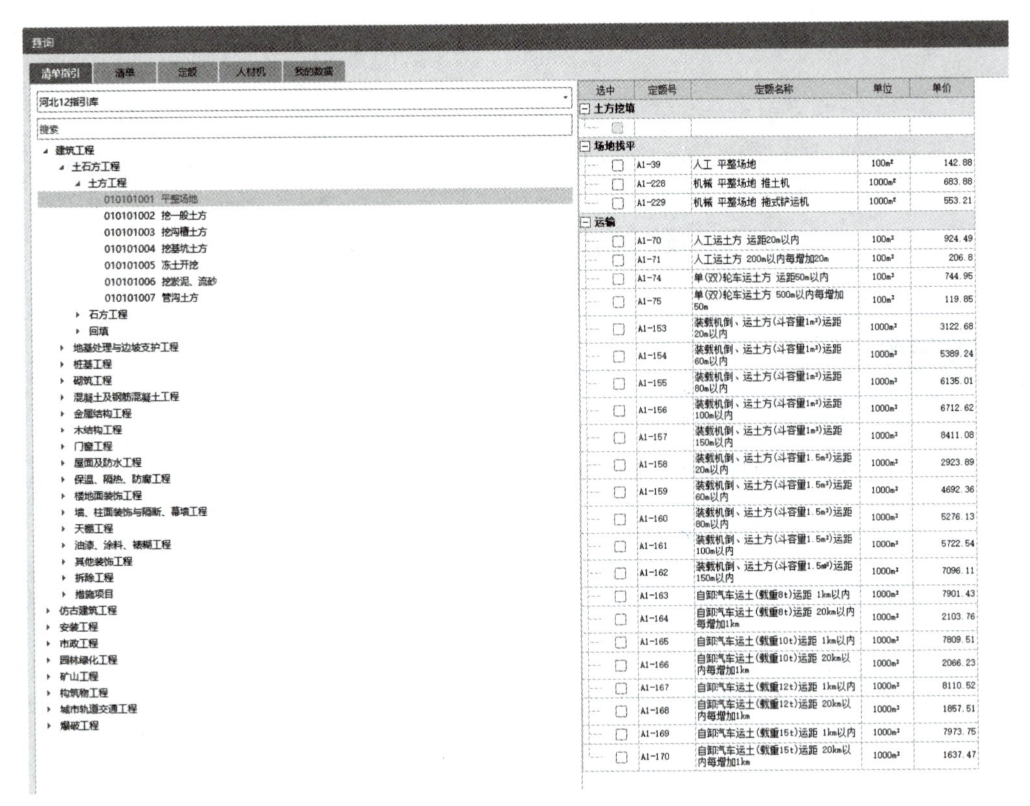

图17.40 “查询”对话框

补充子目
编码 补子目17
专业章节
名称
单位
单价 0 元
子目工程量表达式
人工费 0 元
材料费 0 元
机械费 0 元
主材费 0 元
设备费 0 元
编码 类别 名称 规格型号 单位 含量 单价 除税系数
注：如需以后重复使用，可使用【存档】功能进行保存。
确定 取消

图17.41 “补充子目”对话框

17.4.3 输入子目工程量

输入定额子目工程量的输入方法与工程量清单项目工程量的输入方法相同，具体可参考前面“17.3.1 输入工程量清单”，如果要对整个项目工程量进行修改，可以使用“工程量批量乘系数”命令。

点击上部功能区【其他】按钮，选择“工程量批量乘系数”，会弹出如图 17.42 所示的对话框，对话框中可以选择“清单”或“子目”，如果选择“清单”，“工程量乘系数”输入“1.2”，那么工程所有的清单项的工程量都会乘以系数“1.2”；如果选择“子目”，那么工程所有的定额子目的工程量都会乘以系数“1.2”；如果“清单”和“子目”都勾选，那么工程所有的工程量都会乘以系数“1.2”。

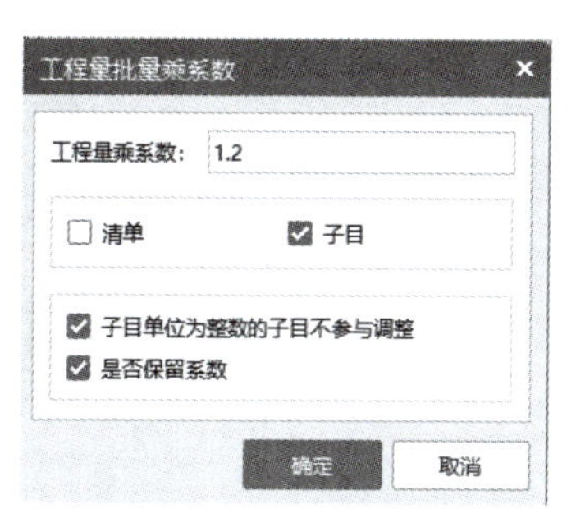

图17.42　工程量批量乘系数

17.4.4　定额换算

定额换算的视频操作可扫描二维码 17.6 查看。

17.4.4.1　系数换算

以石家庄某学校综合楼工程中“平整场地”为例，调整前单价为“682.65”，如图 17.43 所示，选中“平整场地”清单下的“A1-228”子目，点击子目编码列，使其处于编辑状态，在子目编码后面输入“×1.1”，软件就会把这条子目的单价乘以 1.1 的系数，调整后单价为“750.91”，如图 17.44 所示。

	编码	类别	名称	项目特征	单位	含量	工程量表达式	工程量	单价	合价	综合单价
B1	A.1		土石方工程								
1	010101001001	项	平整场地	1. 土壤类别：一、二类土 2. 弃土运距：自行考虑 3. 取土运距：自行考虑	m²		2730.28	2730.28			0.74
	A1-228	定	机械 平整场地 推土机		1000m²	0.001	QDL	2.73028	682.65	1863.83	737.37

图17.43　定额子目乘系数之前

	编码	类别	名称	项目特征	单位	含量	工程量表达式	工程量	单价	合价	综合单价	综合合价
1	A.1		土石方工程									745501.65
	010101001001	项	平整场地	1. 土壤类别：一、二类土 2. 弃土运距：自行考虑 3. 取土运距：自行考虑	m²		2730.28	2730.28			0.81	2211.53
	A1-228 ×1.1	换	机械 平整场地 推土机 单价×1.1		1000m²	0.001	QDL	2.73028	750.91	2050.19	811.09	2214.5

图17.44　定额子目乘系数之后

17.4.4.2　标准换算

以石家庄某学校综合楼工程中“带形基础”中“A4-162”的换算为例，先插入空白子目行，输入“A4-162”，不进行任何换算，如图 17.45 所示。点击下方【标准换算】，将预拌混凝土 C20 换算成 C30，如图 17.46 所示；将“预拌混凝土 C30”市场价改为“395”，如图 17.47 所示。

	编码	类别	名称	项目特征	单位	含量	工程量表达式	工程量	单价
3	010501002001	项	带形基础	1. 混凝土种类：预拌混凝土 2. 混凝土强度等级：C30密实防水无收缩 3. 抗渗等级：P6 4. 泵送	m³		336.44	336.44	
	A4-162 HBB9-0003 BB9-0005	换	预拌混凝土(现浇) 带形基础 无筋混凝土 换为【预拌混凝土 C30】		10m³	0.1	QDL	33.644	4494.73
	A4-314	定	混凝土输送泵 檐高(深度)40m以内		10m³	0.1	QDL	33.644	163.21
	A4-162	定	预拌混凝土(现浇) 带形基础 无筋混凝土		10m³	0.1	QDL	33.644	4133.11

图17.45　定额“A4-162”换算前

工料机显示 | 单价构成 | 标准换算 | 换算信息 | 安装费用 | 特征及内容

	换算列表		换算内容
1	混凝土项目	15%≤预制率<30% 人工×1.1	☐
2		30%≤预制率<60% 人工×1.25	☐
3		预制率≥60% 人工×1.35	☐
4	具有装配式钢梁、钢柱、钢楼承板楼层的混凝土项目 人工×1.1		☐
5	换预拌混凝土 C20		BB9-0005 预拌混凝土 C30

图17.46 混凝土标号换算后

工料机显示 | 单价构成 | 标准换算 | 换算信息 | 安装费用 | 特征及内容 | 工程量明细 | 反查图形工程量

	编码	类别	名称	规格及型号	单位	损耗率	含量	数量	定额价	市场价	合价
1	10000002	人	综合用工二类		工日		5.3	178.3132	60	**73**	13016.86
2	BB9-0005	商混凝土	预拌混凝土 C30		m³		10.332	347.60981	260	**395**	137305.87
3	BK1-0005	材	塑料薄膜		m²		10.08	339.13152	0.8	0.8	271.31
4	ZA1-0002	材	水		m³		0.98	32.97112	5	5	164.86
5	⊞ 00006060	机	混凝土振捣器(插入式)		台班		0.77	25.90588	15.47	**17.83**	461.9

图17.47 调整预拌混凝土C30价格

通过两种换算后，“A4-162”单价变为“4494.73”，与石家庄某学校综合楼工程中的将混凝土换算为C30预拌混凝土后价格相同，如图17.48所示。

编码	类别	名称	项目特征	单位	含量	工程量表达式	工程量	单价
⊟ 010501002001	项	带形基础	1.混凝土种类:预拌混凝土 2.混凝土强度等级:C30密实防水无收缩 3.抗渗等级:P6 4.泵送	m³		336.44	336.44	
A4-162 HBB9-0003 BB9-0005	换	预拌混凝土(现浇) 带形基础 无筋混凝土 换为【预拌混凝土 C30】		10m³	0.1	QDL	33.644	4494.73
A4-314	定	混凝土输送泵 檐高(深度)40m以内		10m³	0.1	QDL	33.644	163.21
A4-162 HBB9-0003 BB9-0005	换	预拌混凝土(现浇) 带形基础 无筋混凝土 换为【预拌混凝土 C30】		10m³	0.1	QDL	33.644	4494.73
			1.混凝土种类:预拌混凝土					

图17.48 定额“A4-162”换算后

说明

“标准换算”可以处理的换算内容包括：定额书中的章节说明、附注信息，混凝土、砂浆标号换算，运距、板厚换算。在实际工作中，大部分换算都可以通过“标准换算”来完成。

17.4.5 设置单价构成

在下方功能区点击【单价构成】，如图17.49所示。

工料机显示 | 单价构成 | 标准换算 | 换算信息 | 安装费用 | 特征及内容 | 工程量明细 | 反查图形工程量 | 说明信息 | 组价方案

	序号	费用代号	名称	计算基数	基数说明	费率(%)	单价	合价	费用类别	备注
1	1	A	直接费	A1+A2+A3	人工费+材料费+机械费		851.83	1703.66	直接费	
2	1.1	A1	人工费	RGF	人工费		65.66	131.32	人工费	
3	1.2	A2	材料费	CLF+ZCF	材料费+主材费		0	0	材料费	
4	1.3	A3	机械费	JXF	机械费		786.17	1572.34	机械费	
5	2	B	企业管理费	YS_RGF+YS_JXF	预算价人工费+预算价机械费	4	32.83	65.66	管理费	
6	3	C	利润	YS_RGF+YS_JXF	预算价人工费+预算价机械费	4	32.83	65.66	利润	
7			工程造价	A+B+C	直接费+企业管理费+利润		917.49	1834.98	工程造价	

图17.49 “单价构成”界面

假设将“企业管理费”的“费率”从原来的“4”调成“5”，直接修改为“5”即可，如图 17.50 所示。

	序号	费用代号	名称	计算基数	基数说明	费率(%)	单价	合价	费用类别
1	1	A	直接费	A1+A2+A3	人工费+材料费+机械费		851.83	1703.66	直接费
2	1.1	A1	人工费	RGF	人工费		65.66	131.32	人工费
3	1.2	A2	材料费	CLF+ZCF	材料费+主材费		0	0	材料费
4	1.3	A3	机械费	JXF	机械费		786.17	1572.34	机械费
5	2	B	企业管理费	YS_RGF+YS_JXF	预算价人工费+预算价机械费	5	41.03	82.06	管理费
6	3	C	利润	YS_RGF+YS_JXF	预算价人工费+预算价机械费	4	32.83	65.66	利润
7			工程造价	A+B+C	直接费+企业管理费+利润		925.69	1851.38	工程造价

图17.50　调整企业管理费率

此时，软件会出现一个提示，如图 17.51 所示，根据项目需要选择应用范围即可，软件会按照设置后的费率重新计算清单的综合单价。

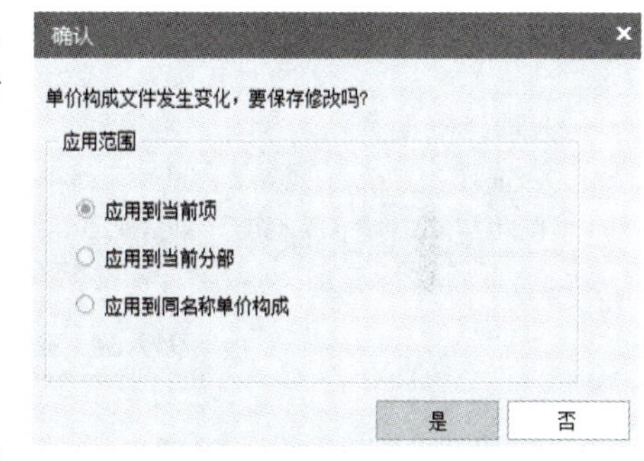

图17.51　调整费率应用范围

17.5　措施项目清单编制

措施项目分为其他总价措施项目和单价措施项目，如图 17.52 所示。

序号	类别	名称	单位	项目特征	组价方式	调整系数	工程量	综合单价	综合合价	取费专业	施工组织措施类别	措施类别	备注
−		措施项目				1			0				
+ 1		其他总价措施项目				1			0			其他总价措施项目	
2		单价措施项目				1			0			单价措施项目	

图17.52　措施项目编制界面

17.5.1　单价措施项目清单编制

单价措施项目清单编制以“模板”项目为例，编制方法与分部分项工程基本相同。首先，在“单价措施项目”行单击鼠标右键，选择“插入清单”，双击空白行出现“查询”对话框，如图 17.53 所示，按照分部分项中“17.3.1 输入工程量清单”操作即可。

17.5.2　其他总价措施项目清单编制

点击上部功能区【自动计算措施费用】，如图 17.54 所示。

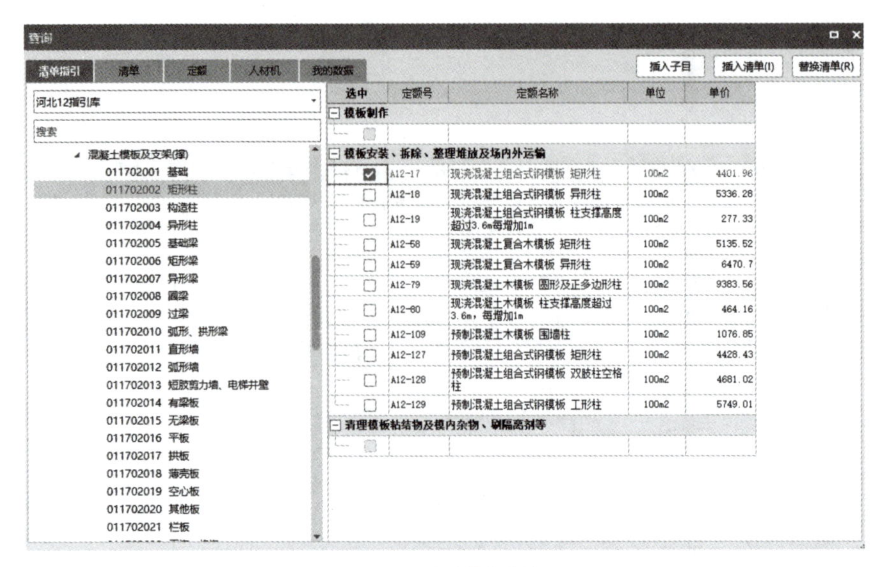

17.10 单价措施项目输入

图17.53 单价措施费输入

17.11 其他总价措施项目输入

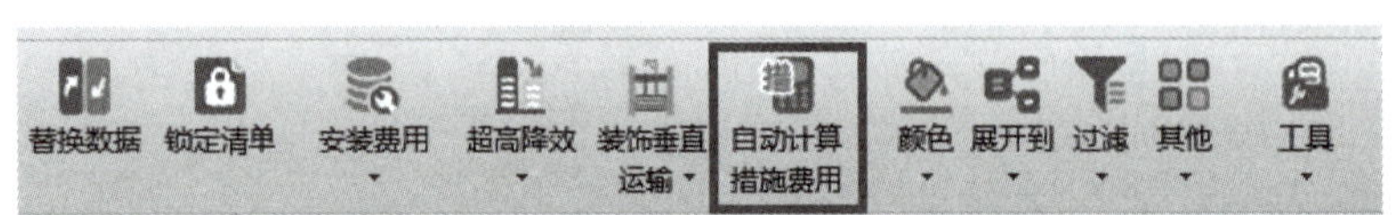

图17.54 自动计算措施项目

出现如图17.55所示的“自动计算措施费用”界面，根据工程实际情况要求勾选选项，然后点击【自动计算】，则软件会自动计算其他总价措施项目，计算完后的其他总价措施项目如石家庄某学校综合楼工程中的措施项目，如图17.56所示。

自动计算措施费用

组织措施费名称	对应当前工程的措施项	选择项
冬季施工增加费	冬季施工增加费	☑
雨季施工增加费	雨季施工增加费	☑
夜间施工增加费	夜间施工增加费	☑
生产工具用具使用费	生产工具用具使用费	☑
检验试验配合费	检验试验配合费	☑
工程定位复测场地清理费	工程定位复测场地清理费	☑
已完工程及设备保护费	已完工程及设备保护费	☑
二次搬运费	二次搬运费	☑
停水停电增加费	停水停电增加费	☑
施工与生产同时进行增加费用	施工与生产同时进行增加费用	☐
有害环境中施工增加费	有害环境中施工增加费	☐

☐ 施工期不足冬季规定天数50% ☐ 施工期不足雨季规定天数50%　自动计算　关闭

图17.55 自动计算措施项目界面

造价分析 | 工程概况 | 取费设置 | 分部分项 | 措施项目 | 其他项目 | 人材机汇总 | 费用汇总

	序号	类别	名称	单位	项目特征	组价方式	调整系数	工程量	综合单价	综合合价	取费专业	施工组织
			措施项目				1			3298633.11		
	1		其他总价措施项目				1			398328.27		
1	011707B01001		冬季施工增加费	项		可计量清单	1	1	25569.81	25569.81		
	B9-1	借	装饰装修工程 冬季施工增加费	%				1	5575.63	5575.63	装饰工程	
	A15-59	定	一般土建工程 冬季施工增加费	%				1	15639.58	15639.58	一般土建工程	
	A15-59	定	土石方工程 冬季施工增加费	%				1	4354.6	4354.6	土石方工程	
2	011707B02001		雨季施工增加费	项		可计量清单	1	1	59025.1	59025.1		
	B9-2	借	装饰装修工程 雨季施工增加费	%				1	12802.74	12802.74	装饰工程	
	A15-60	定	一般土建工程 雨季施工增加费	%				1	36153.85	36153.85	一般土建工程	
	A15-60	定	土石方工程 雨季施工增加费	%				1	10068.51	10068.51	土石方工程	
3	011707002001		夜间施工增加费	项		可计量清单	1	1	40641.18	40641.18		
	B9-3	借	装饰装修工程 夜间施工增加费	%				1	12999.95	12999.95	装饰工程	
	A15-61	定	一般土建工程 夜间施工增加费	%				1	21980.66	21980.66	一般土建工程	
	A15-61	定	土石方工程 夜间施工增加费	%				1	5660.57	5660.57	土石方工程	
4	011707004001		二次搬运费	项		可计量清单	1	1	74303.32	74303.32		
	B9-7	借	装饰装修工程 二次搬运费	%				1	30077.32	30077.32	装饰工程	
	A15-66	定	一般土建工程 二次搬运费	%				1	35527.74	35527.74	一般土建工程	
	A15-66	定	土石方工程 二次搬运费	%				1	8698.26	8698.26	土石方工程	
5	011707B03001		生产工具用具使用费	项		可计量清单	1	1	62976	62976		
6	011707B04001		检验试验配合费	项		可计量清单	1	1	27703.86	27703.86		
7	011707B05001		工程定位复测场地清理费	项		可计量清单	1	1	45192.94	45192.94		

图17.56　自动计算完措施项目后的界面

措施项目的组价和定额子目的输入同分部分项工程操作步骤，在此不再赘述。

17.6　其他项目清单编制

17.12 其他项目费编辑

其他项目包括：暂列金额、暂估价、总承包服务费及计日工。

软件中其他项目清单如图17.57所示。

造价分析 | 工程概况 | 取费设置 | 分部分项 | 措施项目 | 其他项目 | 人材机汇总 | 费用汇总　　其他项目模板：其他项目(全统13清单规范)

其他项目
- 暂列金额
- 专业工程暂估价
- 计日工费用
- 总承包服务费
- 签证与索赔计价表

	序号	名称	计算基数	费率(%)	金额	安全生产、文明施工费	进项税额	销项税额	费用类别	不可竞争费	记取安全文明施工费	不计入合价	备注
1		其他项目			0	0	0	0					
2	1	暂列金额	暂列金额		0	0	0	0	暂列金额	☐	☑	☐	
3	2	暂估价	专业工程暂估价		0	0	0	0	暂估价	☐	☑	☐	
4	2.1	材料暂估价			0		0	0	材料暂估价	☐		☑	
5	2.2	设备暂估价			0		0	0	设备暂估价	☐		☑	
6	2.3	专业工程暂估价	专业工程暂估价		0		0	0	专业工程暂估价	☐		☑	
7	3	总承包服务费	总承包服务费		0	0	0	0	总承包服务费	☐	☑	☐	
8	4	计日工	计日工		0	0	0	0	计日工	☐	☑	☐	

图17.57　其他项目清单编辑界面

在各个分项的其他项目中输入信息后，在图17.57的界面就可以显示相关联的内容。

17.6.1　暂列金额输入

点击【其他项目】，在“其他项目”中选择“暂列金额”，在“序号”列空行点击鼠标右键，选择“插入费用行”，如图17.58所示，按照项目要求在表中输入相关信息即可。

“专业工程暂估价”输入方法同“暂列金额”。

17.6.2　计日工费用输入

点击【其他项目】，在“其他项目”中选择“计日工费用”，在“序号”列的二级标题下（例如“1.1”处）空行点击鼠标右键，选择“插入费用行”，如图 17.59 所示，按照项目要求在表中输入相关信息即可。

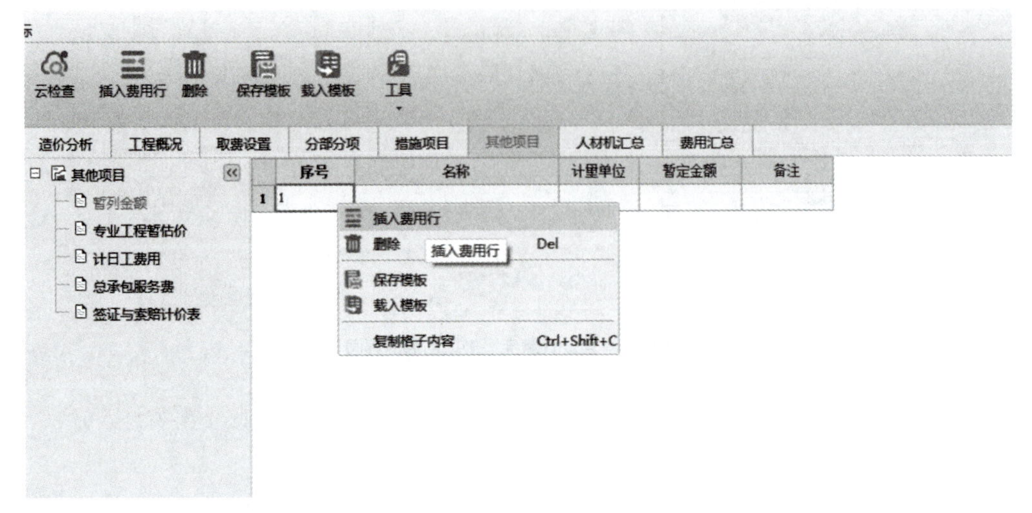

图17.58 “暂列金额”界面

查询 插入 删除 保存模板 载入模板 取费文件 工具

价分析 工程概况 取费设置 分部分项 措施项目 其他项目 人材机汇总 费用汇总

其他项目：暂列金额、专业工程暂估价、计日工费用、总承包服务费、签证与索赔计价表

	序号	名称	规格	单位	数量	单价	合价	综合单价	综合合价	除税系数(%)	进项税额	取费文件	备注
1		计日工费用							252000		35625		
2	1	人工							2000		0	人工模板	
3	1.1	人工费		工日	10	200	2000	200	2000	0	0	人工模板	
4	2	材料							250000		35625	材料模板	
5	2.1	钢筋		t	50	5000	250000	5000	250000	14.25	35625	材料模板	
6	3	机械							0		0	机械模板	
7	3.1						0	0	0	10.87	0	机械模板	

插入标题行 插入子标题行 插入费用行 删除 Del 查询 取费文件 保存模板 载入模板 复制格子内容 Ctrl+Shift+C

图17.59 “计日工费用”界面

17.7 人材机汇总

17.7.1 人工费调整

点击【人材机汇总】，进入“人材机汇总”界面，如果需要调整人工费，点击右侧“所有人材机”中的“人工表”，直接在“市场价”列进行修改，只要修改过价格的项目底纹将变成黄色，价格上调的字体显示红色，价格下调的字体显示绿色，如图 17.60 所示。

取费设置 | 分部分项 | 措施项目 | 其他项目 | 人材机汇总 | 费用汇总

	编码	类别	名称	规格型号	单位	数量	预算价	市场价	价格来源	市场价合计
1	10000001	人	综合用工一类		工日	14785.9589	70	85	2018年上半年综合用工指导价（石建价信（2018）1号）	1256806.51
2	10000001@1	人	综合用工一类		工日	31.1471	70	85	2018年上半年综合用工指导价（石建价信（2018）1号）	2647.5
3	10000002	人	综合用工二类		工日	35391.9414	60	73	2018年上半年综合用工指导价（石建价信（2018）1号）	2583611.72
4	10000002@1	人	综合用工二类		工日	0.0717	60	73	2018年上半年综合用工指导价（石建价信（2018）1号）	5.23
5	10000003	人	综合用工三类		工日	2875.745	47	57	2018年上半年综合用工指导价（石建价信（2018）1号）	163917.47

17.13 人材机汇总中调价

图17.60 人工费修改界面

17.7.2 修改材料价格

在“人材机汇总”界面，如果需要调整材料费，点击右侧“所有人材机”中的“材料表”，直接在“市场价”列进行修改，只要修改过价格的项目底纹将变成黄色，价格上调的字体显示红色，价格下调的字体显示绿色，如图 17.61 所示。

取费设置 | 分部分项 | 措施项目 | 其他项目 | 人材机汇总 | 费用汇总　　市场价合计:14161650.34

	编码	类别	名称	规格型号	单位	数量	预算价	市场价	价格来源	市场价合计	除税系数（%）	进项税额	价差	价差合计	供货方式
1	AA1C0001@1	材	钢筋 φ10以内	HPB300	t	23.0907	4290	4700	自行询价	108526.29	13.52	14672.75	410	9467.18	自行采购
2	AA1C0001@2	材	钢筋 φ10以内	HRB400	t	246.8329	4290	4500	自行询价	1110748.05	13.52	150173.11	210	51834.9	自行采购
3	AA1C0001@3	材	钢筋 φ10以内		t	14.9282	4290	4700	自行询价	70162.54	13.52	9485.99	410	6120.57	自行采购
4	AA1C0002@1	材	钢筋 φ20以内	HRB400	t	239.3102	4500	4100	自行询价	981171.82	13.52	132654.45	-400	-95724.1	自行采购
5	AA1C0002@2	材	钢筋 φ20以内	HRB500	t	110.8682	4500	4500		498906.9	13.52	67452.19	0	0	自行采购
6	AA1C0003@1	材	钢筋 φ20以外	HRB500	t	118.7878	4450	4500	自行询价	534545.1	13.52	72270.47	50	5939.39	自行采购
7	AA1C0003@2	材	钢筋 φ20以外	HRB400	t	24.1914	4450	4100	自行询价	99184.74	13.52	13409.8	-350	-8467	自行采购
8	AA1C0011	材	钢筋		kg	274.1772	4.45	4.15	石家庄信息价（2019年02月）	1137.84	13.52	153.84	-0.3	-82.25	自行采购
9	AB1C0001	材	钢板		t	0.24	4475	4150	石家庄信息价（2019年02月）	996	13.52	134.66	-325	-78	自行采购
10	AB2-0032	材	普碳镀锌铁皮 26#		m²	46.1324	22	21		968.78	13.52	130.98	-1	-46.13	自行采购
11	AC1C0007	材	圆钢		t	0.0121	4290	4300	石家庄信息价（2019年02月）	52.03	13.52	7.06	10	0.12	自行采购
12	AC4-0079	材	角钢 40×3		kg	1015.4092	4.35	4.3	自行询价	4366.26	13.52	590.32	-0.05	-50.77	自行采购
13	AC4C0078	材	锻铁		t	0.0593	5630	4600		272.78	13.52	36.85	-1030	-61.03	自行采购
14	AC4C0092	材	钢丝网		m²	1472.31	11	2.1		3091.85	13.52	418.02	-8.9	-13103.56	自行采购
15	AC6C0019	材	槽钢		kg	117.552	4.32	4.2	石家庄信息价（2019年02月）	493.72	13.52	66.75	-0.12	-14.11	自行采购
16	AC9C0001	材	型钢		t	0.0673	4450	4550	石家庄信息价（2019年02月）	306.22	13.52	41.42	100	6.73	自行采购
17	AE2-0007	材	钢丝绳 φ8		kg	25.7856	7.86	7.86		202.67	13.52	27.4	0	0	自行采购

图17.61 材料费修改界面

17.7.3 设置甲供材料

假设石家庄某学校综合楼工程中，所有钢筋都是甲供材料，那么需要在图 17.62“供货方式”列点击右边的▾，在下拉菜单中选择“甲供材料”。

在左侧导航栏选择“发包人供应材料和设备”，右侧会显示所有甲供材料，如图 17.63 所示。

	编码	类别	名称	规格型号	单位	数量	预算价	市场价	价格来源	市场价合计	除税系数(%)	进项税额	价差	价差合计	供货方式
1	AA1C0001@1	材	钢筋 ϕ10以内	HPB300	t	23.0907	4290	4700	自行询价	108526.29	13.52	0	410	9467.18	甲供材料
2	AA1C0001@2	材	钢筋 ϕ10以内	HRB400	t	246.8329	4290	4500	自行询价	1110748.05	13.52	0	210	51834.9	甲供材料
3	AA1C0001@3	材	钢筋 ϕ10以内		t	14.9282	4290	4700	自行询价	70162.54	13.52	0	410	6120.57	甲供材料
4	AA1C0002@1	材	钢筋 ϕ20以内	HRB400	t	239.3102	4500	4100	自行询价	981171.82	13.52	0	-400	-95724.1	甲供材料
5	AA1C0002@2	材	钢筋 ϕ20以内	HRB500	t	110.8682	4500	4500		498906.9	13.52	0	0	0	甲供材料
6	AA1C0003@1	材	钢筋 ϕ20以外	HRB500	t	118.7878	4450	4500	自行询价	534545.1	13.52	0	50	5939.39	甲供材料
7	AA1C0003@2	材	钢筋 ϕ20以外	HRB400	t	24.1914	4450	4100	自行询价	99184.74	13.52	0	-350	-8467	甲供材料
8	AA1C0011	材	钢筋		kg	274.1772	4.45	4.15	石家庄信息价(2019年02月)	1137.84	13.52	0	-0.3	-82.25	甲供材料

图17.62 “甲供材料”选择界面

	编码	类别	材料名称	规格型号	单位	甲供数量	单价	合价	质量等级	供应时间	交货方式	送达地点
1	AA1C0001@1	材	钢筋 ϕ10以内	HPB300	t	23.0907	4700	108526.29				
2	AA1C0001@2	材	钢筋 ϕ10以内	HRB400	t	246.8329	4500	1110748.05				
3	AA1C0001@3	材	钢筋 ϕ10以内		t	14.9282	4700	70162.54				
4	AA1C0002@1	材	钢筋 ϕ20以内	HRB400	t	239.3102	4100	981171.82				
5	AA1C0002@2	材	钢筋 ϕ20以内	HRB500	t	110.8682	4500	498906.9				
6	AA1C0003@1	材	钢筋 ϕ20以外	HRB500	t	118.7878	4500	534545.1				
7	AA1C0003@2	材	钢筋 ϕ20以外	HRB400	t	24.1914	4100	99184.74				
8	AA1C0011	材	钢筋		kg	274.1772	4.15	1137.84				

图17.63 “发包人供应材料和设备”显示界面

17.8 费用汇总及报表编辑

17.8.1 查看费用

点击【费用汇总】，可以查看及核实费用，如图 17.64 所示，“销项税额”和“附加税费”可以在“费率”列进行调整。

	序号	费用代号	名称	计算基数	基数说明	费率(%)	金额	费用类别	输出
1	1	A	分部分项工程量清单计价合计	FBFXHJ	分部分项合计		17,430,481.64	分部分项工程量清单合计	☑
2	2	B	措施项目清单计价合计	B1+B2	单价措施项目工程量清单计价合计+其他总价措施项目清单计价合计		3,298,633.11	措施项目清单合计	☑
3	2.1	B1	单价措施项目工程量清单计价合计	DJCSF	单价措施项目		2,900,304.84	单价措施项目费	☑
4	2.2	B2	其他总价措施项目清单计价合计	QTZJCSF	其他总价措施项目		398,328.27	其他总价措施项目费	☑
5	3	C	其他项目清单计价合计	QTXMHJ	其他项目合计		0.00	其他项目清单合计	☑
6	4	D	规费	GFHJ	规费合计		784,618.71	规费	☑
7	5	E	安全生产、文明施工费	AQWMSGF	安全生产、文明施工费		1,160,833.77	安全文明施工费	☑
8	6	F	税前工程造价	A + B + C + D + E	分部分项工程量清单计价合计+措施项目清单计价合计+其他项目清单计价合计+规费+安全生产、文明施工费		22,674,567.23	税前工程造价	☑
9	6.1	F1	其中：进项税额	JXSE+SBFJXSE	进项税额+设备费进项税额		1,152,330.64	进项税额	☑
10	7	G	销项税额	F+SBF+JSCS_SBF-JGCLF-JGZCF-JGSBF-F1	税前工程造价+分部分项设备费+组价措施项目设备费-甲供材料费-甲供主材费-甲供设备费-其中：进项税额	10	1,811,785.33	销项税额	☑
11	8	H	增值税应纳税额	G-F1	销项税额-其中：进项税额		659,454.69	增值税应纳税额	☑
12	9	I	附加税费	H	增值税应纳税额	13.5	89,026.38	附加税费	☑
13	10	J	税金	H+I	增值税应纳税额+附加税费		748,481.07	税金	☑
14	11	K	工程造价	F+J	税前工程造价+税金		23,423,048.30	工程造价	☑

图17.64 费用汇总

17.14 费用汇总

17.8.2 报表编辑

在上部菜单中点击【报表】，软件会进入报表界面，如图 17.65 所示。

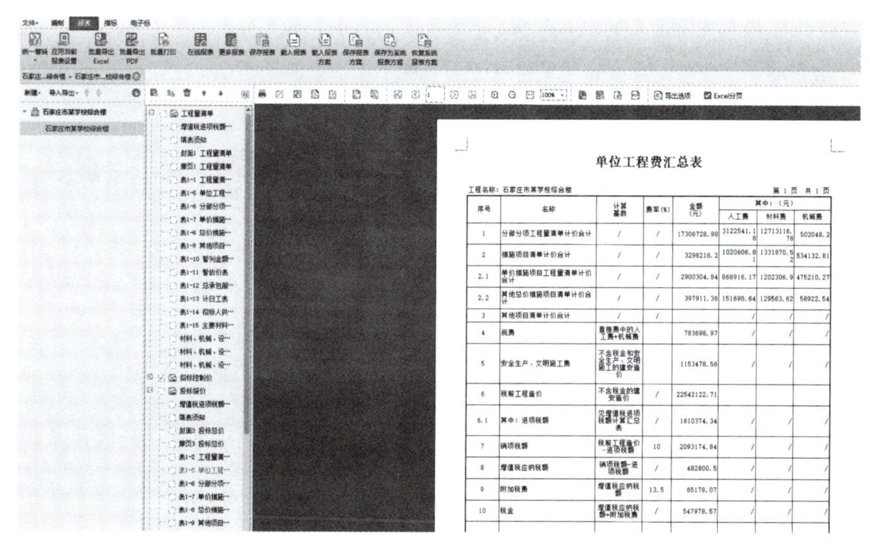

图17.65 报表界面

17.15 报表查看与编辑

报表可以以 Excel 或者 PDF 的格式进行批量导出，如图 17.66 所示。选择一个报表，点击鼠标右键，也可以导出一个报表。

选择一个报表，点击鼠标右键，选择“简便设计”，如图 17.67 所示，可以对报表的格式和打印要求进行设计。

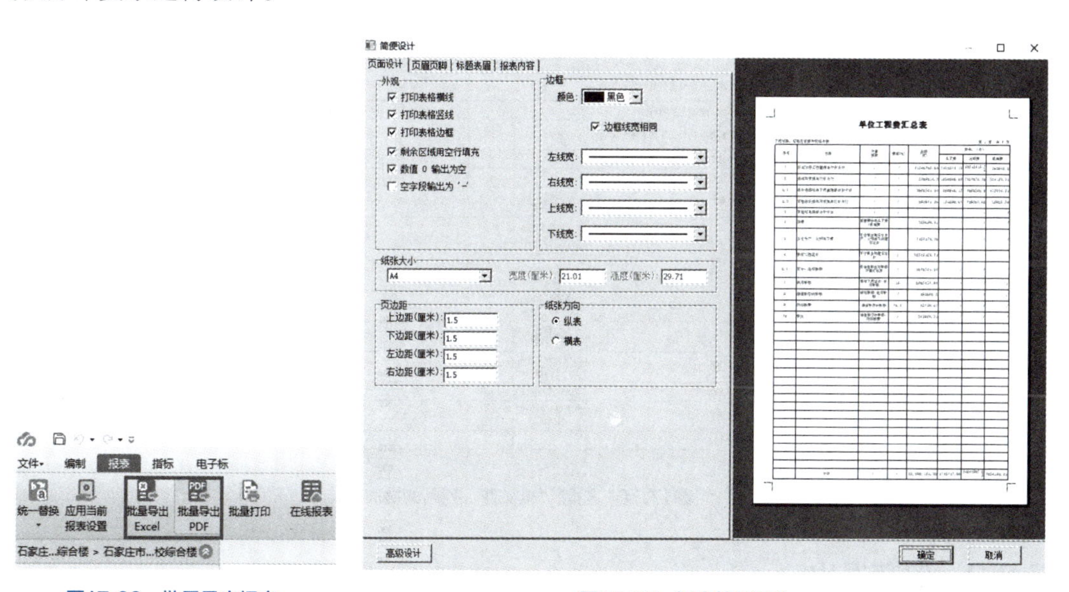

图17.66 批量导出报表

图17.67 报表简便设计

选择一个报表，点击鼠标右键，选择“报表设计器”，如图 17.68 所示，可以对报表的结构进行设计，例如要去掉“机械费”一列，可以在“报表设计器”中删除“机械费”列，如图 17.69 所示，然后保存退出，就得到图 17.70 的报表。

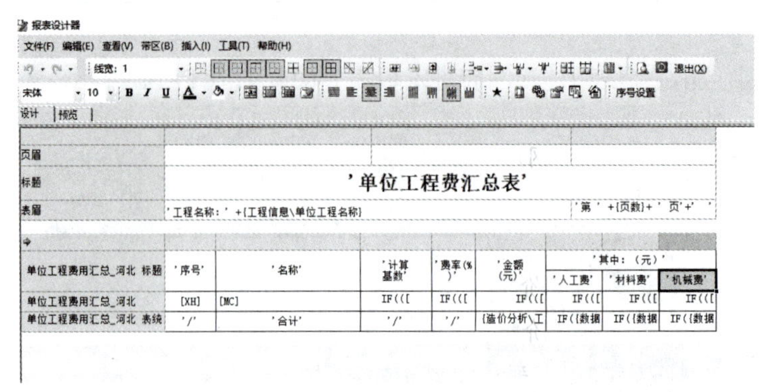

图17.68 报表设计器

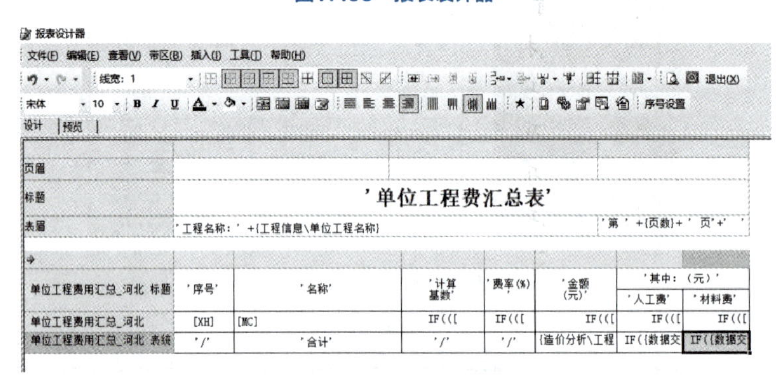

图17.69 删除“机械费”列

单位工程费汇总表

工程名称：石家庄市某学校综合楼　　　　第 1 页　共 1 页

序号	名称	计算基数	费率(%)	金额(元)	其中：（元）	
					人工费	材料费
1	分部分项工程量清单计价合计	/	/	17306728.98	3122541.18	12713116.76
2	措施项目清单计价合计	/	/	3298216.2	1020606.81	1331870.52
2.1	单价措施项目工程量清单计价合计	/	/	2900304.84	868916.17	1202306.9
2.2	其他总价措施项目清单计价合计	/	/	397911.36	151690.64	129563.62
3	其他项目清单计价合计	/	/		/	/
4	规费	直接费中的人工费+机械费		783698.97	/	/
5	安全生产、文明施工费	不含税金和安全生产、文明施工的建安造价		1153478.56	/	/
6	税前工程造价	不含税金的建安造价	/	22542122.71		
6.1	其中：进项税额	见增值税进项税额计算汇总表	/	1610374.34	/	/
7	销项税额	税前工程造价-进项税额	10	2093174.84	/	/
8	增值税应纳税额	销项税额-进项税额	/	482800.5	/	/
9	附加税费	增值税应纳税额	13.5	65178.07	/	/
10	税金	增值税应纳税额+附加税费	/	547978.57	/	/

图17.70 删除“机械费”列后的报表

17.8.3 保存退出

通过以上操作就完成了土建单位工程的计价工作，点击保存按钮，然后关闭预算文件，回到投标管理主界面。

能力训练题

一、单选题

1. 在工程量清单计价中，钢筋混凝土模板工程费用应在（　　）中列项考虑。
   A. 分部分项工程费　　B. 措施项目费
   C. 其他项目费　　D. 规费

2.《建设工程工程量清单计价规范》（GB 50500—2013）规定，业主在工程量清单中提供的用于必然发生但暂时不能确定价格的材料、设备的单价以及专业工程的金额是指（　　）。
   A. 计日工　　B. 暂估价　　C. 暂列金额　　D. 预备费

3. 根据《建设工程工程量清单计价规范》（GB 50500—2013），当实际增加的工程量超过清单工程量15%以上，且造成按总价方式计价的措施项目发生变化的，应将（　　）。
   A. 综合单价调高，措施项目费调增
   B. 综合单价调高，措施项目费调减
   C. 综合单价调低，措施项目费调增
   D. 综合单价调低，措施项目费调减

4. 分部分项工程量清单可不详细描述的内容是（　　）。
   A. 涉及材质要求　　B. 涉及结构要求
   C. 涉及施工难易程度　　D. 施工图、标准图标注说明

5. 关于工程量清单中的计日工，下列说法中正确的是（　　）。
   A. 即指零星工作所消耗的人工工时
   B. 在投标时计入总价，其数量和单价由投标人填报
   C. 应按投标文件载明的数量和单价进行结算
   D. 在编制招标工程量清单时，暂定数量由招标人填写

二、多选题

1. 关于暂估价的计算和填写，下列说法中正确的有（　　）。
   A. 暂估价数量和拟用项目应结合工程量清单中的“暂估价表”予以补充说明
   B. 材料暂估价应由招标人填写暂估单价，无需指出拟用于哪些清单项目
   C. 工程设备暂估价不应纳入分部分项工程综合单价
   D. 专业工程暂估价应分不同专业，列出明细表
   E. 专业工程暂估价由招标人填写，并计入投标总价

2. 其他项目清单中可以包含的内容有（　　）。
   A. 计日工项目费　　B. 文明施工费
   C. 总承包服务费　　D. 暂估价
   E. 暂列金额

三、技能训练

结合实习或实训项目运用广联达GCCP6.0编制一套工程投标报价文件。

参考文献

[1] 谷洪雁,王春梅,杜慧慧.建筑工程计量与计价.北京:化学工业出版社,2018.

[2] GB 50500—2013.建设工程工程量清单计价规范.

[3] GB 50854—2013.房屋建筑与装饰工程工程量计算规范.

[4] HEBGYD-A-2012.全国统一建筑工程基础定额 河北省消耗量定额.

[5] HEBGYD-B-2012.全国统一建筑装饰装修工程消耗量定额 河北省消耗量定额.

[6] HEBGFB-1-2012.河北省建筑、安装、市政、装饰装修工程费用标准.

[7] 建筑安装工程费用项目组成(建标[2013]44号).

[8] 黄臣臣,陆军,齐亚丽. 工程自动算量软件应用(广联达BIM土建计量平台GTJ版).北京:中国建筑工业出版社,2020.